続々 制御工学のこころ

確率システム編

The Heart of Control Engineering

足立修一 著

TDU 東京電機大学出版局

まえがき

本書は，『制御工学のこころ―古典制御編―』（2021 年 4 月発行），『続 制御工学のこころ―モデルベースト制御編―』（2023 年 7 月発行）の続編で，『制御工学のこころ』シリーズの完結編です。これまでの 2 冊では，雑音などの確率的外乱が存在しない，確定的なシステムを仮定して議論を進めてきました。しかし，現実に制御システムを実装化する場合には，たとえば，正規性白色雑音のような確率的な不確かさが必ず存在します。そこで，本書『続々 制御工学のこころ―確率システム編―』では，確率的外乱が存在する状況下における，信号のモデリングである時系列モデリング，システムのモデリングであるシステム同定，時系列あるいはシステムの状態推定法であるカルマンフィルタについて系統的に解説することを目的とします。

理工系であれば，大学の 1，2 年生のとき，確率・統計に関する講義がおそらく準備されているでしょう。著者の経験では，確率・統計の大学の授業はとっつきにくく，わかりにくいものでした。しかし，想定される本書の読者は，時系列モデリング，システム同定，カルマンフィルタを学ぶという明確なモティベーションをもっているはずです。そして，そのためには確率・統計の基礎知識が必要なのです。

そこで，本書では最初に必要な確率・統計と確率過程の基礎を簡潔にまとめます。まず，これらの基礎理論の勉強から始めましょう。

次に，「雑音に汚された観測値から信号を推定する」という基本的な推定問題を取り扱います。その解法として，最小二乗法とその発展形について二つの章にわたって記述します。さまざまな場面で最小二乗法が登場するので，ほとんどの読者は最小二乗法についてご存じでしょう。本書で記述するシステム同定やカルマンフィルタも最小二乗法を解いていると解釈でき，最小二乗法は非常に重要な基礎です。ここまでが本書の数学的基礎理論編です。

そして，最後の三つの章で，本書の目的である，時系列モデリング，システム同定，カルマンフィルタについて解説します。これまで著者は『システム同定の基礎』(2009)，『カルマンフィルタの基礎』(2012) など，システム同定やカルマンフィルタに関する著書を出版してきました。本書ではその中のエッセンスを紹介し，それぞれの理論の「こころ（本質）」と，それぞれの理論同士の関係などを重点的にお話しします。

本書の特徴は，確率・統計，確率過程，最小二乗法とその発展形などを基礎として，時系列モデリング，システム同定，カルマンフィルタを系統的に論じることです。著者が学生時代から研究を続けてきた内容の集大成とも言えます。そのためかなり気合が入り，内容を欲張りすぎ，本のページ数が多くなってしまいました。しかし，これだけの内容を 1 冊で，一人の著者の文体で統一的に学習できる本は，おそらくこれまで出版されていなかったと思います。その意味で本書の新規性があると信じています。

これで『制御工学のこころ』3 部作の理論編は完結です。密かに『制御工学のこころ—演習編—』の発行を計画しています。こちらもご期待ください。

2022 年秋の段階のドラフト原稿を用いて，当時の慶應義塾大学理工学部物理情報工学科足立研究室で輪講を行い，学生から数々のフィードバックをもらいました。また，図面の作成などでも高野靖也君（当時修士課程 2 年生）に協力していただきました。その後，2023 年 10 月から 2024 年 3 月にかけて 10 回にわたって，このバージョンアップされたドラフト原稿を用いて，日産自動車の約 20 名の研究者／技術者と制御セミナーを開きました。これは少人数での対面での勉強会であり，本書の内容について深いディスカッションを行うことができました。並行して，2023 年 7 月から慶應義塾大学理工学部システムデザイン工学科満倉研究室でこの原稿をテキストとして勉強会を行ってきました。満倉研究室の学生だけでなく，満倉靖恵教授もこの勉強会に参加してくださり，参加者からたくさんの有意義なフィードバックをいただきました。さらに，2024 年 5 月から群馬大学理工学部橋本・川口研究室で，この原稿を用いて勉強会を行っています。その中で，川口貴弘准教授からは数々の適切なコメントをいただきました。このように，慶大生，群大生，そして企業の技術者とのディスカッションを重ねることにより，本書の内容はより良いものになったと感じています。輪講や勉強会に参加してくださった皆さまに深く感謝いたします。しかし，まだタイプミスや，著者の不勉強のためにさまざまな記述ミスがあるかもしれません。そのときは，読者の方からのフィードバックをぜひお願いします。最後に，今回も担当編集者としてご尽力いただいた吉田拓歩氏に深く感謝いたします。

2025 年 1 月

足立修一

目次

コラム

第1章 確率的な考え方の重要性

1.1 本書の目的

『制御工学のこころ—古典制御編—』と『続 制御工学のこころ—モデルベースト制御編—』では，古典制御，現代制御，そしてモデル予測制御などによって，制御対象をモデリング，解析したり，所望の制御系になるようにコントローラを設計する方法について解説しました。特に，現代制御やモデル予測制御のようなモデルベースト制御（model-based control：MBC）を利用して制御系設計を行うためには，制御対象の数学モデル（mathematical model）が必要になります。制御対象のモデルを構築するプロセスを，制御対象のモデリングと言い，このプロセスはモデルベースト制御の最初の関門であり，非常に重要で，しかも手間がかかる部分です。

本書では，制御のためのモデリング法の一つであるシステム同定の基礎について解説することを目的の一つとします。1956 年，ザデー教授（コロンビア大学）は，対象とするシステムをブラックボックスとみなし，その入出力データから実験的にシステムをモデリングする問題を設定しました。彼はそれを **system identification** と名付けました。これはシステム同定という訳語で，わが国の制御工学の分野に定着しました。システム同定のように，データから対象システムの入出力関係をモデリングし，予測器を構成する方法は，現在では機械学習としても広く知られています。あるいは，データ駆動モデリングとも呼ばれています。

制御対象の入出力データからモデリングを行うシステム同定の主なルーツは，時系列モデリング，すなわち，離散時間信号，あるいは確率過程のモデリングです。そのため，本書では，システム同定を説明する前に時系列モデリングについて解説します。時系列モデリングでは，時系列を確率過程とみなして理論を展開します。そのため，時系列モデリング，そしてシステム同定を理解するためには，確率・統計と確率過程に関する基本的な知識が必要になります。

そこで，本書では，確率変数がスカラーの場合から，確率・統計の基礎についての議論を始めます。確率変数が複数個，すなわち多次元になると，ベクトルや行列が登場するので，線形代数の知識も必要になります。そのために，本書の理解に必要な線形代数の基礎についても解説します。

現代工学を学ぶために必要な数学的基礎はたくさんありますが，制御工学では特に，確率・統計と線形代数が重要です。本書では，大学 1，2 年生で学ぶ確率・統計と線形代数について，数学の理論ではなく，それらを応用する工学の立場で解説します。数学という抽象的な理論を，どのように実問題に適用するのか，という工学的な観点から学び直すことにより，確率・統計や線形代数に対する理解が深まると著者は信じています。一方，紙面の制約や，著者の力のなさのために，数学的な厳密な議論ができていない場面も多々あると思います。それらについてはお許しいただけると幸いです。

本書のもう一つの目的は，**カルマンフィルタ**（Kalman filter）の基礎を理解することです。『続 制御工学のこころ—モデルベースト制御編—』で解説した現代制御理論の創始者であるカルマン教授によって，制御と双対である状態推定の解法としてカルマンフィルタが 1960 年に提案されました。カルマンフィルタの対象は，時系列，あるいは入出力信号をもつシステム（制御対象）です。カルマンフィルタは，時系列やシステムを状態空間表現によりモデリングすることから始まります。カルマンフィルタには二つの側面，すなわち，**フィルタリング**（filtering）と**状態推定**（state estimation）があります。前者のフィルタリングとは，雑音を含む時系列データから雑音成分を低減化し，信号成分を復元する操作のことです。後者の状態推定は，状態空間表現された時系列データ，あるいはシステムの状態変数を推定することです。カルマンフィルタでは，測定雑音とシステム雑音という二つの確率的外乱を考慮するため，ここでも確率の知識が必要不可欠です。それと同様に，時系列モデリングが基礎になります。

カルマンフィルタは状態推定誤差の二乗和の期待値の最小化を目的として，最適フィルタを設計します。すなわち，カルマンフィルタは最小二乗法の一種なのです。また，システム同定問題の基本的な解法の一つは**最小二乗法**です。さらに，近年精力的に研究開発されている深層学習（deep learning）も深い関数をもった最小二乗法とみなすこともできます。そこで，本書では，最小二乗法と，その先にある発展形についても詳しく解説します。

確率・統計と線形代数という二つの数学と最小二乗法を基礎として，時系列モデリング，システム同定とカルマンフィルタの考え方を理解することを本書の目的とします。

1.2　本書の構成

前節で述べた盛りだくさんの項目について，本書では図 1.1 に示すような構成で説明していきます。

引き続く第 2 章から第 4 章までは確率・統計に関する基礎理論編です。

まず第 2 章では，確率・統計の基礎について，簡単にまとめます。この章ではスカラー（1 次元）確率変数を対象として，平均値や分散といった，確率変数を

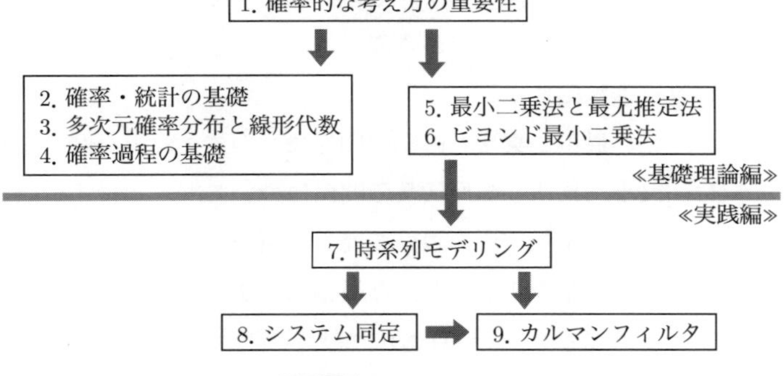

図 1.1　本書の構成

特徴づけるさまざまな確率の基礎用語について説明します。その後，最も重要な確率分布である正規分布について述べ，正規分布の性質をまとめます。さらに，確率分布の真ん中やばらつきを特徴づける用語を定義します。

第3章では，多次元確率変数を取り扱います。まず，多次元正規分布について説明します。確率変数が多次元，すなわちベクトル量になると，線形代数の知識が必要になります。たとえば，スカラー確率変数のときの平均値や分散が，それぞれ平均値ベクトルと共分散行列になるからです。そこで，行列の固有値，固有ベクトル，2次形式，固有値分解，アフィン変換など線形代数の基礎について簡単にまとめます。そして，これらの線形代数の知識を使って，多次元正規分布の確率密度関数を調べます。

第2章と第3章を基礎として，第4章では確率変数に時間が変数として加わる確率過程について解説します。特に，ダイナミクスをもつ制御システムや時系列は，システムや信号の時間発展を扱うので，確率過程の知識が必要になります。この章では，まず連続時間確率過程を導入し，その後，実際に利用することになる離散時間確率過程について説明します。確率過程から相関関数を計算することにより，時間領域で時系列のいろいろな性質を調べることができます。さらに，相関関数をフーリエ変換することにより，周波数領域でスペクトル密度関数を計算することができます。これまで本シリーズで学んできたように，確率システムにおいても，時間領域だけではなく周波数領域での解析は非常に重要です。

次に，第5章と第6章では，「雑音に汚された観測値から信号を推定する」という基本的な推定問題を取り扱います。その解法として，最小二乗法とその発展形について，確率と線形代数の観点から詳しく説明します。これらの章は最小二乗法についての基礎理論編です。

まず，第5章では，最小二乗法と確率の関係について，簡単な例題を用いて説明します。次に，最小二乗法と線形代数の関係について解説します。最後に，最小二乗法と関係が深い最尤推定法について簡単に紹介します。

第6章では，第5章で紹介する古典的な最小二乗法から少し先の最小二乗法の発展形についてお話しします。そのための線形代数のツールが特異値分解です。特異値分解を用いて最小二乗法推定値の解析を行います。そして，最小二乗法の問題点を解決する一つの方法である正則化法を導入します。この正則化法は，機械学習などにおいても標準的に利用されるものであり，その基礎を知っておくことは意味があります。

この第 6 章までが数学的な基礎理論編です。非常に長い準備ですが，これらの基礎知識は，制御分野以外の，たとえば機械学習などを学習する際にも役に立つ場面が必ずあると信じています。

そして，第 7 章から第 9 章までがモデリングとフィルタリングについての実践編です。

第 7 章では，時系列のモデリングと解析について解説します。この章では，確率過程と線形システムの知識が基礎になります。最初に，周波数領域でスペクトル密度関数を用いた時系列モデリングを与えます。その後，自己回帰モデル（AR model）のような時間領域でのモデルを与えます。最後に，カルマンフィルタで利用する時系列の状態空間表現モデルについて説明します。

第 8 章では，入出力データを用いた制御対象のモデリング法の一つであるシステム同定について説明します。この章では，相関解析法とスペクトル解析法といったノンパラメトリックモデルを用いた同定法と，線形回帰モデルを用いて最小二乗法により解くパラメトリックモデルを用いた同定法，そして状態空間モデルを用いた部分空間同定法について簡潔に説明します。

カルマンフィルタについて第 9 章で説明します。カルマンフィルタの基礎は確率と線形代数であり，本書の前半においてそれらについては学んでいます。この章では，主に，状態空間表現された時系列に対する線形カルマンフィルタの設計法を解説します。また，簡単な二つの数値例を通して，カルマンフィルタについての理解を深めます。

本シリーズのこれまでの 2 冊と違って，本書の重要なキーワードは「確率」です。もしかしたら，高校数学あたりから確率は苦手だな，という読者もいらっしゃるかもしれません。しかし，確率は現代工学を学ぶうえで最も重要な数学の一つです。本書を学ぶことによって，工学的問題における確率の使用法の一端を理解していただければと思っています。少しでも確率の実問題への応用に興味をもっていただき，それを活用できるようになれば，それは著者の望外の喜びです。

図 1.1 に本書の読み方を示しました。確率・統計や最小二乗法に詳しい読者は，一気に第 7 章から読み始めることもできるでしょう。確率・統計の基礎に自

信のある読者は第 5 章の最小二乗法と最尤推定法から読み始めることもできます。しかし，読者の皆さまへの著者のお願いは，どんなに基礎学力がある方も，復習を兼ねて引き続く第 2 章から順番に本書を読んでいただきたいのです。確率・統計や最小二乗法などに関連する基礎的な理論がジグソーパズルのピースのようにーつひとつ組み合わせられながら，後半の時系列モデリング，システム同定，カルマンフィルタで利用されていきます。その理論的な流れを本書を通読することにより感じていただけると幸いです。前半の数学的な基礎理論が，後半で伏線回収されるはずです。

第2章 確率・統計の基礎

2.1 確率論の始まり

16 世紀から 17 世紀にかけて，数学の一分野として古典的確率論の研究が開始されました。これはコペルニクス，ガリレオ，そしてニュートンらが近代科学を作り上げた時期とほぼ一致しています。1560 年代にイタリアの数学者・医学者であるカルダノ（1501～1576）が『サイコロあそびについて』を著し，系統的に確率論について議論しました。その後，フランスの哲学者・物理学者であるパスカル（1623～1662）とフランスの数学者であるフェルマー（1607～1665）が共同で確率論の基礎を作り，オランダの物理学者であるホイヘンス（1629～1695）も確率論の研究を行いました（図 2.1 参照）。サイコロやルーレットなどのギャンブルに関係して確率理論の研究が発展しました（図 2.3）。カジノで有名なモンテカルロというモナコの地名も，確率の世界ではモンテカルロ法という名前で登場します。

これらの議論を体系づけた人が，本シリーズの古典制御編で登場したフランスの数学者，物理学者，天文学者であるラプラス（1749～1829）です（図 2.2 参照）。彼は，1814 年に『確率論の解析理論』を発表し，これによって古典的確率論が確立されました。

20 世紀に入ると，ロシアの数学者であるコルモゴロフ（1903～1987：図 2.2 参

Wikipedia/Public Domain　Caltech Images Collection　Wikipedia/Public Domain　Wikipedia/Public Domain

図 2.1　左から，カルダノ，パスカル，フェルマー，ホイヘンス

Wikipedia/Public Domain　Konrad Jacobs/CCBY-SA2.0DE

図 2.2　ラプラス（左）とコルモゴロフ（右）

写真提供：著者

図 2.3　ラスベガス（米国）のサイコロ（左）とモンテカルロ（モナコ：右）

照）が『確率論の基礎概念』(1933) を著し，公理的確率論を作り上げました。この公理的確率論を説明するためには，確率の基本的な用語を定義しておく必要があります。ある試行（trial：実験と言ってもいいでしょう）によって起こり得る

個々の結果を**標本点** (sample point)[1] と言い，すべての標本点から成る集合を**標本空間** (sample space) と言います。そして，起こり得る事柄を**事象** (event) と言います。

たとえば，サイコロの場合，1, 2, 3, 4, 5, 6 がそれぞれ標本点であり，それらから成る集合 $\{1, 2, 3, 4, 5, 6\}$ が標本空間です。次に，事象の例として，サイコロを振って奇数 $A_1 = \{1, 3, 5\}$ が出る，偶数 $A_2 = \{2, 4, 6\}$ が出る，あるいは，素数 $A_3 = \{2, 3, 5\}$ が出るなどがあげられます。同時に起こらない事象を互いに**排反な事象** (exclusive event) と呼びます。奇数と偶数は同時に出ないので，A_1 と A_2 は排反な事象です。それに対して，A_1 と A_3 は排反な事象ではありません。そして，ある事象 A_i が起こる**確率** (probability) を $\Pr(A_i)$ と表記します。

コルモゴロフが提唱した確率の公理を次の Point 2.1 でまとめます。

Point 2.1 確率の三つの公理

次の三つの公理を満たしているものを**確率**と呼びます。

- 任意の事象 A_i に対して，$0 \leq \Pr(A_i) \leq 1$ である。
- 全事象 Ω に対して，$\Pr(\Omega) = 1$ である。
- 互いに排反な事象 A_i に対して，

$$\Pr(\cup_i A_i) = \sum_i \Pr(A_i) \tag{2.1}$$

が成り立つ。ここで，左辺の $\cup_i A_i$ は，A_1 または A_2 または，$\cdots$ という**和事象**を表します。

この公理は当たり前のことを言っているだけのように思えますが，この公理を定めたことにより，確率論が理論的に大きく進展しました。

事象 A と事象 B が排反でない場合には，A または B が起こる和事象の確率は，

$$\Pr(A \cup B) = \Pr(A) + \Pr(B) - \Pr(A \cap B) \tag{2.2}$$

[1] 標本点は，見本点，あるいはサンプル点とも呼ばれます。

で表されます。ここで，右辺第3項の $\Pr(A \cap B)$ は**積事象**と呼ばれます。式 (2.2) は**確率の加法定理**と呼ばれます。たとえば，事象 A をサイコロの奇数 A_1，事象 B をサイコロの素数 A_3 とすると，

$$\begin{aligned}\Pr(A_1 \cup A_3) &= \Pr(A_1) + \Pr(A_3) - \Pr(A_1 \cap A_3) \\ &= \frac{1}{2} + \frac{1}{2} - \frac{1}{3} = \frac{2}{3}\end{aligned}$$

となります。これより，サイコロを振って，奇数あるいは素数が出る確率は 2/3 であることがわかります。

2.2 確率の基礎用語

2.2.1 確率変数と確率密度関数

確率的に変動するものを**確率変数**（random variable）と呼びます[2)]。確率変数とは，ある試行によって得られるすべての結果を表す変数であり，実際に試行するまで，どんな結果が得られるのかわかりません。ひとたび試行され，その結果として観測された値を確率変数の**実現値**（realization），あるいは**観測値** (observation）と言います。

確率変数の実現値と確率の関係を表すものを**確率分布**（probability distribution）と言います。確率分布を与える代表的なものが，**確率密度関数**（probability density function：**PDF**）と**累積分布関数**（cumulative distribution function：**CDF**）です。

連続型の値をとる確率変数を x とするとき，x が a から b までの範囲の値をとる確率は，

$$\Pr(a \leq x \leq b) = \int_a^b p(x)\mathrm{d}x \tag{2.3}$$

で計算されます。ここで，$p(x)$ は x の**確率密度関数**（PDF）です。

コルモゴロフによる確率の公理より，確率密度関数はどの確率変数の値に対しても必ず 0 以上であり，確率密度関数を全区間にわたって積分すると 1 になります。すなわち，次式を満たします。

---

2) 確率変数は，**不規則変数**，あるいは**ランダム変数**とも呼ばれます。

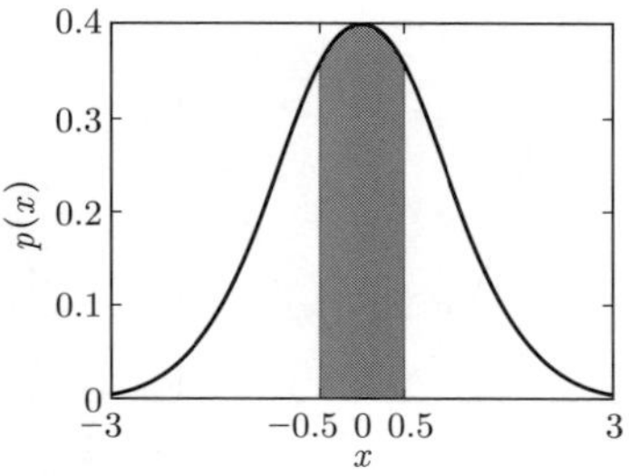

図 2.4 確率密度関数 $p(x)$ の一例

$$p(x) \geq 0, \qquad \forall x \tag{2.4}$$

$$\int_{-\infty}^{\infty} p(x)\mathrm{d}x = 1 \tag{2.5}$$

数式だけだとわかりにくいので，図 2.4 に確率密度関数の一例を示しました。これは本書でも重要な役割を果たす正規分布の確率密度関数 $p(x)$ です。たとえば，確率変数が $x = -0.5$ から 0.5 の範囲をとる確率は，図で塗りつぶした部分の面積になります。この場合，この面積は 0.3829 です。このように，確率密度関数の図があれば，確率変数がある範囲をとり得る確率を計算することができます。

次に，**累積分布関数**（CDF）を $F(x)$ と表記すると，これは，

$$F(b) = \Pr(x \leq b) = \int_{-\infty}^{b} p(x)\mathrm{d}x \tag{2.6}$$

で定義されます。確率密度関数と累積分布関数は微分・積分の関係で結ばれています。すなわち，

$$p(x) = \frac{\mathrm{d}F(x)}{\mathrm{d}x} \tag{2.7}$$

が成り立ちます。正規分布に対する確率密度関数と累積分布関数の一例を図 2.5 に示しました。図より，累積分布関数は非減少関数です。

以上では連続型の確率変数を考えました。それに対して，サイコロのような離散型の確率変数の場合には，対応する確率密度関数と累積分布関数も離散型になります。離散型の確率変数の確率密度関数は，縦軸のスケールは異なりますが，

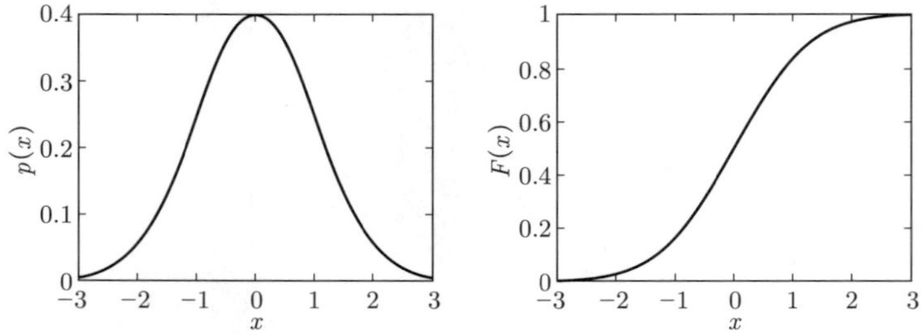

図 2.5 正規分布の確率密度関数 $p(x)$ と累積分布関数 $F(x)$

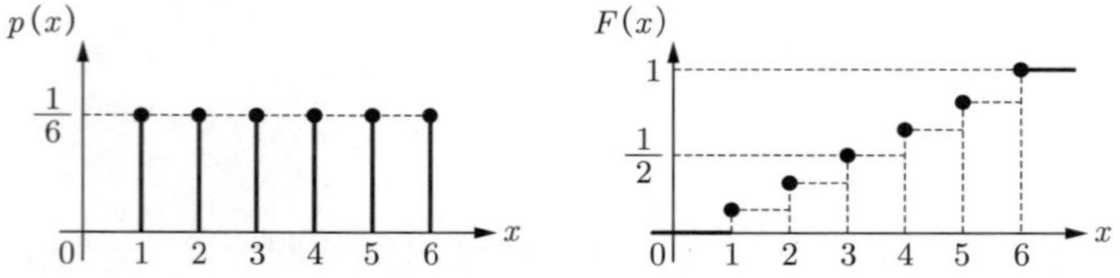

(a) 確率密度関数　(b) 累積分布関数

図 2.6 サイコロの確率密度関数 (a) と累積分布関数 (b)

ヒストグラム（度数分布）に対応します。さきほど例として用いたサイコロの確率密度関数と累積分布関数を図 2.6 に示しました。

2.2.2 平均値と分散

確率変数がとり得る値は不規則に変動するので，何らかの方法で確率変数を特徴づける**代表値**を定義する必要があります。最初に思い浮かぶものが，確率変数の**真ん中**を表す**平均値**（あるいは**平均**）でしょう。平均値と言っても，これまでに算術平均 (相加平均)，相乗平均など，いろいろなものを勉強してきました。ここでは，平均値を**期待値**（expectation）を用いて定義しましょう。

まず，連続型の確率変数の場合には，

$$\mathrm{E}[x] = \int_{-\infty}^{\infty} xp(x)\mathrm{d}x \tag{2.8}$$

によって，平均値を定義します。

次に，サイコロのような離散型の確率変数の場合には，期待値演算を用いて，

$$\mathrm{E}[x] = \sum_{x} xp(x) \tag{2.9}$$

表 2.1 宝くじの期待値

	当選金 x	本数	確率 $p(x)$	期待値 $xp(x)$
1 等	7000000 円	100 本	1/100000	70 円
2 等	100000 円	3000 本	3/10000	30 円
3 等	10000 円	20000 本	1/500	20 円
4 等	300 円	1000000 本	1/10	30 円
はずれ	0 円	8976900 本		0 円
		10000000 本		150 円

で平均値を定義します。

中学生のときに「宝くじの期待値」のような例題を用いて期待値を勉強されたかもしれません。そこで，表 2.1 に，著者が作った架空の宝くじの例題を示しました。この宝くじは 1 本 300 円で販売されていて，1 等賞金は 700 万円，2 等は 10 万円，3 等は 1 万円で，4 等は 300 円としました。それぞれの賞金の宝くじの本数と確率を表に示しました。これらの情報をもとに，この宝くじの期待値を計算すると，

$$
\begin{aligned}
\mathrm{E}[x] &= \sum_x xp(x) \\
&= 7000000\times\frac{1}{100000}+100000\times\frac{3}{10000}+10000\times\frac{1}{500}+300\times\frac{1}{10} \\
&= 70+30+20+30=150
\end{aligned}
\tag{2.10}
$$

となります。

この宝くじは 1 本 300 円であり，そのとき期待される対価は 150 円であることがわかります[3)]。この 150 円という値段を高く感じる人は宝くじを買うかもしれませんし，安いと感じる人は買わないかもしれませんね。この宝くじの例では，式 (2.9) の離散型の確率変数の期待値を計算しました。

期待値演算は，確率変数を扱ううえで非常に重要なので，もう少し詳しく勉強しておきましょう。いま，二つの確率変数 x, y を考えます。a と b を定数とし

3) 日本で販売されている宝くじの期待値は，その販売価格の 45〜50 % くらいだそうです。

たとき，この二つの確率変数の線形結合の期待値は，

$$\mathrm{E}[ax + by] = a\mathrm{E}[x] + b\mathrm{E}[y] \tag{2.11}$$

となります[4)]。この式変形より，**期待値演算は線形演算である**ことがわかります。これまで本シリーズで勉強してきたラプラス変換，フーリエ変換，z 変換などと同じように期待値演算も線形演算です。もう一つ基本的なことは，確率変数に対して期待値演算することです。そのため，定数は期待値の前に出すことができます。

ここまで期待値を使って平均値を計算することを説明しました。しかし，式 (2.8) のように，確率変数に確率密度関数を乗じて積分する操作が，通常の算術平均とは別物の，難しいもののように思えてしまうかもしれません。この点について，次の簡単な例を用いて調べてみましょう。

たとえば，六つの標本 $\{10, 10, 50, 50, 50, 130\}$ の算術平均を計算すると，

$$\frac{1}{6}(10 + 10 + 50 + 50 + 50 + 130) = 50 \tag{2.12}$$

が得られます。これがわれわれが一番よく知っている平均値です。いま，式 (2.12) をちょっと変形すると，

$$\frac{2}{6} \times 10 + \frac{3}{6} \times 50 + \frac{1}{6} \times 130 = 50 \tag{2.13}$$

となります。ここで，2/6 は確率変数 10 の確率密度，3/6 は 50 のそれ，1/6 は 130 のそれなので，この式は離散型の確率変数の期待値の定義式 (2.9) に一致します。このように，期待値は算術平均，すなわち**標本平均**（sample mean）で近似することができます。いま，N 個の標本 $\{x_i,\ i = 1, 2, \cdots, N\}$ を観測したとき，その期待値は次のように近似できます。

$$\mathrm{E}[x] = \sum_{x} xp(x) \simeq \frac{1}{N}\sum_{i=1}^{N} x_i = \overline{x} \tag{2.14}$$

このように，本書では x の平均値を $\overline{x}$ と表記します。この事実より，われわれ

4) この式の導出には，第 3 章で学ぶ同時確率密度関数と周辺化の知識が必要なので省略します。

が何気なく使っている算術平均は期待値の意味の平均値であることがわかりました。期待値演算を標本平均で近似することは，機械学習におけるサンプリング法とも関連しています。

次は，確率変数の**ばらつき**を表す**分散**（variance）について説明しましょう。分散は，

$$\mathrm{V}[x] = \mathrm{E}\left[(x - \mathrm{E}[x])^2\right] \tag{2.15}$$

で定義されます。この式から明らかなように，分散は，確率変数 x の期待値 $\mathrm{E}[x]$ からのずれを二乗した値の期待値です。

これまで勉強してきた期待値の線形性を用いて，式 (2.15) を変形すると，

$$\begin{aligned}\mathrm{V}[x] &= \mathrm{E}\left[x^2 - 2x\mathrm{E}[x] + (\mathrm{E}[x])^2\right] \\ &= \mathrm{E}[x^2] - 2\mathrm{E}[x]\mathrm{E}[x] + (\mathrm{E}[x])^2 \\ &= \mathrm{E}[x^2] - (\mathrm{E}[x])^2\end{aligned} \tag{2.16}$$

となります。ここで，$\mathrm{E}[x]$ は x の期待値であり，これは確定した値なので，もはや確率変数ではないことに注意します。そのため $\mathrm{E}[x]$ を期待値演算の外に出すことができました。分散を計算するときには，この式 (2.16) を利用します。また，確率変数 x の分散は σ^2 とも表記され，次章以降ではこの表現を使用することが多くなります。さらに，分散の平方根を**標準偏差**（standard deviation：**SD**）と言います。すなわち，

$$\sigma = \sqrt{\mathrm{V}[x]} \tag{2.17}$$

です。標準偏差はもとの確率変数と同じ単位をとります。

特に，確率変数 x の期待値が 0 のときには，式 (2.16) より，

$$\sigma^2 = \mathrm{V}[x] = \mathrm{E}[x^2] \tag{2.18}$$

となります。

次に，分散の性質をまとめておきます。以下では，x を確率変数とし，c を定数としました。

$$(1) \quad \mathrm{V}[c] = 0 \tag{2.19}$$

$$(2) \quad \mathrm{V}[x + c] = \mathrm{V}[x] \tag{2.20}$$

$$(3) \quad \mathrm{V}[cx] = c^2\mathrm{V}[x] \tag{2.21}$$

性質 (1) は，一定値 c はまったくばらついていないので，その分散は 0 であることを意味し，性質 (2) は確率変数の値が上下方向に一定値ずれていても，そのばらつき（分散）は変化しないことを意味しています。性質 (3) は分散の定義から明らかでしょう。

次式のように，分散も**標本分散** (sample variance) で近似することができます。

$$\mathrm{V}[x] \simeq \frac{1}{N}\sum_{i=1}^{N}(x_i - \overline{x})^2 \tag{2.22}$$

ここで，$\overline{x}$ は標本平均です。

標本平均や標本分散のように，標本（データと言ってもいいでしょう）の特徴を要約したものを**統計量**（statistic）と言います。

2.2.3 確率モーメント

力学の回転運動を勉強した読者は，慣性モーメントという用語を覚えているでしょう。ここで紹介する**確率モーメント**（moment）は，物理学におけるモーメントを抽象化した概念で**積率**とも呼ばれます。

まず，平均値まわりの $\boldsymbol{k}$ **次モーメント**を次式で定義します。

$$v_k = \mathrm{E}[(x - \mathrm{E}[x])^k] \tag{2.23}$$

次に，原点まわりの k 次モーメントを，

$$\mu_k = \mathrm{E}[x^k] \tag{2.24}$$

と定義します。確率変数の期待値が 0, すなわち，$\mathrm{E}[x] = 0$ のとき，式 (2.23) と式 (2.24) は一致します。

ここでは，1 次モーメントから 4 次モーメントをまとめておきましょう。

1 次モーメント：平均値　$\mathrm{E}[x] = \mu_1$　(2.25)

2 次モーメント：分散　$\mathrm{V}[x] = \mu_2 - \mu_1^2$　(2.26)

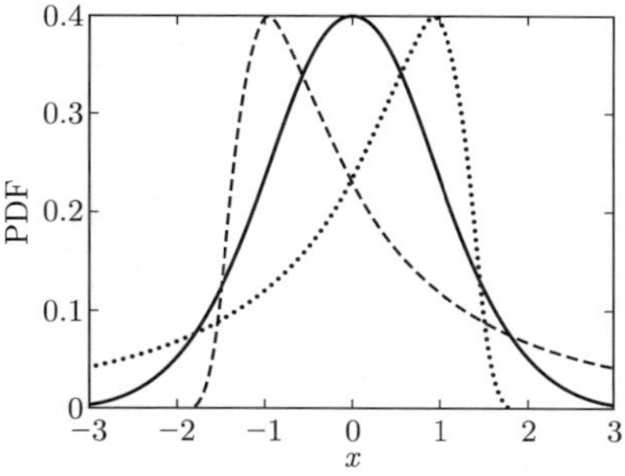

図 2.7 歪度：実線は $\alpha_3 = 0$ のとき（正規分布），破線は $\alpha_3 > 0$ のとき），点線は $\alpha_3 < 0$ のとき

3 次モーメント：歪度（わいど）

$$\alpha_3 = \frac{\mathrm{E}[(x - \mathrm{E}[x])^3]}{\sigma^3} = \frac{\mu_3 - 3\mu_1\mu_2 + 2\mu_1^3}{(\mu_2 - \mu_1^2)^{3/2}} \tag{2.27}$$

4 次モーメント： $\alpha_4 = \dfrac{\mathrm{E}[(x - \mathrm{E}[x])^4]}{\sigma^4}$ (2.28)

3 次モーメントの**歪度**（skewness）α_3 は，確率密度関数の形状の非対称性の指標です。三つの確率密度関数に対する歪度の例を図 2.7 に示しました。実線で示した正規分布の確率密度関数は左右対称であり，このとき $\alpha_3 = 0$ になります。$\alpha_3 > 0$ のとき右の裾が長く（破線），$\alpha_3 < 0$ のとき左の裾が長くなります（点線）。

次に，確率密度関数の中心の周囲のとんがり具合を表すものが，4 次モーメント α_4 です。正規分布の場合 $\alpha_4 = 3$ になるので，$\beta_4 = \alpha_4 - 3$ を**尖度**（せんど）(kurtosis)[5] と言います。三つの確率密度関数に対する尖度の例を図 2.8 に示しました。実線が正規分布の場合（$\beta_4 = 0$）であり，$\beta_4 > 0$ のとき正規分布よりも尖っており（破線），$\beta_4 < 0$ のとき正規分布よりも鈍い形をしています（点線）。

5 次以上の確率モーメントも存在しますが，主に使われるのはここで述べた 4 次モーメントまでです。特に，平均値と分散，すなわち 2 次モーメントまでは，どんな場面においても必ず登場する重要な量なので，しっかりと理解しておきま

5) この単語はカトー**ウ**シスと発音します。

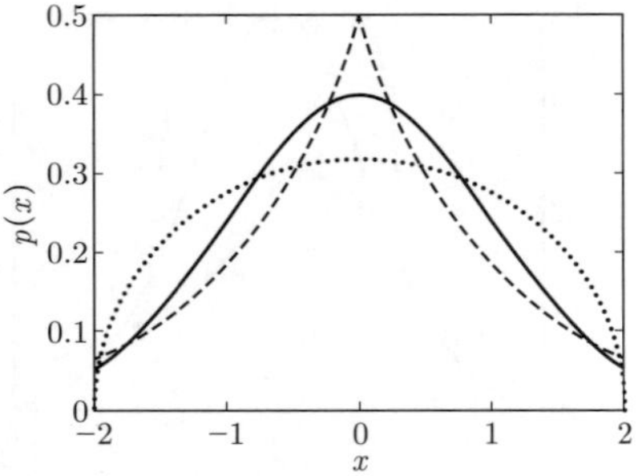

図 2.8 尖度：実線は $\beta_4 = 0$ のとき（正規分布），破線は $\beta_4 = 3$ のとき，点線は $\beta_4 = -1$ のとき

しょう。それに対して，歪度，尖度については，本書で扱う範囲では，名前とその意味を理解しておけばよいでしょう。

2.2.4 モーメント母関数

前項で導入したすべての次数のモーメントを指定すれば，確率変数の確率分布は一意に定まります。その手助けをするために，少し専門的になりますが，確率密度関数が $p(x)$ である確率変数 x の**モーメント母関数**（moment-generating function）$M_x(t)$ を導入します。これは，

$$M_x(t) = \mathrm{E}[\exp(tx)] = \int_{-\infty}^{\infty} \exp(tx)p(x)\mathrm{d}x \tag{2.29}$$

で定義されます[6)]。このモーメント母関数 $M_x(t)$ を用いると，すべての次数のモーメントを統一的に扱うことができます。

いま，$\exp(tx)$ を t に関して原点まわりでテイラー級数展開すると，

$$\exp(tx) = 1 + \frac{tx}{1!} + \frac{(tx)^2}{2!} + \frac{(tx)^3}{3!} + \cdots \tag{2.30}$$

が得られます。この式の両辺で，確率変数 x に関して期待値をとると，

$$\mathrm{E}[\exp(tx)] = M_x(t) = 1 + \mu_1 t + \frac{\mu_2}{2!}t^2 + \frac{\mu_3}{3!}t^3 + \cdots \tag{2.31}$$

---

6) ここでは，指数関数を e^x ではなく，$\exp x$ と表記しました。本書の中では，状況に応じて，これら二つの表記を用いることをお許しください。

となり，これはモーメント母関数になります。このように，モーメント母関数 $M_x(t)$ は，原点まわりの k 次モーメント μ_k を用いた級数展開で表現されます。

いま，式 (2.31) の両辺を t に関して微分すると，

$$M_x^{(1)}(t) = \mu_1 + \mu_2 t + \frac{\mu_3}{2!}t^2 + \cdots \tag{2.32}$$

となります。ここで，上添え字の $^{(1)}$ は 1 回微分を意味します。式 (2.32) で $t = 0$ とおくと，

$$M_x^{(1)}(0) = \mu_1 \tag{2.33}$$

となり，μ_1 が得られます。同様にして，式 (2.31) の両辺を t に関して 2 回微分すると，

$$M_x^{(2)}(t) = \mu_2 + \mu_3 t + \frac{\mu_4}{2!}t^2 + \cdots \tag{2.34}$$

となり，この式で $t = 0$ とおくと，

$$M_x^{(2)}(0) = \mu_2 \tag{2.35}$$

となり，μ_2 が得られます。

以上より，原点まわりの **k 次モーメント** μ_k は，

$$\mu_k = M_x^{(k)}(t)\Big|_{t=0} \tag{2.36}$$

で計算できます。このように，確率変数のモーメント母関数をもっていれば，それを微分することによってすべての確率モーメントを計算することができます。

2.3 正規分布

確率分布の中で最も有名で，そして最もよく利用されている**正規分布**（normal distribution）について説明します。正規分布は**ガウス分布**（Gaussian distribution）とも呼ばれます。正規分布は難しい専門用語のように聞こえますが，もともとの英語の normal distribution は「どこにでもあるような普通の分布」という意味だそうです。

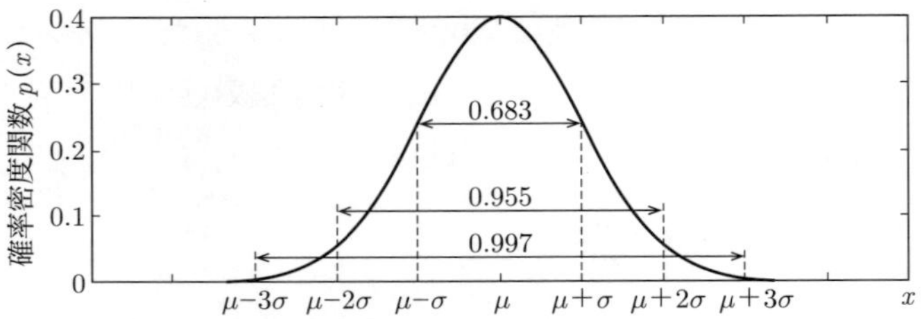

図 2.9 正規分布の確率密度関数

2.3.1 正規分布の確率密度関数

正規分布の確率密度関数を図 2.9 に示しました。図より，左右対称で滑らかな美しい形状をしています。図 2.9 のように，確率密度関数はグラフで与えられます。ちょっと専門的に言うと，確率密度関数は**ノンパラメトリック**[7)]表現で与えられます。

ガウスは，正規分布の確率密度関数を，

$$p(x) = \frac{1}{\sqrt{2\pi\sigma^2}} \exp\left(-\frac{(x-\mu)^2}{2\sigma^2}\right) \tag{2.37}$$

という数式で与えました。ここで，μ は**平均値**，σ^2 は**分散**です。重要な点は，確率変数 x の平均値と分散を与えれば，正規分布の確率密度関数を決定することができることです。このように，二つのパラメータを与えれば，正規分布に従う確率変数の確率を規定することができます。この意味で，**パラメトリック**[8)]表現になり，正規分布を $N(\mu, \sigma^2)$ のように表現することができます。ここで，N は normal distribution の頭文字の N です。別の表現をすると，正規分布は平均値という 1 次モーメントと分散という 2 次モーメントでその確率を規定されます。そして，確率変数 x が正規分布に従うとき，

$$x \sim N(\mu, \sigma^2) \tag{2.38}$$

と表記します。特に，平均値が 0，分散が 1 の正規分布 $N(0, 1)$ は**標準正規分布**と呼ばれます。

---

7) 少数個のパラメータによって表現されないという意味です。

8) 少数個のパラメータによって表現されるという意味です。

もう一度，図 2.9 を見てみましょう。この確率密度関数は**ガウス関数**（Gaussian）とも呼ばれます。確率密度関数の真ん中にあるのが平均値 μ です。そして，そこから左右に σ，2σ，3σ ずつ目盛りを振りました。ここで，σ は標準偏差です。受験のときに一喜一憂した**偏差値**で考えると，$x = \mu$ のとき偏差値 50，$x = \mu + \sigma$ のとき偏差値 60，$x = \mu + 2\sigma$ のとき偏差値 70，$x = \mu + 3\sigma$ のとき偏差値 80 に対応します。偏差値 50 以下についても理解できるでしょう。

図中に示したように，

- $\mu - \sigma \leq x \leq \mu + \sigma$ の範囲に入る確率は，$0.683 \simeq 2/3$
- $\mu - 2\sigma \leq x \leq \mu + 2\sigma$ の範囲に入る確率は，$0.955 \simeq 19/20$
- $\mu - 3\sigma \leq x \leq \mu + 3\sigma$ の範囲に入る確率は，$0.997 \simeq 997/1000$

となります。これらの数字を頭のどこかに記憶しておくとよいでしょう。

この事実を使うと，たとえば，偏差値が 20 から 80 までの間には 1000 人中 997 人が入っていることがわかります。この範囲は **3 シグマ範囲**と呼ばれ，これは「事実上すべての」という意味で使われます。これより，偏差値が 80 より高い受験生は，1000 人中 1.5 人しかいないことになります。受験生でこの偏差値をとればその人は素晴らしいエリートですが，統計の世界では 3 シグマ範囲の外は，**外れ値**（outlier：アウトライア）と呼ばれます。そのデータは，前処理の段階で利用されずに除去されてしまうかもしれません。さらに，4 シグマ範囲の外が起こる確率は約 1/10000 です。

式 (2.37) で与えた正規分布の確率密度関数で本質的な部分は指数関数の部分です。そして，その係数 $\dfrac{1}{\sqrt{2\pi\sigma^2}}$ は正規分布の確率密度関数が，

$$\int_{-\infty}^{\infty} p(x)\mathrm{d}x = 1 \tag{2.39}$$

を満たすために必要な正規化定数です。この計算を確かめてみましょう。

$$\int_{-\infty}^{\infty} p(x)\mathrm{d}x = \frac{1}{\sqrt{2\pi\sigma^2}} \int_{-\infty}^{\infty} \exp\left(-\frac{(x-\mu)^2}{2\sigma^2}\right) \mathrm{d}x \tag{2.40}$$

ここで，

$$r = \frac{x - \mu}{\sqrt{2\pi\sigma^2}}$$

コラム 2.1　千三つ屋（せんみつや）

上方落語には**千三つ屋**という言葉があり，たとえば次のように使われています。『そんなこと言うてるさかい近所でお前のことを皆がどない言ぅてる「千三つ屋，千三つ屋が来た」て言われんねん。何のことや知ってるか，千三つちゅうたら？　千話したうち，三つしかホンマのことないっちゅうねや』

このように，大ウソつきやほら吹きのことを千三つ屋と言うそうです。このセリフに登場した数値は 3 シグマ範囲の外が起こる確率に対応します。もしかしたら，落語家は確率・統計学を勉強していたのかもしれませんね。

ちなみに，「せんだみつお」さんというコメディアンがいます。1970 年代にはテレビ番組『ぎんざ NOW!』の人気司会者でした。彼の芸名の由来は「千三つ屋」だそうです。

と変数変換しましょう。このとき，

$$\mathrm{d}x = \sqrt{2\sigma^2}\mathrm{d}r$$

なので，式 (2.40) は，

$$\frac{1}{\sqrt{2\pi\sigma^2}}\int_{-\infty}^{\infty}\exp\left(-\frac{(x-\mu)^2}{2\sigma^2}\right)\mathrm{d}x = \frac{\sqrt{2\sigma^2}}{\sqrt{2\pi\sigma^2}}\int_{-\infty}^{\infty}\exp(-r^2)\mathrm{d}r \tag{2.41}$$

となります。ここで，ネイピア数 e と円周率 π を関係づける公式

$$\int_{-\infty}^{\infty}\exp(-r^2)\mathrm{d}r = \sqrt{\pi} \tag{2.42}$$

を利用すると，式 (2.41) は，

$$\frac{\sqrt{2\sigma^2}}{\sqrt{2\pi\sigma^2}}\int_{-\infty}^{\infty}\exp(-r^2)\mathrm{d}r = \frac{\sqrt{2\sigma^2}}{\sqrt{2\pi\sigma^2}}\sqrt{\pi} = 1 \tag{2.43}$$

となり，式 (2.39) が導かれました。

2.3.2　正規分布のモーメント母関数

式 (2.29) を用いて，正規分布のモーメント母関数を計算してみましょう。

$$M_x(t) = \mathrm{E}[\exp(tx)] = \int_{-\infty}^{\infty}\exp(tx)p(x)\mathrm{d}x$$

$$
\begin{aligned}
&= \frac{1}{\sqrt{2\pi\sigma^2}} \int \exp\left(-\frac{(x-\mu)^2}{2\sigma^2} + tx\right) \mathrm{d}x \\
&= \frac{1}{\sqrt{2\pi\sigma^2}} \int_{-\infty}^{\infty} \exp\left[-\frac{\{x-(\mu+\sigma^2 t)\}^2}{2\sigma^2} + \left(\mu t + \frac{\sigma^2 t^2}{2}\right)\right] \mathrm{d}x \\
&= \exp\left(\mu t + \frac{\sigma^2 t^2}{2}\right) \int_{-\infty}^{\infty} \frac{1}{\sqrt{2\pi\sigma^2}} \exp\left[-\frac{\{x-(\mu+\sigma^2 t)\}^2}{2\sigma^2}\right] \mathrm{d}x
\end{aligned}
\tag{2.44}
$$

この式変形の過程で，指数関数の肩を**平方完成**しました。平方完成について，次の Point 2.2 でまとめます。

Point 2.2　**平方完成**

中学校のときに学んだ平方完成を次式で与えます。

$$x^2 + 2ax + b = (x+a)^2 + (b - a^2) \tag{2.45}$$

このように，平方完成は，変数 x に関係する項と，関係しない定数項に分ける操作です。平方完成は，2 次関数，あるいはその拡張である 2 次形式を扱う際にしばしば登場します。特に，本書で学ぶ最小二乗法やカルマンフィルタの式の導出過程で平方完成を利用する場面があるので，使いこなせるようにしておきましょう。

さて，式 (2.44) の最後の式の被積分項

$$\frac{1}{\sqrt{2\pi\sigma^2}} \exp\left[-\frac{\{x-(\mu+\sigma^2 t)\}^2}{2\sigma^2}\right]$$

をじっくり見てみましょう。これは，平均値 $(\mu + \sigma^2 t)$，分散 σ^2 の正規分布の確率密度関数であることがわかります。よって，これを $-\infty$ から ∞ まで積分すると，確率の公理より 1 になります。したがって，式 (2.44) は，

$$M_x(t) = \exp\left(\mu t + \frac{\sigma^2 t^2}{2}\right) \tag{2.46}$$

とすっきりとした形になります。これが正規分布のモーメント母関数です。当たり前ですが，正規分布のモーメント母関数には，確率変数の平均値 μ と分散 σ^2 しか含まれていません。なお，標準正規分布 $N(0, 1)$ のモーメント母関数は，

$$M_x(t) = \exp\left(\frac{t^2}{2}\right) \tag{2.47}$$

になります。

式 (2.46) を t に関して微分すると,

$$M_x^{(1)}(t) = (\mu + \sigma^2 t)\exp\left(\mu t + \frac{\sigma^2 t^2}{2}\right) \tag{2.48}$$

が得られます。ここで，合成関数の微分の公式を利用しました。この式に $t = 0$ を代入すると,

$$M_x^{(1)}(0) = \mu = \mu_1 \tag{2.49}$$

が得られます。

さらに，この関数をもう 1 回微分すると,

$$M_x^{(2)}(t) = \sigma^2 \exp\left(\mu t + \frac{\sigma^2 t^2}{2}\right) + (\mu + \sigma^2 t)^2 \exp\left(\mu t + \frac{\sigma^2 t^2}{2}\right) \tag{2.50}$$

となります。ここでは積の微分の公式を用いました。この式に $t = 0$ を代入すると,

$$M_x^{(2)}(0) = \sigma^2 + \mu^2 = \mu_2 \tag{2.51}$$

が得られます。これより，分散は,

$$\sigma^2 = \mu_2 - \mu_1^2 \tag{2.52}$$

として得られ，これは式 (2.16) に一致します。

2.3.3　確率変数の変換

ある確率変数 x を,

$$y = ax \tag{2.53}$$

のように変換して，新しい確率変数 y が得られる場合を考えます。ここで，a は定数です。式 (2.53) を**線形変換**（linear transform）と言います。次に,

$$y = ax + b \tag{2.54}$$

を**アフィン変換**（affine transform）と言います。ここで，a, b は定数です。平均値 μ，分散 σ^2 の確率変数 x を式 (2.54) のようにアフィン変換したとき，新しい確率変数 y の平均値と分散は，それぞれ次のようになります。

$$\mathrm{E}[y] = \mathrm{E}[ax + b] = a\mathrm{E}[x] + b = a\mu + b \tag{2.55}$$

$$\mathrm{V}[y] = a^2\mathrm{V}[x] = a^2\sigma^2 \tag{2.56}$$

ここで，期待値演算の線形性と分散の性質を用いました。

このとき，次の Point 2.3 を与えます。

Point 2.3　**正規分布のアフィン変換**

x を $N(\mu, \sigma^2)$ に従う確率変数とします。この x を式 (2.54) でアフィン変換すると，y も正規分布となり，$N(a\mu + b, a^2\sigma^2)$ に従います。特に，$b = 0$ とおくと，アフィン変換は線形変換になり，そのときもこの性質は成り立ちます。

この事実は，第 9 章で解説する線形カルマンフィルタの基礎になります。

2.4　真ん中とばらつき

本節では，確率分布の真ん中とばらつきという二つの側面から確率分布を数値化しましょう。

2.4.1　確率分布の真ん中

確率分布の真ん中は，確率分布を代表する値であり，**代表値**（average）と呼ばれます。

これまで本書では，期待値を用いて確率分布の中心を求めました。そして，標本（データ）が与えられた場合には，**平均値（ミーン：**mean value）を用いてデータの真ん中（中心）を決めました。この平均値の計算は，標本平均，あるいは算術平均と呼ばれ，われわれに最もなじみ深いものです。このほかにも，標本の真ん中を与える量はいくつかあり，それを紹介しましょう。

標本を小さいものから順に並べ替えたときに，ちょうど中央に来る値を**中央値（メディアン：**median）と言います。すなわち，

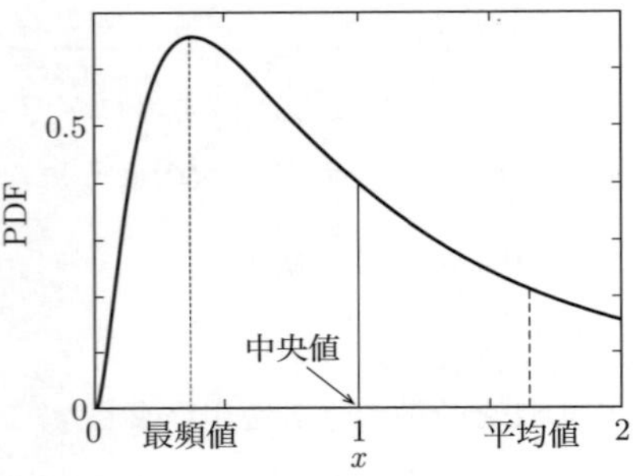

図 2.10 ある確率密度関数に対する平均値，中央値，最頻値の位置

$$\Pr(x \leq b) = 0.5 \tag{2.57}$$

を満たす b が中央値です。

さらに，最も頻繁に出現する値，すなわち，確率密度関数 $p(x)$ を最大にする x を**最頻値**（**モード**：mode）と言います。

このように，標本の真ん中を与える量は，平均値，中央値，そして最頻値があります。正規分布の確率密度関数の図 2.9 から明らかなように，正規分布の場合には，この三つの代表値（平均値，中央値，最頻値）はすべて一致します。図 2.10 に，ある確率密度関数に対する平均値，中央値，最頻値の位置を示しました。この確率密度関数の歪度は正であり，右のすそ野が長くなっています。この場合には，最頻値，中央値，平均値の順で並んでいることがわかります。このような確率密度関数では，真ん中を表す平均値，中央値，最頻値は異なります。

ある確率密度関数をもつ確率変数の推定問題を考えるとき，その確率変数の推定値の有力な候補は確率変数の真ん中を与える代表値でしょう。そのとき，平均値，中央値，最頻値のうちのどれを用いるのかは，推定のための評価関数によって決まります。本書でしばしば登場する最小二乗法では，確率変数の真ん中として平均値を利用することになります。

2.4.2 確率変数のばらつき

これまで，確率変数の**ばらつき**，あるいは散らばりを表す量として分散を紹介しました。ここでは，ばらつきを表す別の量である分位点を紹介します。

確率分布 P に従う確率変数 x を対象とします。0 以上 1 以下の実数 q に対

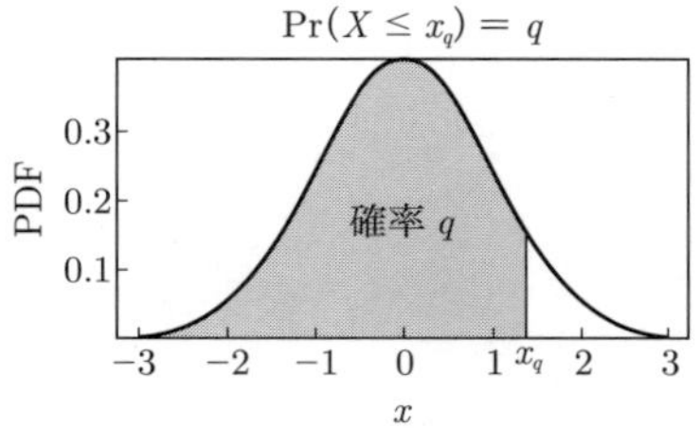

(a) q 分位点

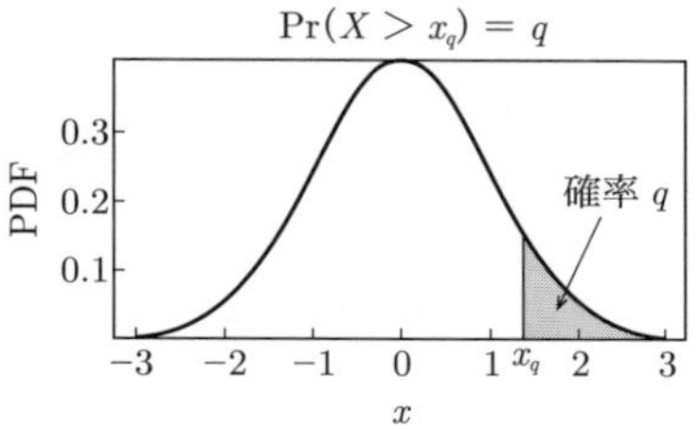

(b) 上側 q 分位点

図 2.11 分位点

して，対象とする確率変数の確率分布を $q:(1-q)$ に分割する値，言い換えると，**内分**する値を **q 分位数**と呼びます。そして，

$$\Pr(x > x_q) = q \tag{2.58}$$

を満たす x_q を **q 分位点**（q-quantile）と言います。図 2.11(a) に q 分位点を示しました。また，図 2.11(b) には，上側 q 分位点を示しました。これは，

$$\Pr(x \geq x_q) = q \tag{2.59}$$

を満たす x_q を意味します。

このように定義した分位数を用いると，次の量を定義できます。まず，1/2 分位数に対応する確率変数の値が**中央値**（メディアン）です。次に，確率密度関数の面積を四つに等分割すると，**四分位数**（しぶんいすう）が定義できます。このとき，$m/4$ 分位数を第 m 四分位数，あるいは第 m ヒンジ（hinge）と言います。ここで，$m = 1, 2, 3$ で，$m = 1$ のとき**第 1 四分位数**，$m = 2$ のとき**第 2 四分位数**，$m = 3$ のとき**第 3 四分位数**と言います。そして，$m = 1$ に対応する確率変数が第 1 四分位点 x_1，$m = 2$ に対応する確率変数が第 2 四分位点 x_2（中央値に一致），$m = 3$ に対応する確率変数が第 3 四分位点 x_3 です。

図 2.12 に示した確率密度関数を用いて重要な量について説明します。この図は，図 2.11 と違って，左右対称ではなく歪度が正であることに注意しましょう。図 2.12 に，第 1 四分位点 x_1，第 2 四分位点 x_2，第 3 四分位点 x_3 を示しました。

第 2 四分位点が中央値に対応することはすでに説明しました。次に，確率密度関数の値がもっと大きなところに対応するものが最頻値です。平均値について

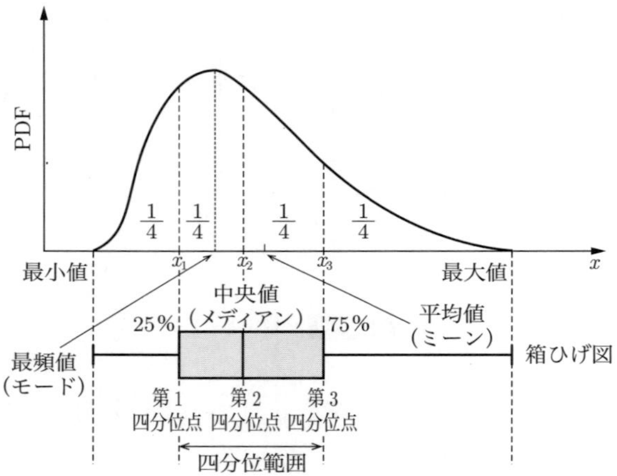

図 2.12 四分位数と箱ひげ図

は図からすぐにはわかりませんが，この確率密度関数の場合には図に示したところに平均値が存在します。また，ばらつきを定量化するものとして**四分位範囲** (interquartile range：**IQR**) があり，これは $(x_3 - x_1)$ で計算されます。

確率分布から外れた極端に大きな，あるいは小さな値のことを**外れ値**と言います。確率変数が外れ値をもったり，あるいは確率密度関数のすそ野が長い場合には，確率変数の真ん中を表す量として，平均値ではなく中央値を用い，確率変数のばらつきを表す量として，分散ではなく四分位範囲を利用します。このように四分位数に基づく確率変数の中央値と四分位範囲を図示したものは**箱ひげ図** (box plot) と呼ばれ，図 2.12 の下側に示しました。

図 2.13 に図 2.12 の箱ひげ図を 90° 回転したものを図示しました。図 2.13(a) に示した図は，図 2.12 の箱ひげ図と同じタイプです。箱ひげ図の中には，図 2.13(b) に示したように，データの最大値と最小値の外側に○や×で外れ値をプロットしているものもあります。図示したように，第 3 四分位数よりも $1.5 \times \mathrm{IQR}$ 以上大きなもの，そして第 1 四分位数よりも $1.5 \times \mathrm{IQR}$ 以下小さなものを外れ値としています。そして，そのような外れ値をデータから除外して，最大値と最小値を定義しています。

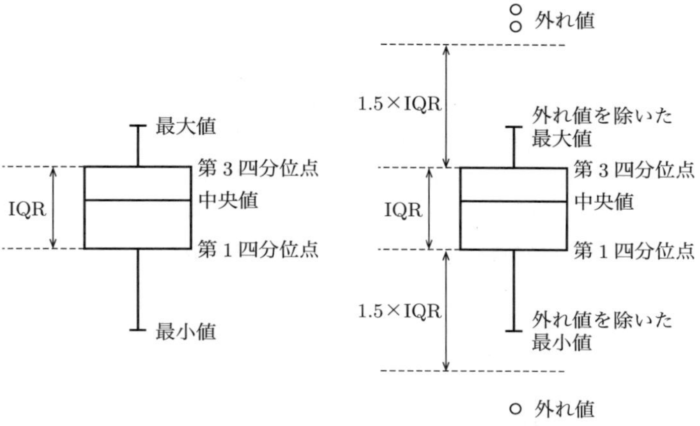

(a) 箱ひげ図　　(b) 外れ値を含む箱ひげ図

図 2.13 箱ひげ図

Point 2.4 箱ひげ図

最近の論文や本などを読んでいると，しばしば箱ひげ図が登場します。データが正規分布に従う場合には，その確率密度関数は左右対称で，きれいな形をしているので，四分位数や箱ひげ図を利用する必要はありません。箱ひげ図が登場したら，対象としているデータの分布は正規分布ではないのだな，と思うことが重要です。データが正規分布に従わない理由はいくつかあり，データ数が少ない場合には正規分布に従わないことが多いです。特に，医療系のデータの場合，そのような傾向が強いようです。なお，1970 年代に箱ひげ図を考案したのは，高速フーリエ変換（fast Fourier transform：**FFT**）の開発者の一人であるジョン・チューキー（John Tukey）でした。

Princeton University/
robert matthews

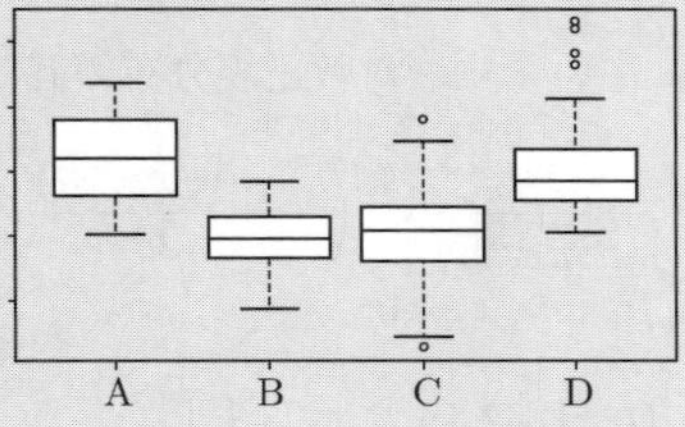

コラム 2.2 確率と統計

大学での授業科目名でよく見かけるように「確率・統計」という用語がよく使われます。このように，確率と統計はペアで表現されるので，どこまでが確率で，どこからが統計なのか，わからなくなります。

確率と統計は，「理論か事実（実験）か」という点で分類できます。統計が，実際に得た標本（データ）に基づいて，ある事象が起こる真の確率などを探る（推定する）のに対して，確率は，ある事象が起こる理論上の割合を扱います。統計を分析する際に，確率が必要になります。

統計に関連して，**統計量**（statistics）という用語があります。統計量とは，標本平均のように，実験で得られた**標本**を要約したものです。標本平均のほかに，統計量としては，分散，標準偏差，中央値，最頻値，最大値，最小値など，さまざまなものがあります。ユーザーが着目する確率分布の特徴を要約している統計量を選択することが重要です。本書で述べる線形カルマンフィルタの場合，われわれが着目する統計量は，平均値と分散です。

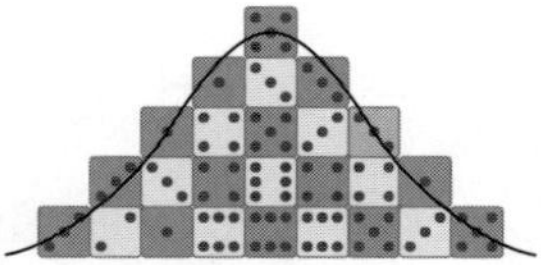

2.5 そのほかの確率分布

これまで正規分布について詳しく解説しました。それ以外の確率分布を二つ紹介しましょう。

2.5.1 対数正規分布

$\log x$ が正規分布に従うならば，もとの確率変数 x は**対数正規分布**（log-normal distribution）に従います。対数正規分布の確率密度関数は，

$$p(x) = \begin{cases} \dfrac{1}{\sqrt{2\pi\sigma^2}x} \exp\left(-\dfrac{(\log x - \mu)^2}{2\sigma^2}\right), & x > 0 \\ 0, \quad x \leq 0 \end{cases} \tag{2.60}$$

で与えられ，これを図 2.14 に示しました。たとえば，電気回路の抵抗の値は必ず正であり，負値はとりません。このように，物理システムを対象として，その

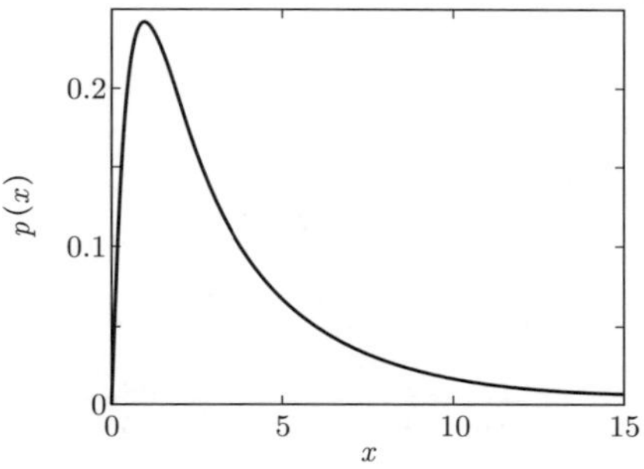

図 2.14 対数正規分布の確率密度関数（$\mu = 1,\ \sigma^2 = 1$）

変数が正値しかとらない場合に，対数正規分布を考える意味が出てきます。

対数正規分布の平均値と分散は，それぞれ次のように与えられます。

$$\mathrm{E}[x] = \exp\left(\mu + \frac{\sigma^2}{2}\right) \tag{2.61}$$

$$\mathrm{V}[x] = \exp(2\mu + 2\sigma^2) - \exp(2\mu + \sigma^2) \tag{2.62}$$

2.5.2 ラプラス分布

ラプラス分布（Laplace distribution）の確率密度関数は，

$$p(x) = \frac{1}{2b}\exp\left(-\frac{|x-\mu|}{b}\right) \tag{2.63}$$

で与えられ，これを図 2.15 に示しました。正規分布のときには確率密度関数の指数関数の肩が $(x-\mu)^2$ と二乗だったものが，ラプラス分布では $|x-\mu|$ と絶対値になっています。このため，ラプラス分布の確率密度関数は，x が正の方向，負の方向の両方向へ向かうとき，指数的減衰関数になります。そのため，ラプラス分布は両側指数分布と呼ばれることもあります。ラプラス分布は正規分布よりも，0 に向かう速度が遅いので，確率分布のすそ野が広くなり，これは**裾が重い**（heavy tail）と呼ばれます。そのため，外れ値や異常値を含むデータを用いたモデリングに向いています。

ラプラス分布の平均値と分散は，それぞれ次のように与えられます。

$$\mathrm{E}[x] = \mu, \quad \mathrm{V}[x] = 2b^2 \tag{2.64}$$

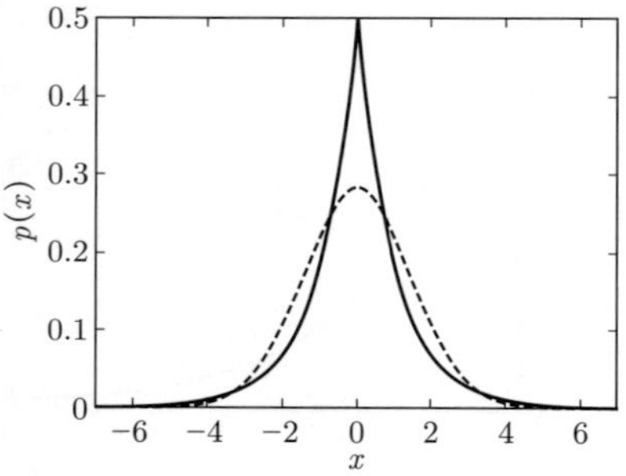

図 2.15　ラプラス分布の確率密度関数（実線）と正規分布の確率密度関数（破線）

図 2.15 にラプラス分布の確率密度関数を示しました。ここでは，$\mu = 0, b = 1$ としました。図では，比較のために正規分布の確率密度関数を破線で示しました。ラプラス分布と正規分布の平均値はともに 0，分散はともに 2 で同一です。図より，ラプラス分布は左右対称（歪度は 0）で，中央で正規分布よりもとんがっており（尖度は 3 ），分布のすそ野が長いことがわかります。

第3章

多次元確率分布と線形代数

3.1 多次元確率分布

前章では1次元確率分布，すなわち，スカラーの確率変数を対象としてきました。本章では，2次元以上の**多次元確率分布**（あるいは，**多変数確率分布**とも呼ばれます）について考えます。

3.1.1 二つの確率変数の場合

例として，二つのコインを対象として，二つの確率変数を同時に扱う問題を考えましょう。それぞれのコインの表と裏が出る確率を 0.5 とすると，二つのコインを同時に振ったとき，それぞれのコインが表か裏が出る確率は表 3.1 のようにまとめることができます。この表は**分割表**（contingency table）と呼ばれます。たとえば，二つのコインがともに表が出る確率は 0.25 であることなど，この表の意味は直観的に明らかでしょう。

いま，コイン1を確率変数 x，コイン2を確率変数 y とします。そして，コイン1が表，コイン2も表が出る確率は，

$$\Pr(x = \text{表},\ y = \text{表}) = p(x, y) = 0.25 \tag{3.1}$$

と書くことにします。これを2次元確率変数 $(x,\ y)$ の**同時確率分布**（joint

表 3.1 二つのコインの場合の分割表

コイン2＼コイン1	表	裏	計
表	0.25	0.25	0.5
裏	0.25	0.25	0.5
合計	0.50	0.50	1

（右の「計」列 0.5, 0.5 ← 周辺確率分布）
（下の「合計」行 0.50, 0.50 ↑ 周辺確率分布）

probability distribution)[1] と言います。

表 3.1 の主要部分は，中心に確率の数値が書かれている (2×2) の場所です。表ではその周辺に確率の合計が計算されています。たとえば，コイン 1 が表になる確率は，コイン 2 が表であっても裏であっても 0.5 であり，これは表の下の計の最初の 0.5 に対応します。このように，表の周辺に書いた数字を**周辺確率分布** (marginal probability distribution) と言います。周辺確率分布と聞くと，何か専門的な意味をもつ用語のように聞こえますが，ただ単に，表の周辺に書かれた数字のことを指しているだけです。

表の中心に書かれた数字から，周辺確率分布が計算できることを紹介しました。この操作は確率変数の**周辺化** (marginalization) と呼ばれます。ここでは，コインという離散型の確率変数を対象としたので，周辺確率分布の計算は総和の計算でした。連続型の確率変数を対象とした場合には，これは確率密度関数の積分計算になります。

いま，二つの連続型の確率変数 x, y を考えます。まず，**同時確率密度関数** $p(x, y)$ を定義します。確率の公理より，この確率密度関数は次式を満たします。

$$p(x, y) \geq 0 \tag{3.2}$$

$$\int_{-\infty}^{\infty} \int_{-\infty}^{\infty} p(x, y) \mathrm{d}x \mathrm{d}y = 1 \tag{3.3}$$

この確率密度関数を用いると，確率は，

$$\Pr(a \leq x \leq b, c \leq y \leq d) = \int_c^d \int_a^b p(x, y) \mathrm{d}x \mathrm{d}y \tag{3.4}$$

[1] **結合確率分布**と訳されることもあります。

で与えられます。

連続型の確率変数の場合の周辺化は，同時確率密度関数から一つの確率変数を**積分消去**して，もう一つの確率密度関数にすることです。たとえば，

$$\Pr(a \leq x \leq b) = \int_a^b \int_{-\infty}^{\infty} p(x,\, y)\mathrm{d}y\mathrm{d}x = \int_a^b g(x)\mathrm{d}x \tag{3.5}$$

で与えられます。ここで，$g(x)$ は**周辺確率密度関数**と呼ばれ，

$$g(x) = \int_{-\infty}^{\infty} p(x,\, y)\mathrm{d}y \tag{3.6}$$

です。同様にして，

$$\Pr(c \leq y \leq d) = \int_c^d \int_{-\infty}^{\infty} p(x,\, y)\mathrm{d}x\mathrm{d}y = \int_c^d h(y)\mathrm{d}y \tag{3.7}$$

が成り立ちます。ここで，周辺確率密度関数 $h(y)$ は，

$$h(y) = \int_{-\infty}^{\infty} p(x,\, y)\mathrm{d}x \tag{3.8}$$

です。

二つの確率変数 $x,\, y$ に対するいくつかの用語を紹介しましょう。まず，二つの確率変数の和の分散は，

$$\mathrm{V}[x+y] = \mathrm{V}[x] + \mathrm{V}[y] + 2\mathrm{cov}(x,y) \tag{3.9}$$

で与えられます。ここで，$\mathrm{cov}(x,y)$ は**共分散**（covariance）と呼ばれ，

$$\mathrm{cov}(x,y) = \mathrm{E}\left[(x-\mathrm{E}[x])(y-\mathrm{E}[y])\right] \tag{3.10}$$

で定義されます。前章で説明した期待値計算を思い出して式 (3.10) を計算すると，

$$\mathrm{cov}(x,y) = \mathrm{E}[xy] - \mathrm{E}[x]\mathrm{E}[y] \tag{3.11}$$

が得られ，実際にはこの式を用いて共分散を計算します。二つの確率変数 $x,\, y$ のどちらかの平均値が 0 ならば，共分散は次式で計算できます。

$$\mathrm{cov}(x,y) = \mathrm{E}[xy] \tag{3.12}$$

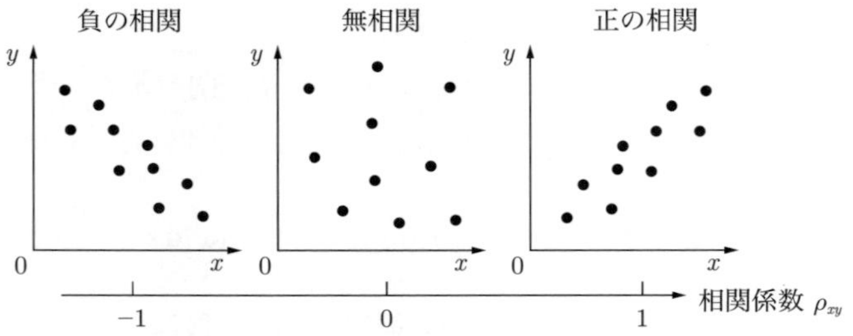

図 3.1 相関係数

共分散をそれぞれの標準偏差で規格化したものは**相関係数**（correlation coefficient）と呼ばれ，

$$\rho_{xy} = \frac{\mathrm{cov}(x, y)}{\sqrt{\mathrm{V}[x]\mathrm{V}[y]}} \tag{3.13}$$

で定義されます。このとき，$-1 \leq \rho_{xy} \leq 1$ が成り立ちます。$\rho_{xy} > 0$ のときは**正の相関**，$\rho_{xy} < 0$ のときは**負の相関**をもつと言われます。$\rho_{xy} = 0$ のときは**無相関**（uncorrelated）であると言われます。この様子を図 3.1 に示しました。

無相関よりも強い概念に独立があり，それについて説明しましょう。二つの確率変数 x, y に対して，

$$p(x,\, y) = g(x)h(y) \tag{3.14}$$

が成り立つとき，x と y は**独立**（independent）であると言われます。ここで，$g(x)$ と $h(y)$ はそれぞれ式 (3.6)，(3.8) で与えられる周辺確率密度関数です。確率変数 x, y が独立のときに，次の性質が成り立ちます。

- 独立な確率変数の積の期待値は，それぞれの期待値の積に等しい。すなわち，

$$\mathrm{E}[xy] = \mathrm{E}[x]\mathrm{E}[y] \tag{3.15}$$

- 独立な確率変数の和の分散：このとき $\mathrm{cov}(x, y) = 0$ になるので，

$$\mathrm{V}[x + y] = \mathrm{V}[x] + \mathrm{V}[y] \tag{3.16}$$

- 独立な確率変数の和，すなわち，$x + y$ のモーメント母関数は，それぞれのモーメント母関数の積に一致します。すなわち，

$$M_{x+y}(t) = M_x(t)M_y(t) \tag{3.17}$$

ここで，式 (3.17) は次式のように導出されます。

$$M_{x+y}(t) = \mathrm{E}[e^{t(x+y)}] = \mathrm{E}[e^{tx}e^{ty}] = \mathrm{E}[e^{tx}]\mathrm{E}[e^{ty}] = M_x(t)M_y(t) \tag{3.18}$$

独立は，確率変数の確率分布そのものに関する性質であり，無相関は確率分布から決まる平均的な性質です。そのため，独立の方が無相関よりも強い性質です。すなわち，独立であれば無相関であり，これは，

$$\mathrm{cov}(x, y) = \mathrm{E}[xy] - \mathrm{E}[x]\mathrm{E}[y] = 0 \tag{3.19}$$

より明らかです。一方，その逆は成り立つとは限りません。

なお，統計的推論では，しばしば「データは独立に観測される」と仮定されます。

3.1.2 確率分布の再生性と中心極限定理

独立な確率変数 x と y の和で定義される新しい確率変数

$$z = x + y \tag{3.20}$$

を考えます。ここで，$x \sim N(\mu_x, \sigma_x^2)$，$y \sim N(\mu_y, \sigma_y^2)$ とし，それぞれの確率密度関数を $g(x)$，$h(y)$ とします。

確率変数 x と y に対して，$P(x+y) = P(z)$ となる確率を考えると，$x+y = z$ となる事象は，x かつ $z - x$ となるすべての x の総和で表すことができます。よって，z の確率密度関数 $p(z)$ は，

$$p(z) = \int_{-\infty}^{\infty} g(x)h(z-x)\mathrm{d}x \tag{3.21}$$

のように**たたみ込み積分**（convolution）で計算できます。たたみ込み積分を $*$ で表記すると，

$$N(\mu_x, \sigma_x^2) * N(\mu_y, \sigma_y^2) = N(\mu_x + \mu_y, \sigma_x^2 + \sigma_y^2) \tag{3.22}$$

が成り立つので，確率変数 z は $N(\mu_x+\mu_y,\,\sigma_x^2+\sigma_y^2)$ に従います。

この事実の証明のアウトラインを示しておきましょう。二つの確率変数 x と y が独立なとき，これらの和 $z=x+y$ のモーメント母関数 $M_z(t)$ は，式 (3.17) より，

$$M_z(t)=M_x(t)M_y(t) \tag{3.23}$$

で与えられます。ここで，$M_x(t)$，$M_y(t)$ は，それぞれ x と y のモーメント母関数です。いま，

$$M_x(t)=\exp\left(\mu_x t+\frac{\sigma_x^2t^2}{2}\right),\quad M_y(t)=\exp\left(\mu_y t+\frac{\sigma_y^2t^2}{2}\right)$$

とおくと，

$$\begin{aligned}M_z(t)&=\exp\left(\mu_x t+\frac{\sigma_x^2t^2}{2}\right)\exp\left(\mu_y t+\frac{\sigma_y^2t^2}{2}\right)\\&=\exp\left((\mu_x+\mu_y)t+\frac{(\sigma_x^2+\sigma_y^2)t^2}{2}\right)\end{aligned} \tag{3.24}$$

となり，式 (3.22) が導かれました。 □

以上で示したように，同じクラスの確率分布のたたみ込み積分の結果が，再び同じ確率分布になるとき，その確率分布は**再生性**（reproductive）をもつと言われます。正規分布が再生性をもつことは正規分布の大きな利点であり，本書で今後議論する**統計的推定**で利用されます。本書では述べませんが，正規分布のほかに，二項分布，ポアソン分布なども再生性をもちます。

これまでは二つの独立な確率変数の和を考えてきました。これを一般化して，n 個の独立な確率変数 $x_1, x_2, \cdots, x_n$ について考えてみましょう。

いま，$x_1, x_2, \cdots, x_n$ が独立で，それぞれ正規分布 $N(\mu_1,\,\sigma_1^2)$，$N(\mu_2,\,\sigma_2^2)$，$\cdots$，$N(\mu_n,\,\sigma_n^2)$ に従うとします。このとき，それらの線形結合に対して，

$$c_1x_1+c_2x_2+\cdots+c_nx_n\sim N(c_1\mu_1+c_2\mu_2+\cdots+c_n\mu_n,\,c_1^2\sigma_1^2+c_2^2\sigma_2^2+\cdots+c_n^2\sigma_n^2) \tag{3.25}$$

が成り立ちます。特に，$x_1, x_2, \cdots, x_n$ が独立で同一の正規分布 $N(\mu,\,\sigma^2)$ に従うとき，

$$x_1 + x_2 + \cdots + x_n \sim N(n\mu,\, n\sigma^2) \tag{3.26}$$

が成り立ちます。これより，

$$\bar{x} = \frac{1}{n}(x_1 + x_2 + \cdots + x_n) \sim N\left(\mu,\, \frac{\sigma^2}{n}\right) \tag{3.27}$$

が成り立ちます。この導出は，平均値と分散の性質から明らかでしょう。

次に進む前に重要な用語を定義しておきましょう。**独立で同一の分布に従う確率変数**は，**独立同分布**とも呼ばれることがあり，英語では independent and identically distributed なので，しばしば *i.i.d.* とイタリック表示されます。この表記は，特に，機械学習に関する本や論文でよく登場するので，覚えておきましょう。

i.i.d. と正規分布に関連する有名な定理を，次の Point 3.1 で与えましょう。

Point 3.1 **中心極限定理**

独立で同一の分布に従う確率変数 $x_1, x_2, \cdots, x_n$ があり，それぞれの平均値が μ，分散が σ^2 のとき，これらの確率変数の和として与えられる確率変数

$$y = x_1 + x_2 + \cdots + x_n \tag{3.28}$$

は，n が十分大きなとき，もとの確率分布の確率密度関数が**何であろうとも** $N(n\mu,\, n\sigma^2)$ に従う正規分布で近似できます。これを**中心極限定理**（central limit theorem）と言います。

図 3.2 に，サイコロの目に対する中心極限定理の例を示しました。まず，$n = 1$ のときは，一つのサイコロが対象なので，それぞれの目が出る確率は 1/6 なので，一様分布が示されています。次に，$n = 5$，すなわち，五つのサイコロを振り，その目の数の和をとると，それは，5 から 30 の間の値をとり，その確率は図のようになります。このようにして，図では，サイコロの個数 n を 10, 15, 20 と 20 個まで増やしていった結果を示しました。$n = 20$ のときには，サイコロの和の確率密度関数（ヒストグラム）は，正規分布に近づいていることがわかります。このように，中心極限定理により，もとの分布が一様分布であっても，回数を増やしていくと，その和の確率は正規分布に近づいていきます。

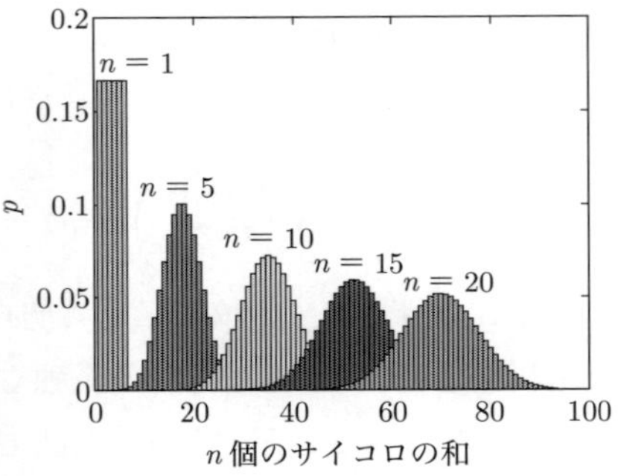

図 3.2 サイコロに対する中心極限定理の例

中心極限定理と密接な関係にある大数（たいすう）の法則についてもまとめておきましょう。

Point 3.2 **大数の法則**

独立で同一の分布に従う確率変数 $x_1, x_2, \cdots, x_n$ があり，それぞれの平均値が μ，分散が σ^2 のとき，正の実数 λ に対して，n が十分大きなとき，

$$\Pr\left(\left|\frac{x_1 + x_2 + \cdots + x_n}{N} - \mu\right| \geq \lambda\right) \leq \frac{\sigma^2}{\lambda^2 N} \tag{3.29}$$

が成り立ち，これを**大数の法則**（law of large number）と言います。

大数の法則は，「平均値が未知の確率変数に対して，数多くの試行を繰り返して実現値を得れば得るほど，その実現値の標本平均は確率変数の平均値に近づいていく」ことを意味しています。

3.1.3 条件付き確率とベイズの定理

二つの確率変数 x, y の関係を定量化したものに式 (3.13) で与えた相関係数がありました。以下では，二つの確率変数の関係の別の表現を与えましょう。

たとえば，y が起こったという条件のもとで x が起こる確率は，

$$\Pr(x|y) = \frac{\Pr(x, y)}{\Pr(y)} \tag{3.30}$$

より計算できます。これを**条件付き確率**（conditional probability）と言います。

ここで，$\Pr(x, y)$ は x と y が同時に起こる**同時確率**です。同様にして，次式で**条件付き期待値**（conditional expectation）を定義します。

$$\mathrm{E}[x|y] = \int xg(x|y)\mathrm{d}x \tag{3.31}$$

ここで，$g(x|y)$ は条件付き確率密度関数です。条件付きを表す数式は $|$ です。この $|$ より右の部分で条件を与えます[2)]。

この条件付き確率に関連した重要な定理であるベイズの定理を次の Point 3.3 でまとめましょう。

Point 3.3 ベイズの定理

英国の牧師で数学者であったトーマス・ベイズ（1701〜1761）による**ベイズの定理**（Bayes' theorem）は次式で与えられます。

$$\Pr(x|y) = \frac{\Pr(y|x)\Pr(x)}{\Pr(y)} \tag{3.32}$$

ベイズが生存中にはベイズの定理が日の目を見ることはありませんでした。彼の死後，100 年以上経ってから，ラプラスが前述した『確率論の解析理論』の中でベイズの定理を再発見し，発展させたと言われています。

Wikipedia/Public Domain

式 (3.32) のベイズの定理を見て暗記しようと思うと，試験などのときに混乱してしまうでしょう。ここでは，ベイズの定理の簡単な導出を行います。

二つの確率変数の同時確率 $\Pr(x, y)$ は，

2) 集合を学んだときに，たとえば，集合 A を説明するときに，$A = \{3n|n = 1, 2, 3\}$ というような表記を利用したかもしれません。この $|$ も同じ意味で，$|$ の右で条件を与えています。

$$\Pr(x, y) = \Pr(x|y)\Pr(y) \tag{3.33}$$

と書くことができます。この式は，x と y が同時に起こる確率 $\Pr(x, y)$ は，y が起こる確率 $\Pr(y)$ と，y が起こったという条件のもとで x が起こる条件付き確率 $\Pr(x|y)$ の積であることを意味しています。同様にして，二つの確率変数の同時確率は，

$$\Pr(x, y) = \Pr(y|x)\Pr(x) \tag{3.34}$$

と書くこともできます。そして，式 (3.33) と式 (3.34) を等号で結ぶと，ベイズの定理が導かれます。

いま x を原因，y を結果であるとすると，$\Pr(y|x)$ は，原因という条件のもとで，結果が起こる順方向の確率を表します。一方，$\Pr(x|y)$ は，結果から原因が起こる確率を表します。これは**逆確率**とも呼ばれます。結果から原因を探ることは，推理小説のようですね。このように，式 (3.32) のベイズの定理は，逆確率を計算する公式であると考えることもできます。

ベイズの定理の考え方に基づいて，観測事象から推定したい事柄（原因事象）を確率的な意味で推定することは**ベイズ推定**（Bayesian inference）と呼ばれ，本書ではカルマンフィルタでこの考え方を利用します。

3.1.4 多次元確率変数の場合

2 次元確率変数に対して，次の行列を考えましょう。

$$\begin{aligned}\boldsymbol{\Sigma} &= \mathrm{E}\left[\left(\begin{bmatrix} x \\ y \end{bmatrix} - \mathrm{E}\begin{bmatrix} x \\ y \end{bmatrix}\right)\left(\begin{bmatrix} x \\ y \end{bmatrix} - \mathrm{E}\begin{bmatrix} x \\ y \end{bmatrix}\right)^T\right] \\ &= \begin{bmatrix} \mathrm{V}[x] & \mathrm{cov}(x, y) \\ \mathrm{cov}(x, y) & \mathrm{V}[y] \end{bmatrix}\end{aligned} \tag{3.35}$$

このように，対角要素にそれぞれの確率変数の分散 $V[x]$, $V[y]$ が並び，非対角要素に共分散 $\mathrm{cov}(x, y)$ が配置されるため，この行列は**分散共分散行列**と呼ばれます。これは，単に**共分散行列**（covariance matrix）と呼ばれることも多く，本書でも今後は共分散行列と呼びます。

2 次元確率変数を n 次元確率変数

$$\boldsymbol{x} = [x_1\ x_2\ \cdots\ x_n]^T \tag{3.36}$$

に一般化して考えましょう。まず，**平均値ベクトル**は，

$$\boldsymbol{\mu} = \mathrm{E}[\boldsymbol{x}] = [\mu_1\ \mu_2\ \cdots\ \mu_n]^T \tag{3.37}$$

となります。ここで，$\mu_i = \mathrm{E}[x_i],\ i = 1, 2, \cdots, n$ です。

次に，**共分散行列**は，

$$\begin{aligned}\boldsymbol{\Sigma} &= \mathrm{E}\left[(\boldsymbol{x}-\boldsymbol{\mu})(\boldsymbol{x}-\boldsymbol{\mu})^T\right]\\ &= \begin{bmatrix} \mathrm{E}[(x_1-\mu_1)^2] & \mathrm{E}[(x_1-\mu_1)(x_2-\mu_2)] & \cdots & \mathrm{E}[(x_1-\mu_1)(x_n-\mu_n)] \\ \mathrm{E}[(x_2-\mu_2)(x_1-\mu_1)] & \mathrm{E}[(x_2-\mu_2)^2] & \cdots & \mathrm{E}[(x_2-\mu_2)(x_n-\mu_n)] \\ \vdots & \vdots & \ddots & \vdots \\ \mathrm{E}[(x_n-\mu_n)(x_1-\mu_1)] & \mathrm{E}[(x_n-\mu_n)(x_2-\mu_2)] & \cdots & \mathrm{E}[(x_n-\mu_n)^2] \end{bmatrix}\end{aligned} \tag{3.38}$$

となります。このように共分散行列は対称行列です。さらに，後述するように共分散行列は**半正定値行列**です。

なお，1 次元確率変数の場合と同じように，共分散行列を計算するときには，

$$\boldsymbol{\Sigma} = \mathrm{E}[\boldsymbol{x}\boldsymbol{x}^T] - \boldsymbol{\mu}\boldsymbol{\mu}^T \tag{3.39}$$

を用います。ここで，左辺が 2 次モーメントであり，右辺第 1 項が原点まわりの 2 次モーメントです。

3.2 多次元正規分布

これまで 1 次元正規分布について詳しく見てきました。以下では，その拡張である多次元正規分布について調べていきましょう。

n 次元確率変数 $\boldsymbol{x}$ の平均値ベクトルを $\boldsymbol{\mu}$，共分散行列を $\boldsymbol{\Sigma}$ とすると，多次元正規分布の確率密度関数は，

$$p(\boldsymbol{x}) = \frac{1}{(2\pi)^{n/2}\sqrt{\det \boldsymbol{\Sigma}}} \exp\left[-\frac{1}{2}(\boldsymbol{x}-\boldsymbol{\mu})^T\boldsymbol{\Sigma}^{-1}(\boldsymbol{x}-\boldsymbol{\mu})\right] \tag{3.40}$$

で与えられます。右辺の指数関数の引数，すなわち大かっこ内は **2 次形式**です。

1 次元正規分布のときと同じように，n 次元確率変数が正規分布に従うとき，

$$\boldsymbol{x} \sim N(\boldsymbol{\mu}, \boldsymbol{\Sigma}) \tag{3.41}$$

と表記します。

n が 3 以上になると，多次元正規分布の確率密度関数を図示することが難しいので，$n = 2$ とした 2 次元正規分布の例を見ていきましょう。ここでは，平均値ベクトル $\boldsymbol{\mu}$ と共分散行列 $\boldsymbol{\Sigma}$ をそれぞれ次のように与えます。

$$\boldsymbol{\mu} = \begin{bmatrix} 0 \\ 0 \end{bmatrix}, \quad \boldsymbol{\Sigma} = \begin{bmatrix} 0.25 & 0.30 \\ 0.30 & 1.00 \end{bmatrix} \tag{3.42}$$

この共分散行列 $\boldsymbol{\Sigma}$ の固有値を計算すると，0.1448 と 1.1052 が得られます。二つの固有値がともに正値をとるので，この共分散行列が正定値行列です。式 (3.42) の平均値ベクトルと共分散行列の 2 次元正規分布に従う確率変数 $\boldsymbol{x} = [x_1, x_2]^T$ をランダムに 1000 個生成したものを図 3.3 に + でプロットしました。図より，原点 $[0, 0]^T$，すなわち，平均値 $\boldsymbol{x} = \boldsymbol{\mu}$ を中心として，楕円状に点が分布していることがわかります。

次に，式 (3.40) を用いてこの 2 次元正規分布の確率密度関数を計算したものを図 3.4 に示しました。x_1 と x_2 で 2 次元平面を表し，縦軸が確率密度関数 $p(\boldsymbol{x})$ です。原点 $[0, 0]^T$，すなわち平均値のところで確率密度関数は最大値をとっていることがわかります。

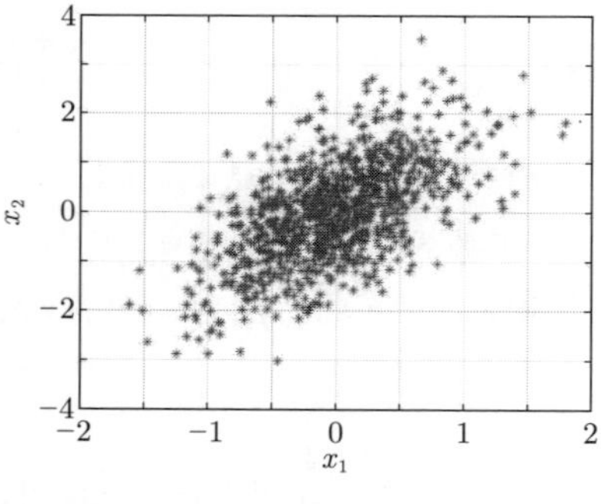

図 3.3 2 次元正規分布の例（1000 個のデータを正規分布に従って生成）

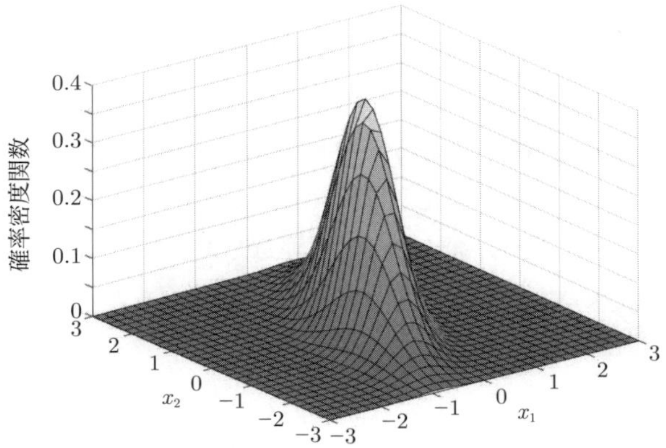

図 3.4 2次元正規分布の確率密度関数

3.3 線形代数のエッセンス

前節までの議論から，多次元確率変数を扱うためには，2次形式，正定値，固有値などといった線形代数の知識が必要になることがわかるでしょう。そこで，本節では本書の内容に関係する線形代数の知識を簡潔にまとめておきます。

3.3.1 2次形式と正定値

ここでは共分散行列を想定しているので，$(n \times n)$ の正方対称行列 $\boldsymbol{A}$ を考えます。いま，n 次元列ベクトル（あるいは $(n \times 1)$ 行列とも言います）$\boldsymbol{x}$ に対して，$\boldsymbol{x}^T \boldsymbol{A} \boldsymbol{x}$ を**2次形式**（quadratic form）と言い，これはスカラー値をとります。ここで，T は転置を表します[3)]。

以上の準備のもとで，

$$\boldsymbol{x}^T \boldsymbol{A} \boldsymbol{x} > 0, \qquad \forall \boldsymbol{x} \neq \boldsymbol{0} \tag{3.43}$$

が成り立つとき，行列 $\boldsymbol{A}$ は**正定値**（positive definite）であると言われ，

$$\boldsymbol{A} \succ 0, \quad あるいは, \quad \boldsymbol{A} > 0 \tag{3.44}$$

---

3) 本書では，列ベクトル表示をベクトルの基本的な表示とします。そのため，行ベクトルは $\boldsymbol{x}^T$ のように転置を付けて表示します。

と表記されます。行列 $\boldsymbol{A}$ が与えられたとき，すべての $\boldsymbol{0}$ ベクトルでない $\boldsymbol{x}$ に対してしらみつぶしに式 (3.43) を調べることは不可能です。その代わりに，行列 $\boldsymbol{A}$ のすべての固有値が存在してすべて正のとき，その行列は正定値であるので，この条件より正定値行列かどうかを判断することができます。すべての固有値が存在するとき，その行列は**正則行列**（non-singular matrix）なので，正定値行列は正則行列よりも条件が厳しいことに注意しましょう。

正定値に関連して次の用語があります。

$$\boldsymbol{x}^T\boldsymbol{A}\boldsymbol{x} < 0, \qquad \forall \boldsymbol{x} \neq \boldsymbol{0} \tag{3.45}$$

が成り立つとき，行列 $\boldsymbol{A}$ は**負定値**（negative definite）であると言われ，$\boldsymbol{A} \prec 0$，あるいは $\boldsymbol{A} < 0$ と表記されます。また，

$$\boldsymbol{x}^T\boldsymbol{A}\boldsymbol{x} \geq 0, \qquad \forall \boldsymbol{x} \neq \boldsymbol{0} \tag{3.46}$$

が成り立つとき，行列 $\boldsymbol{A}$ は**半正定値**（positive semi-definite）であると言われ，$\boldsymbol{A} \succeq 0$，あるいは $\boldsymbol{A} \geq 0$ と表記されます。式 (3.38) で与えた共分散行列は半正定値行列でした。さらに，**半負定値** $\boldsymbol{A} \preceq 0$ も同様に定義されます。

スカラー関数のときの 2 次関数 ax^2 をベクトル版に拡張したものが 2 次形式 $\boldsymbol{x}^T\boldsymbol{A}\boldsymbol{x}$ であると理解することが最も重要なことです。ここで，$a > 0$ が $\boldsymbol{A} \succ 0$ に対応します。

3.3.2 固有値と固有ベクトル

$(n \times n)$ 正方対称行列 $\boldsymbol{A}$ の固有値と固有ベクトルについてまとめておきましょう。

行列の方程式

$$\boldsymbol{A}\boldsymbol{u} = \lambda\boldsymbol{u} \tag{3.47}$$

を考えます。この式を満たす λ を**固有値**（eigenvalue）と言い，それに対応する $\boldsymbol{u}_i$ を**固有ベクトル**（eigenvector）と言います。この場合，固有値と固有ベクトルは n 個存在します。式 (3.47) を変形すると，

$$(\lambda\boldsymbol{I} - \boldsymbol{A})\boldsymbol{u} = \boldsymbol{0} \tag{3.48}$$

が得られ，これを**固有方程式**と言います。ここで，$\boldsymbol{I}$ はその対角要素がすべて 1 をとる**単位行列**（identity matrix）です。式 (3.48) が，ある $\boldsymbol{u} \neq \boldsymbol{0}$ に対して成り立つためには，

$$\det(\lambda \boldsymbol{I} - \boldsymbol{A}) = 0 \tag{3.49}$$

が成り立たなくてはいけません。ここで det は**行列式**です。式 (3.49) は λ の n 次方程式になり，これを解くことによって，n 個の固有値 $\lambda_i, i = 1, 2, \cdots, n$ を求めることができます。そして，その固有値を式 (3.47) に代入することによって固有ベクトル $\boldsymbol{u}_i, i = 1, 2, \cdots, n$ が得られます。このようにして得られた固有ベクトルには，大きさの自由度が残ります。そのため，ここでは，固有ベクトルはその大きさが 1 に正規化されているものとします。すなわち，$\boldsymbol{u}_i/\|\boldsymbol{u}_i\|$ を新たに $\boldsymbol{u}_i$ とします[4)]。ここで，$\|\boldsymbol{u}_i\|$ はベクトルの大きさを表す**ノルム**（norm）です。また，異なる固有ベクトルは直交します。そのため，ここで考えている固有ベクトルは大きさが 1 で，互いに直交するので，**正規直交系**（orthonormal system）を構成します。

行列 $\boldsymbol{A}$ が実対称行列の場合には，すべての固有値は実数になります。対応する固有ベクトルから構成される行列 $\boldsymbol{U}$ を次のように定義します。

$$\boldsymbol{U} = [\boldsymbol{u}_1 \, \boldsymbol{u}_2 \cdots \boldsymbol{u}_n] \tag{3.50}$$

この行列の大きさは $(n \times n)$ です。固有ベクトルは正規直交系をなすので，

$$\boldsymbol{U}^T \boldsymbol{U} = \boldsymbol{U} \boldsymbol{U}^T = \boldsymbol{I} \tag{3.51}$$

が成り立ちます。このとき，$\boldsymbol{U}$ は**直交行列**と呼ばれます。この直交行列について，次の Point 3.4 でまとめておきましょう。

Point 3.4 直交行列と等長写像

行列 $\boldsymbol{A}$ が，

4) たとえば，ベクトル $\boldsymbol{a}$ をそのベクトルの大きさ $\|\boldsymbol{a}\|$ で割れば，すなわち，$\boldsymbol{a}/\|\boldsymbol{a}\|$ は，大きさが 1 の**単位ベクトル**（unit vector）になることを思い出しましょう。

$$AA^T = A^TA = I \tag{3.52}$$

を満たすとき，$\boldsymbol{A}$ は**直交行列**（orthogonal matrix）と言われます。

直交行列の最大の利点は，式 (3.52) から明らかなように，

$$A^{-1} = A^T \tag{3.53}$$

が成り立つことです。このように，直交行列では，逆行列の計算は行列の転置をとるだけですみます。

次に，

$$\boldsymbol{y} = \boldsymbol{A}\boldsymbol{x} \tag{3.54}$$

という**1次変換**を考えたとき，正規直交行列は，その大きさ（原点からの距離）を変えません。すなわち，

$$\|\boldsymbol{y}\| = \|\boldsymbol{A}\boldsymbol{x}\| = \|\boldsymbol{x}\| \tag{3.55}$$

が成り立ちます。ここで，$\|\boldsymbol{x}\|$ はベクトル $\boldsymbol{x}$ の大きさを表します。このような性質をもつ変換を**等長写像**（isometry）と言います。この事実とも関係して，直交行列の行列式は，

$$\det \boldsymbol{A} = \pm 1 \tag{3.56}$$

となります。

直交行列の例として，**回転行列**（rotation matrix）

$$\boldsymbol{R}(\theta) = \begin{bmatrix} \cos\theta & -\sin\theta \\ \sin\theta & \cos\theta \end{bmatrix} \tag{3.57}$$

や，**置換行列**（permutation matrix）

$$\begin{bmatrix} 0 & 1 \\ 1 & 0 \end{bmatrix} \tag{3.58}$$

などがあります。

たとえば，あるベクトルを原点を中心として角度 θ 回転させても，その大きさは変化しないことから回転行列は等長写像であることは明らかでしょう。

次の Point 3.5 で行列式とトレースをまとめておきましょう。

Point 3.5 行列式とトレース

- **行列式**（determinant）：正方行列 $\boldsymbol{A}$ の固有値の積を行列式と言い，$\det \boldsymbol{A}$ と表記します。行列式の性質をまとめておきます。

$$\det \boldsymbol{A} = \det \boldsymbol{A}^T \tag{3.59}$$

$$\det(\boldsymbol{AB}) = \det \boldsymbol{A} \cdot \det \boldsymbol{B} \tag{3.60}$$

$$\det \boldsymbol{A}^{-1} = \frac{1}{\det \boldsymbol{A}} \tag{3.61}$$

なお，行列 $\boldsymbol{A}$ が特異行列（正則行列でないこと）のときは，0 の値の固有値をもつので，行列式は 0 になります。

- **トレース**（trace）：正方行列 $\boldsymbol{A}$ の固有値の和，あるいは対角要素の和をトレースと言い，$\mathrm{tr}\boldsymbol{A}$ と表記します。トレースの性質をまとめておきます。

$$\mathrm{tr}(\boldsymbol{AB}) = \mathrm{tr}(\boldsymbol{BA}) \tag{3.62}$$

$$\mathrm{tr}(\boldsymbol{A}+\boldsymbol{B}) = \mathrm{tr}(\boldsymbol{A}) + \mathrm{tr}(\boldsymbol{B}) \tag{3.63}$$

$$\boldsymbol{x}^T\boldsymbol{A}\boldsymbol{x} = \mathrm{tr}(\boldsymbol{A}\boldsymbol{x}\boldsymbol{x}^T) \tag{3.64}$$

この Point 3.5 で示した行列式の性質を用いて，式 (3.56) を導出してみましょう。そのために，$\det \boldsymbol{I} = 1$ という事実[5]を使います。

$$\det \boldsymbol{I} = \det(\boldsymbol{A}\boldsymbol{A}^{-1}) = \det(\boldsymbol{A}\boldsymbol{A}^T) = \det \boldsymbol{A} \det \boldsymbol{A}^T = (\det \boldsymbol{A})^2 = 1$$

$$\therefore \quad \det \boldsymbol{A} = \pm 1$$

これより式 (3.56) が導かれました。 □

具体的な (2×2) 対称行列

[5] 単位行列 $\boldsymbol{I}$ のすべての固有値は 1 なので，$\det \boldsymbol{I} = 1$ になります。

$$\boldsymbol{A} = \begin{bmatrix} 2 & -1 \\ -1 & 2 \end{bmatrix} \tag{3.65}$$

を用いて，これまで紹介した線形代数の理解を深めましょう。

まず，式 (3.49) より，

$$\lambda^2 - 4\lambda + 3 = (\lambda - 1)(\lambda - 3) = 0$$

を解くことによって，固有値 $\lambda = 1, 3$ が得られます。二つの固有値はともに正なので，この行列 $\boldsymbol{A}$ は正定値行列です。

次に，固有ベクトルを求めるために式 (3.47) を構成します。

$$\begin{bmatrix} 2 & -1 \\ -1 & 2 \end{bmatrix} \begin{bmatrix} u_1 \\ u_2 \end{bmatrix} = \lambda \begin{bmatrix} u_1 \\ u_2 \end{bmatrix} \tag{3.66}$$

これより，二つの式が得られます。

$$\begin{aligned} &(2 - \lambda)u_1 - u_2 = 0 \\ &- u_1 + (2 - \lambda)u_2 = 0 \end{aligned} \tag{3.67}$$

λ に具体的な固有値の数値を代入すると，これら二つの式は同じになり，結局一つの式になります。固有ベクトルの方向を定めることはできますが，大きさを一意的に決定することはできません。

まず，$\lambda = 1$ を式 (3.67) に代入すると，$u_1 = u_2$ が得られます。そこで，

$$\boldsymbol{u}_1 = \begin{bmatrix} 1 \\ 1 \end{bmatrix} \tag{3.68}$$

とします。しかし，このベクトルの大きさは 1 ではなく，

$$\|\boldsymbol{u}_1\| = \sqrt{1^2 + 1^2} = \sqrt{2}$$

なので，正規化して単位ベクトルに変換します。

$$\frac{\boldsymbol{u}_1}{\|\boldsymbol{u}_1\|} = \frac{1}{\sqrt{2}} \begin{bmatrix} 1 \\ 1 \end{bmatrix} \quad \rightarrow \quad \boldsymbol{u}_1 = \frac{1}{\sqrt{2}} \begin{bmatrix} 1 \\ 1 \end{bmatrix} \tag{3.69}$$

これを新たに固有ベクトル $\boldsymbol{u}_1$ とします。

同様にして，$\lambda = 3$ を式 (3.67) に代入すると，$u_1 = -u_2$ が得られます。そこで，正規化した固有ベクトル $\boldsymbol{u}_2$ を，

$$\boldsymbol{u}_2 = \frac{1}{\sqrt{2}}\begin{bmatrix} -1 \\ 1 \end{bmatrix} \tag{3.70}$$

とおきます。

式 (3.69), (3.70) より，式 (3.50) で定義した直交行列は，

$$\boldsymbol{U} = [\boldsymbol{u}_1\ \boldsymbol{u}_2] = \frac{1}{\sqrt{2}}\begin{bmatrix} 1 & -1 \\ 1 & 1 \end{bmatrix} \tag{3.71}$$

になります。

固有値と固有ベクトルを求めたので，次は 2 次形式について調べましょう。たとえば，2 次形式から成る方程式

$$\boldsymbol{x}^T\boldsymbol{A}\boldsymbol{x} = 1 \tag{3.72}$$

が何を意味しているのか，幾何学的に調べてみましょう。幾何学的と言っても大したことではなく，横軸を x_1，縦軸を x_2 とした x_1–x_2 平面で，式 (3.72) が描く図形を調べます。違う言い方をすると，これは 2 次形式の値が 1 となる等高線を求める問題です。式 (3.72) の 2 次形式は，

$$\|\boldsymbol{x}\|_{\boldsymbol{A}} = 1 \tag{3.73}$$

のように表記されることもあります[6)]。

式 (3.65) の $\boldsymbol{A}$ 行列を，式 (3.72) に代入すると，

$$\begin{aligned} \boldsymbol{x}^T\boldsymbol{A}\boldsymbol{x} &= \begin{bmatrix} x_1 & x_2 \end{bmatrix}\begin{bmatrix} 2 & -1 \\ -1 & 2 \end{bmatrix}\begin{bmatrix} x_1 \\ x_2 \end{bmatrix} \\ &= 2x_1^2 - 2x_1x_2 + 2x_2^2 = 1 \end{aligned} \tag{3.74}$$

となります。この式 (3.74) は x_1–x_2 平面で楕円を表します。しかし，少し勉強していないと，このことを理解できないかもしれません。

6)『続 制御工学のこころ—モデルベースト制御編—』で扱った最適制御やモデル予測制御でこの表記を使いました。

唐突ですが，式 (3.74) を次のように変形します。

$$1\left(\frac{x_1}{\sqrt{2}}+\frac{x_2}{\sqrt{2}}\right)^2+3\left(-\frac{x_1}{\sqrt{2}}+\frac{x_2}{\sqrt{2}}\right)^2=1 \tag{3.75}$$

この式変形を思いつくことは難しいですが，式 (3.75) を展開して計算すると，式 (3.74) が得られることを確認してください。ここで，興味深い点は，左辺の二つの二乗の項の係数である 1 と 3 は行列 $\boldsymbol{A}$ の固有値であることです。

いま，

$$y_1=\frac{x_1}{\sqrt{2}}+\frac{x_2}{\sqrt{2}} \tag{3.76}$$

$$y_2=-\frac{x_1}{\sqrt{2}}+\frac{x_2}{\sqrt{2}} \tag{3.77}$$

とおくと，式 (3.75) は，次のような簡潔な表現になります。

$$y_1^2+3y_2^2=1 \tag{3.78}$$

復習のために，楕円について次の Point 3.6 でまとめておきましょう。

Point 3.6 楕円

x–y 座標系における楕円の方程式を，

$$\frac{x^2}{a^2}+\frac{y^2}{b^2}=1 \tag{3.79}$$

で与えます。楕円を図 3.5 に示しました。

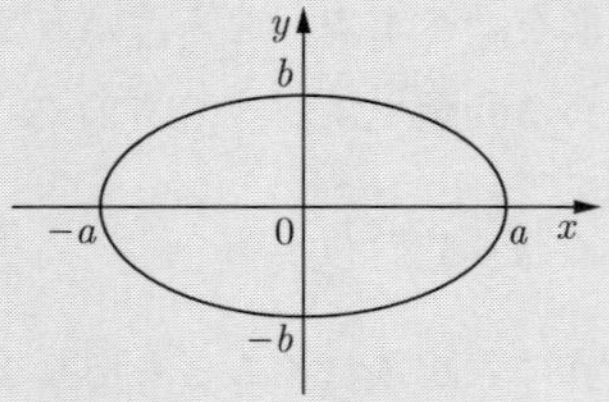

図 3.5 楕円

式 (3.78) を式 (3.79) のように記述すると，

$$\left(\frac{y_1}{1}\right)^2+\left(\frac{y_2}{1/\sqrt{3}}\right)^2=1 \tag{3.80}$$

となります。これは y_1–y_2 平面での**楕円**の方程式です。ここで，楕円の長軸の長さは $1\times 2=2$ で，短軸の長さは $1/\sqrt{3}\times 2=2/\sqrt{3}$ です。この例では二つの固有値の大きさは 1 と 3 でした。固有値が重根で同じ値のときには楕円ではなく，円になります。そして，二つの固有値の大きさの比が大きくなるにつれて，楕円はつぶれて扁平になっていきます。さらに，短軸に対応する固有値が 0 に向かう極限を考えると，そのときは，楕円が長軸方向の直線に縮退します。このとき，もとは 2 であった行列のランクが 1 になり，ランク落ちします。

x_1–x_2 平面では式 (3.74) で表現されていた楕円を，y_1–y_2 平面では式 (3.80) のようにわかりやすい楕円の方程式に変換できました。このことを調べるために，式 (3.76), (3.77) をベクトルと行列を使って書き直します。

$$\begin{bmatrix} y_1 \\ y_2 \end{bmatrix} = \frac{1}{\sqrt{2}} \begin{bmatrix} 1 & 1 \\ -1 & 1 \end{bmatrix} \begin{bmatrix} x_1 \\ x_2 \end{bmatrix} \tag{3.81}$$

式 (3.71) を用いると，この式は，

$$\boldsymbol{y} = \boldsymbol{U}^{-1}\boldsymbol{x} \tag{3.82}$$

となります。これは，x_1–x_2 平面から y_1–y_2 平面への **1 次変換**（線形変換）の式です。ここで，

$$\boldsymbol{x} = \begin{bmatrix} x_1 \\ x_2 \end{bmatrix}, \quad \boldsymbol{y} = \begin{bmatrix} y_1 \\ y_2 \end{bmatrix}$$

とおきました。楕円と二つの座標系を図 3.6 に示しました。この図から x_1–x_2 平面を 45° 回転したものが y_1–y_2 平面であることがわかります。式 (3.71) の行列 $\boldsymbol{U}$ は，式 (3.57) で与えた回転行列で $\theta = 45°$ とおいたものに対応します。以上のように，固有値や固有ベクトルを図を用いて理解することが重要です。

3.3.3 固有値分解

$(n \times n)$ 正則行列 $\boldsymbol{A}$ の固有値を $\lambda_i,\ i = 1, 2, \cdots, n$，それに対応する固有ベクトルを $\boldsymbol{u}_i$ とします。この行列 $\boldsymbol{A}$ に対して，

$$\boldsymbol{A} = \boldsymbol{P}\boldsymbol{\Lambda}\boldsymbol{P}^{-1} \tag{3.83}$$

が存在するとき，これを**固有値分解**（eigenvalue decomposition）と言います。ここで，

$$\boldsymbol{\Lambda} = \mathrm{diag}[\lambda_1\ \lambda_2\ \cdots\ \lambda_n]$$

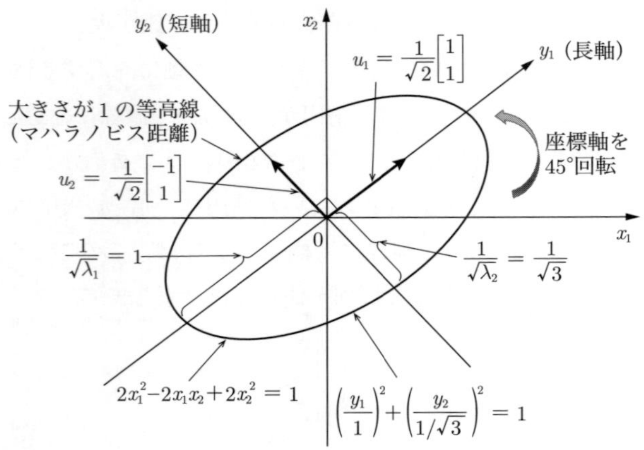

図 3.6 直交行列による1次変換を図を用いて理解する

とおきました。この $\mathrm{diag}[\lambda_1\ \lambda_2\ \cdots\ \lambda_n]$ は対角要素が $\lambda_1, \lambda_2, \cdots, \lambda_n$ で，非対角要素がすべて 0 の**対角行列**（diagonal matrix）を表します。

特に，$\boldsymbol{P}$ を正規化された固有ベクトルから構成される行列を

$$\boldsymbol{U} = [\boldsymbol{u}_1\ \boldsymbol{u}_2\ \cdots\ \boldsymbol{u}_n]$$

とすると，

$$\boldsymbol{A} = \boldsymbol{U}\boldsymbol{\Lambda}\boldsymbol{U}^T = \sum_{i=1}^{n} \lambda_i \boldsymbol{u}_i \boldsymbol{u}_i^T \tag{3.84}$$

となります。ここで，$\boldsymbol{U}$ が直交行列であることを利用しました。

式 (3.84) より，逆行列は，

$$\boldsymbol{A}^{-1} = \left(\boldsymbol{U}\boldsymbol{\Lambda}\boldsymbol{U}^T\right)^{-1} = \boldsymbol{U}\boldsymbol{\Lambda}^{-1}\boldsymbol{U}^T = \sum_{i=1}^{n} \frac{1}{\lambda_i} \boldsymbol{u}_i \boldsymbol{u}_i^T \tag{3.85}$$

より計算できます。ここで，

$$(\boldsymbol{ABC})^{-1} = \boldsymbol{C}^{-1}\boldsymbol{B}^{-1}\boldsymbol{A}^{-1} \tag{3.86}$$

という逆行列の公式と，$\boldsymbol{U}$ が直交行列であることを利用しました。

同様にして，べき乗は，

$$\boldsymbol{A}^m = \boldsymbol{U}\boldsymbol{\Lambda}^m\boldsymbol{U}^T = \sum_{i=1}^{n} \lambda_i^m \boldsymbol{u}_i\boldsymbol{u}_i^T \tag{3.87}$$

となります。たとえば，式 (3.87) で $m = 1/2$ とおくと，平方根行列は，

$$\boldsymbol{A}^{1/2} = \boldsymbol{U}\boldsymbol{\Lambda}^{1/2}\boldsymbol{U}^T = \sum_{i=1}^{n} \lambda_i^{1/2} \boldsymbol{u}_i\boldsymbol{u}_i^T \tag{3.88}$$

となります。なお，平方根行列は一意的に定まりません。この平方根行列は，本書の範囲を超えてしまいますが，非線形カルマンフィルタの一つである unscented Kalman filter（UKF）でも利用されます。

3.3.4　多次元確率変数のアフィン変換

n 次元確率変数ベクトル $\boldsymbol{x}$ を考えます。これを，

$$\boldsymbol{y} = \boldsymbol{A}\boldsymbol{x} \tag{3.89}$$

のように $(n \times n)$ 行列 $\boldsymbol{A}$ で n 次元確率変数ベクトル $\boldsymbol{y}$ に変換することを **1 次変換**と言います。

次に，

$$\boldsymbol{y} = \boldsymbol{A}\boldsymbol{x} + \boldsymbol{b} \tag{3.90}$$

を**アフィン変換**と言います。ここで，$\boldsymbol{b}$ は n 次元ベクトルです。

たとえば，確率変数 $\boldsymbol{x}$ が $\boldsymbol{x} \sim N(\boldsymbol{\mu}_x, \boldsymbol{\Sigma}_x)$ のとき，それを式 (3.90) でアフィン変換して，確率変数 $\boldsymbol{y}$ が得られたとします。このとき，$\boldsymbol{y}$ の平均値ベクトルは，

$$\begin{aligned}\boldsymbol{\mu}_y &= \mathrm{E}[\boldsymbol{y}] = \mathrm{E}[\boldsymbol{A}\boldsymbol{x} + \boldsymbol{b}] = \boldsymbol{A}\mathrm{E}[\boldsymbol{x}] + \boldsymbol{b} \\ &= \boldsymbol{A}\boldsymbol{\mu}_x + \boldsymbol{b}\end{aligned} \tag{3.91}$$

となります。

次に共分散行列を計算しましょう。まず，

$$\boldsymbol{\Sigma}_x = \mathrm{E}[\boldsymbol{x}\boldsymbol{x}^T] - \boldsymbol{\mu}_x\boldsymbol{\mu}_x^T \tag{3.92}$$

です。これを用いて，確率変数 $\boldsymbol{y}$ の共分散行列を計算すると，

$$\begin{aligned}\boldsymbol{\Sigma}_y &= \mathrm{E}[\boldsymbol{y}\boldsymbol{y}^T] - \boldsymbol{\mu}_y\boldsymbol{\mu}_y^T \\ &= \mathrm{E}[(\boldsymbol{A}\boldsymbol{x}+\boldsymbol{b})(\boldsymbol{A}\boldsymbol{x}+\boldsymbol{b})^T] - (\boldsymbol{A}\boldsymbol{\mu}_x+\boldsymbol{b})(\boldsymbol{A}\boldsymbol{\mu}_x+\boldsymbol{b})^T \\ &= \boldsymbol{A}\mathrm{E}[\boldsymbol{x}\boldsymbol{x}^T]\boldsymbol{A}^T - \boldsymbol{A}\boldsymbol{\mu}_x\boldsymbol{\mu}_x^T\boldsymbol{A}^T \\ &= \boldsymbol{A}\left(\mathrm{E}[\boldsymbol{x}\boldsymbol{x}^T] - \boldsymbol{\mu}_x\boldsymbol{\mu}_x^T\right)\boldsymbol{A}^T \\ &= \boldsymbol{A}\boldsymbol{\Sigma}_x\boldsymbol{A}^T \end{aligned} \tag{3.93}$$

となります。以上より，確率変数

$$\boldsymbol{x} \sim N(\boldsymbol{\mu}_x, \boldsymbol{\Sigma}_x)$$

を式 (3.90) でアフィン変換すると，確率変数

$$\boldsymbol{y} \sim N(\boldsymbol{A}\boldsymbol{\mu}_x + \boldsymbol{b}, \boldsymbol{A}\boldsymbol{\Sigma}_x\boldsymbol{A}^T)$$

が得られます。

線形代数のエッセンスの説明は，ここで一段落にしましょう。線形代数は，制御工学をはじめとして AI における機械学習などさまざまな現代工学の重要な基礎です。興味をもたれた読者は，線形代数のさらなる高みを目指してください。特に，学部 4 年生から大学院生の皆さんは，もう一度線形代数を学び直すと，新たな発見があると思います。

3.4　多次元正規分布（続き）

3.4.1　マハラノビス距離

多次元正規分布の確率密度関数を再び書きます。

$$p(\boldsymbol{x}) = \frac{1}{(2\pi)^{n/2}\sqrt{\det\boldsymbol{\Sigma}}}\exp\left[-\frac{1}{2}(\boldsymbol{x}-\boldsymbol{\mu})^T\boldsymbol{\Sigma}^{-1}(\boldsymbol{x}-\boldsymbol{\mu})\right] \tag{3.94}$$

この確率密度関数 $p(\boldsymbol{x})$ は，引数 $\boldsymbol{x}$ がベクトルで，スカラー値をとる関数です。

一般の共分散行列 $\boldsymbol{\Sigma}$ は，すでに説明したように半正定値行列です。多次元確率変数の中につねに定数をとる要素が含まれていると，それに対応する分散が 0 になり，このため値が 0 の固有値を含んでしまうからです。しかし，ここでは多次元正規分布を対象としているために，共分散行列は正定値になります。よって，すべての固有値は正です。そのため，その行列式 $\det\boldsymbol{\Sigma}$ は正になり，平方根

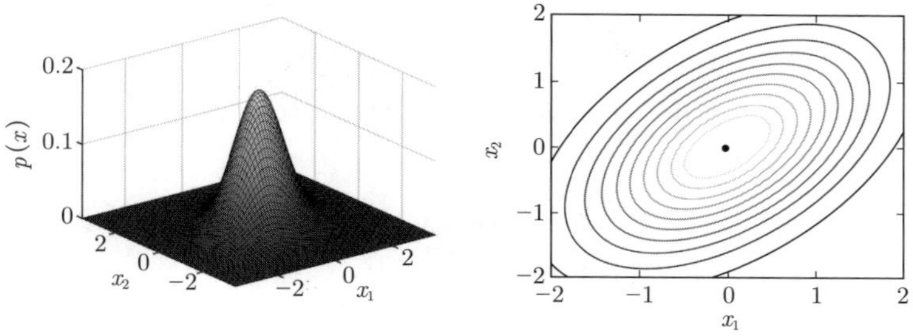

(a) 確率密度関数　(b) 等高線（マハラノビス距離が一定の軌跡）

図 3.7　2 次元正規分布

をとることができます。また，2 次形式の係数行列は，共分散行列の逆行列 $\boldsymbol{\Sigma}^{-1}$ です。この逆行列は**精度行列**（precision matrix）と呼ばれます。いま，

$$\Delta = \sqrt{(\boldsymbol{x} - \boldsymbol{\mu})^T \boldsymbol{\Sigma}^{-1} (\boldsymbol{x} - \boldsymbol{\mu})} \tag{3.95}$$

とおきます。これは，平均値 $\boldsymbol{\mu}$ から確率変数 $\boldsymbol{x}$ への**マハラノビス距離**（Mahalanobis distance）と呼ばれます。

図 3.7 に，2 次元正規分布の確率密度関数の例を示しました。図 (a) は 2 次元確率変数 $\boldsymbol{x} = [x_1 \, x_2]^T$ に対する確率密度関数 $p(\boldsymbol{x})$ を縦軸に図示したものです。そして，$p(\boldsymbol{x})$ が一定になる等高線を図 (b) に示しました。この等高線が，マハラノビス距離 Δ が一定になる軌跡です。図において，平均値 $\boldsymbol{\mu}$ のときが山の頂上であり，山の傾斜が急な部分ほど等高線の間隔が狭くなっています。この図 (b) では，大まかに言って，縦方向の傾きは緩やかで，横方向の傾きは急です。マハラノビス距離が一定である等高線は，スカラー確率変数の場合の $1\sigma, 2\sigma, 3\sigma$ などに対応します。

特に，$\boldsymbol{\Sigma} = \boldsymbol{I}$ のとき，マハラノビス距離は**ユークリッド距離**（Euclid distance）に一致します。すなわち，

$$\Delta = \sqrt{(\boldsymbol{x} - \boldsymbol{\mu})^T (\boldsymbol{x} - \boldsymbol{\mu})} = \sqrt{\|\boldsymbol{x} - \boldsymbol{\mu}\|^2} = \|\boldsymbol{x} - \boldsymbol{\mu}\| \tag{3.96}$$

となり，このときの等高線は円になります。

3.4.2 共分散行列の解析

線形代数の知識を利用して，共分散行列 $\boldsymbol{\Sigma}$ について詳しく調べていきましょう。

ここでは，多次元正規分布に対する $(n \times n)$ の共分散行列 $\boldsymbol{\Sigma}$ を対象とします。この共分散行列は正定値対称行列なので，

$$\boldsymbol{\Sigma} = \sum_{i=1}^{n} \lambda_i \boldsymbol{u}_i \boldsymbol{u}_i^T \tag{3.97}$$

のように固有値分解できます。ここで，$i = 1, 2, \cdots, n$ に対して，λ_i は $\boldsymbol{\Sigma}$ の固有値であり，すべて正値をとります。$\boldsymbol{u}_i$ は正規化された固有ベクトルです。

式 (3.97) を用いると，共分散行列の逆行列である精度行列は，

$$\boldsymbol{\Sigma}^{-1} = \sum_{i=1}^{n} \frac{1}{\lambda_i} \boldsymbol{u}_i \boldsymbol{u}_i^T \tag{3.98}$$

となります。このとき，式 (3.95) で定義したマハラノビス距離の二乗は，

$$\begin{aligned}\Delta^2 &= (\boldsymbol{x} - \boldsymbol{\mu})^T \boldsymbol{\Sigma}^{-1} (\boldsymbol{x} - \boldsymbol{\mu}) = (\boldsymbol{x} - \boldsymbol{\mu})^T \sum_{i=1}^{n} \frac{1}{\lambda_i} \boldsymbol{u}_i \boldsymbol{u}_i^T (\boldsymbol{x} - \boldsymbol{\mu}) \\ &= \sum_{i=1}^{n} (\boldsymbol{x} - \boldsymbol{\mu})^T \boldsymbol{u}_i \frac{1}{\lambda_i} \boldsymbol{u}_i^T (\boldsymbol{x} - \boldsymbol{\mu})\end{aligned} \tag{3.99}$$

となります。いま，

$$y_i = \boldsymbol{u}_i^T (\boldsymbol{x} - \boldsymbol{\mu}) \tag{3.100}$$

とおくと，式 (3.99) は，

$$\Delta^2 = \sum_{i=1}^{n} \frac{y_i^2}{\lambda_i} \tag{3.101}$$

となります。この式は，n 次元空間の**楕円体**[7)]を表しています。

式 (3.100) を，$i = 1$ から n まで並べて，ベクトル・行列を使って表現すると，

$$\boldsymbol{y} = \boldsymbol{U}^T (\boldsymbol{x} - \boldsymbol{\mu}) = \boldsymbol{U}^T \boldsymbol{x} - \boldsymbol{U}^T \boldsymbol{\mu} \tag{3.102}$$

---

7) 楕円体は，Point 3.6 で示した 2 次元の楕円を n 次元に拡張したものです。

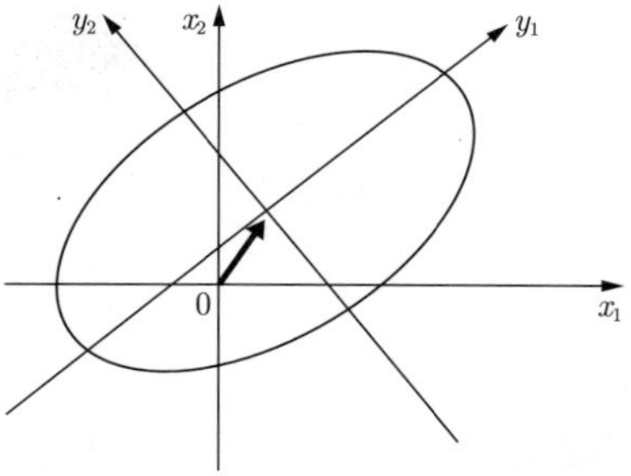

図 3.8 共分散行列の形（2 次元確率変数の場合）

が得られます。ここで,

$$\boldsymbol{y} = [y_1\, y_2\, \cdots\, y_n]^T, \quad \boldsymbol{U} = [\boldsymbol{u}_1\, \boldsymbol{u}_2 \cdots \boldsymbol{u}_n]$$

とおきました。式 (3.102) は，確率変数 $\boldsymbol{x}$ を**アフィン変換**して，新しい確率変数 $\boldsymbol{y}$ を求める式になっています。そして，$\boldsymbol{U}$ は回転行列，すなわち等長写像です。このように，もとの $\boldsymbol{x}$ の座標軸を平均値ベクトルだけ平行移動し，回転して新しい座標軸 $\boldsymbol{y}$ を得ています。

2 次元確率変数の場合の例を図 3.8 に示しました。x 座標系の原点を平均値 $\boldsymbol{\mu}$ だけ平行移動し，そこから座標軸を回転して得られたものが y 座標系です。平均値が 0 のとき，式 (3.102) のアフィン変換は 1 次変換になります。

確率変数が**独立同分布**（*i.i.d.*）で，それぞれの平均値が 0 で，分散が σ^2 のとき，共分散行列は,

$$\boldsymbol{\Sigma} = \begin{bmatrix} \sigma^2 & 0 & \cdots & 0 \\ 0 & \sigma^2 & \cdots & 0 \\ \vdots & \vdots & \ddots & \vdots \\ 0 & 0 & \cdots & \sigma^2 \end{bmatrix} = \mathrm{diag}[\sigma^2\, \sigma^2\, \cdots\, \sigma^2] = \sigma^2 \boldsymbol{I} \tag{3.103}$$

となります。この行列は，**等方共分散行列**（isotropic covariance matrix）と呼ばれます。式 (3.103) で $\sigma^2 = 1$ とすると，マハラノビス距離はユークリッド距離と一致します。

2 次元正規分布を考え，それぞれの確率変数の平均値を 0 としたときのマハラノビス距離が一定値をとる軌跡，すなわち，等高線を図 3.9 に示しました。まず,

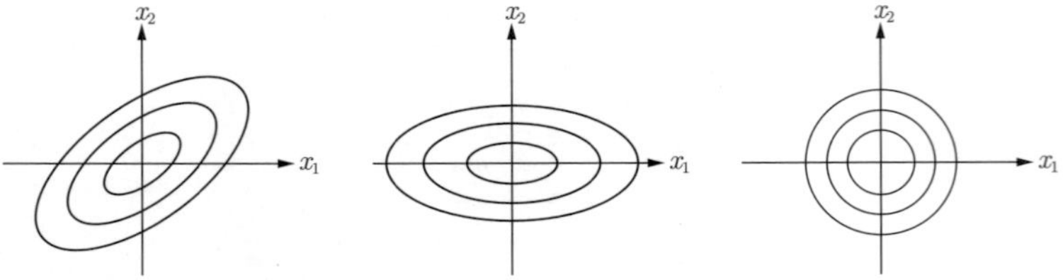

(a) 一般の行列(相関，従属) (b) 対角行列(無相関，独立) (c) 単位行列(等方性)

図 3.9 2次元正規分布の等高線の形

図 (a) は，二つの確率変数に相関がある場合，図 (b) は**無相関**（正規分布なので独立でもあります）で，それぞれの分散が異なる場合を示しました。そして，図 (c) は**等方共分散行列**の場合です。

3.4.3 多次元正規分布の確率密度関数

多次元正規確率変数が *i.i.d.* のとき，式 (3.94) の確率密度関数を計算していきましょう。

まず，式 (3.103) より，共分散行列のすべての固有値は σ^2 で，行列式はすべての固有値の積なので，

$$\det \boldsymbol{\Sigma} = (\sigma^2)^n$$

となります。これを使うと，確率密度関数は次のように変形できます。

$$\begin{aligned} p(\boldsymbol{x}) &= \frac{1}{(2\pi\sigma^2)^{n/2}} \exp\left[-\frac{1}{2}(\boldsymbol{x}-\boldsymbol{\mu})^T(\sigma^2\boldsymbol{I})^{-1}(\boldsymbol{x}-\boldsymbol{\mu})\right] \\ &= \frac{1}{(2\pi\sigma^2)^{n/2}} \exp\left[-\frac{1}{2\sigma^2}(\boldsymbol{x}-\boldsymbol{\mu})^T(\boldsymbol{x}-\boldsymbol{\mu})\right] \\ &= \frac{1}{(2\pi\sigma^2)^{n/2}} \exp\left[-\frac{1}{2\sigma^2}\sum_{i=1}^{n}(x_i-\mu)^2\right] \qquad (3.104) \\ &= \prod_{i=1}^{n} \frac{1}{\sqrt{2\pi\sigma^2}} \exp\left[-\frac{1}{2\sigma^2}(x_i-\mu)^2\right] \qquad (3.105) \end{aligned}$$

この計算からわかるように，多次元正規確率変数のそれぞれが独立のとき，$\boldsymbol{x}$ の確率密度関数 $p(\boldsymbol{x})$ は各要素 x_i の確率密度関数の積で表すことができます。

第 5 章で学ぶ**最尤推定法**では，式 (3.105) のように記述された確率密度関数の最大化を考えます。そのとき，式 (3.105) の対数をとると，便利なことが多いで

す。対数は単調増加関数なので，ある変数の大小関係は，対数をとっても変化しないからです。

高校数学の復習のために，対数について次の Point 3.7 でまとめました。

Point 3.7　対数の復習

対数の定義は，$a^x = y$ のとき，$x = \log_a y$ です。ここで，a は対数の底（てい）と呼ばれ，この値によって分類できます。特によく使われるのは次の二つです。

- 常用対数：$a = 10$ のとき，$x = \log_{10} y$
- 自然対数：$a = e$ のとき，$x = \log_e y = \ln y$

対数の計算の性質をまとめておきます。

$$\text{乗算が加算に：} \log(ab) = \log a + \log b \tag{3.106}$$

$$\text{べき乗が乗算に：} \log a^n = n \log a \tag{3.107}$$

任意の底に対してこれらの性質が成り立つので，ここでは底を記入しませんでした。

この準備のもとで，式 (3.104) の自然対数を計算すると，

$$\begin{aligned}
\ln p(\boldsymbol{x}) &= \ln \frac{1}{(2\pi\sigma^2)^{n/2}} + \ln \left(\exp \left(-\frac{1}{2\sigma^2} \sum_{i=1}^{n} (x_i - \mu)^2 \right) \right) \\
&= \ln (2\pi\sigma^2)^{-n/2} - \frac{1}{2\sigma^2} \sum_{i=1}^{n} (x_i - \mu)^2 \\
&= \ln \left\{ (2\pi)^{-n/2} (\sigma^2)^{-n/2} \right\} - \frac{1}{2\sigma^2} \sum_{i=1}^{n} (x_i - \mu)^2 \\
&= -\frac{n}{2} \ln(2\pi) - \frac{n}{2} \ln \sigma^2 - \frac{1}{2\sigma^2} \sum_{i=1}^{n} (x_i - \mu)^2
\end{aligned} \tag{3.108}$$

が得られます。この計算からわかるように，正規分布の確率密度関数は指数関数で記述されるので，その自然対数をとることは素直な選択です。あるいは，式 (3.108) の関数にマイナスを付けて，

$$-\ln p(\boldsymbol{x}) = \frac{n}{2} \ln(2\pi) + \frac{n}{2} \ln \sigma^2 + \frac{1}{2\sigma^2} \sum_{i=1}^{n} (x_i - \mu)^2 \tag{3.109}$$

の最小化を考えることもあります。これは，第 5 章で述べる**最小二乗法**と関連しています。

多次元正規分布の確率密度関数の性質を Point 3.8 でまとめておきます。

Point 3.8　多次元正規分布の確率密度関数の性質

$$p(\boldsymbol{x}) = \frac{1}{(2\pi)^{n/2}\sqrt{\det \boldsymbol{\Sigma}}} \exp\left[-\frac{1}{2}(\boldsymbol{x}-\boldsymbol{\mu})^T \boldsymbol{\Sigma}^{-1}(\boldsymbol{x}-\boldsymbol{\mu})\right] \tag{3.110}$$

で与えられる多次元正規分布の確率密度関数に関連して，次式が成り立ちます。

性質 1：確率密度関数を積分すると 1 になる。　$\int_{-\infty}^{\infty} p(\boldsymbol{x})\mathrm{d}\boldsymbol{x} = 1$

性質 2：平均値　$\mathrm{E}[\boldsymbol{x}] = \boldsymbol{\mu}$

性質 3：共分散行列　$\mathrm{E}[(\boldsymbol{x}-\boldsymbol{\mu})(\boldsymbol{x}-\boldsymbol{\mu})^T] = \boldsymbol{\Sigma}$

これらの性質は，これまで勉強してきた線形代数の知識と大学レベルの積分の知識と少しの根気があれば導出できます。ここでは紙面の都合で省略します。

3.4.4　多次元正規分布のエントロピー

エントロピー（entropy）とは，統計力学において系の微視的な乱雑さを表す物理量です。この考え方を確率変数に適用して，確率変数がもつ情報量を表す尺度としてエントロピーが利用されます。

いま，確率密度関数 $p(\boldsymbol{x})$ に対するエントロピーを次式で定義します。

$$H[p(\boldsymbol{x})] = -\int p(\boldsymbol{x}) \log p(\boldsymbol{x})\mathrm{d}\boldsymbol{x} = -\mathrm{E}[\log p(\boldsymbol{x})] \tag{3.111}$$

この右辺の式変形では，期待値の定義を用いました。式 (3.94) で与えた正規分布の確率密度関数を式 (3.111) に代入すると，

$$H[p(\boldsymbol{x})] = -\mathrm{E}\left[\log \frac{1}{(2\pi)^{n/2}\sqrt{\det \boldsymbol{\Sigma}}}\right] + \frac{1}{2}\mathrm{E}\left[(\boldsymbol{x}-\boldsymbol{\mu})^T \boldsymbol{\Sigma}^{-1}(\boldsymbol{x}-\boldsymbol{\mu})\right] \tag{3.112}$$

となります。さらに，この式を次のように近似して，これまで学習してきた線形代数の知識を使って計算を進めると，

$$
\begin{aligned}
H[p(\boldsymbol{x})] &\simeq \frac{1}{2}\log\det\boldsymbol{\Sigma} + \frac{1}{2}\mathrm{E}\left[(\boldsymbol{x}-\boldsymbol{\mu})^T\boldsymbol{\Sigma}^{-1}(\boldsymbol{x}-\boldsymbol{\mu})\right] \\
&= \frac{1}{2}\log\det\boldsymbol{\Sigma} + \frac{1}{2}\mathrm{E}\left[\mathrm{tr}\left(\boldsymbol{\Sigma}^{-1}(\boldsymbol{x}-\boldsymbol{\mu})(\boldsymbol{x}-\boldsymbol{\mu})^T\right)\right] \\
&= \frac{1}{2}\log\det\boldsymbol{\Sigma} + \frac{1}{2}\mathrm{tr}\left(\boldsymbol{\Sigma}^{-1}\mathrm{E}\left[(\boldsymbol{x}-\boldsymbol{\mu})(\boldsymbol{x}-\boldsymbol{\mu})^T\right]\right) \\
&= \frac{1}{2}\log\det\boldsymbol{\Sigma} + \frac{1}{2}\mathrm{tr}\left(\boldsymbol{\Sigma}^{-1}\boldsymbol{\Sigma}\right) \\
&= \frac{1}{2}\log\det\boldsymbol{\Sigma} + \frac{n}{2}
\end{aligned}
\tag{3.113}
$$

が得られます。ここで，式 (3.64) で与えたトレースの性質を用いました。

以上より，正規分布のエントロピーは，

$$
H[p(\boldsymbol{x})] = \frac{1}{2}\log\det\boldsymbol{\Sigma} \tag{3.114}
$$

と表すことができます。あるいは，精度行列を，

$$
\boldsymbol{\Lambda} = \boldsymbol{\Sigma}^{-1} \tag{3.115}
$$

とおくと，

$$
H[p(\boldsymbol{x})] = -\frac{1}{2}\log\det\boldsymbol{\Lambda} \tag{3.116}
$$

と表すこともできます。これらの式から，正規分布が一様分布に近づくにつれてそのエントロピーは増大し，その情報量は増大します。逆に，平均値に分布が集中するにつれてエントロピーは減少します。

第4章

確率過程の基礎

第2章と第3章では，確率・統計のエッセンスについて解説しました。本章では，センサーの測定雑音のように，時々刻々，確率的に変化する不規則データを対象とします。このような不規則データを取り扱うために，確率過程の基礎についてお話しします。

4.1　連続時間確率過程

本節では，連続時間における**確率過程**（stochastic process）を考えます。確率過程は，**不規則過程**（random process），あるいはランダム過程とも呼ばれます。連続時間確率過程は，制御の世界では連続時間信号に対応します。時間が導入されたことにより，**ダイナミクス**（dynamics）という観点から確率が制御の世界に近づいてきました。

確率過程の代表である白色雑音の例を図4.1に示しました。白色雑音の詳細については後で述べます。ある白色雑音を測定したとき，図の最上段の $x_1(t)$ が得られたとします。別の時刻に同じ対象から白色雑音を測定したら，その下の $x_2(t)$ が得られるかもしれません。図では $x_5(t)$ までの5個の波形を示しました。これらは，**標本過程**（sample process）と呼ばれます。このように，確率過程は，その時間的な変化が不規則であるだけでなく，試行によっても異なる波形

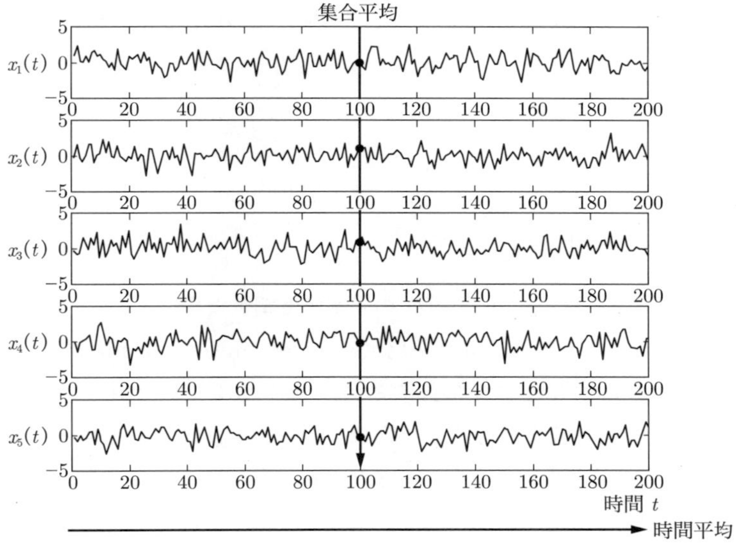

図 4.1 確率過程の標本過程の例

が得られることが特徴です。

たとえば，正弦波信号のような**確定的**（deterministic）信号のときには，時間に対する信号の図である**波形**（waveform）から，その信号を特定することができます。すなわち，信号が正弦波であることが既知のとき，その周波数，位相，最大振幅を与えれば，唯一の波形を描くことができます。しかし，図 4.1 に示したような**確率的信号**，すなわち確率過程の場合には，それぞれの波形（標本過程）にはあまり意味はありません。図示したように，測定するたびに異なる波形が得られるからです。その代わりに，標本過程の集合を考えることによって，その性質を規定することになります。そのために，確率過程の**統計量**（statistics）を使います。

4.1.1 確率過程の定常性

確率過程の定常性は，強定常と弱定常に分類されます。まず，確率過程 $x(t)$ の確率分布（たとえば，確率密度関数）が時間と無関係に同じ形をとるとき，この確率過程は**強定常**（strongly stationary）であると言われます。

次に，**弱定常**（weakly stationary）を説明するために，以下の**統計量**を定義します。

[1] 平均値

確率過程 $x(t)$ の平均値を，

$$\mu_x(t) = \mathrm{E}[x(t)] = \int_{-\infty}^{\infty} xp(x)\mathrm{d}x \tag{4.1}$$

と定義します。ここで，$p(x)$ は $x(t)$ の確率密度関数です。

式 (4.1) で与えた平均値は**集合平均**（ensemble mean）と呼ばれます。というのは，図 4.1 に示したように，ある時刻 t におけるそれぞれの標本過程 $(x_1(t), x_2(t), \cdots)$ の値の平均値を計算したものが $\mu_x(t)$ に対応するからです。図では 5 個の標本過程しか示されていませんが，実際には多数の標本過程を用いて集合平均を計算する必要があります。このように，集合平均は図 4.1 における縦方向の平均値に対応します。そして，集合平均をとる時刻 t によって，集合平均の値が変わるかもしれないので，集合平均 $\mu_x(t)$ は時間の関数になります[1)]。平均値は確率の 1 次モーメントに対応します。

[2] 自己相関関数（auto-correlation function）

確率過程 $x(t)$ の自己相関関数を，

$$\phi_x(t,\, t+\tau) = \mathrm{E}[x(t)x(t+\tau)] = \int_{-\infty}^{\infty}\int_{-\infty}^{\infty} x_1x_2p(x_1,\, x_2)\mathrm{d}x_1\mathrm{d}x_2 \tag{4.2}$$

と定義します。ここで，$x_1 = x(t)$, $x_2 = x(t+\tau)$ とおきました。$p(x_1,\, x_2)$ は x_1 と x_2 の**同時確率密度関数**で，τ は**ラグ**（lag）です。自己相関関数は確率の 2 次モーメントに対応します。

以上で定義した平均値と自己相関関数が，ともに時刻 t に依存しないとき，すなわち，

$$\mu_x(t) = \mu_x = \text{定数} \tag{4.3}$$

$$\phi_x(t,\, t+\tau) = \phi_x(\tau) \tag{4.4}$$

1) 著者が学生のころは，平均と言ったら時間平均しか知らなかったので，平均値が時間の関数になると聞いて驚きました。

が成り立つとき，確率過程 $x(t)$ は**弱定常**，あるいは **2 次定常**であると言われます。このように，確率過程が弱定常のとき，自己相関関数は，相関をとる時刻の差，すなわちラグ τ だけの関数になります。

前述した強定常は，1 次，2 次だけでなく，3 次以上の確率モーメントもすべて一致することを要求しているので，強定常であれば弱定常になります。しかし，その逆は一般には成り立ちません。後述する**ガウス過程**（正規過程：Gaussian process）の場合には，正規分布が 2 次モーメントまでで規定されることを思い出すと，強定常と弱定常は一致します。

平均値や自己相関関数が時刻に依存するとき，すなわち，時間によって変化するとき，その確率過程は**非定常過程**（nonstationary process）と呼ばれます。

4.1.2　確率過程のエルゴード性

集合平均の立場で平均値や自己相関関数といった統計量を計算するためには，多数の標本過程を収集しなければなりません。ちょっと考えただけでも，これは大変そうですね。

そこで，ある標本過程 $x_i(t)$ に対して，次の**時間平均**を定義します。

$$\mu_{x_i} = \lim_{T\to\infty} \frac{1}{T} \int_{-\frac{T}{2}}^{\frac{T}{2}} x_i(t)\mathrm{d}t \tag{4.5}$$

この時間平均は，図 4.1 の横軸に対する平均操作に対応します。

同様にして，ある標本過程 $x_i(t)$ の自己相関関数を，次のように定義します。

$$\phi_{x_i}(\tau) = \lim_{T\to\infty} \frac{1}{T} \int_{-\frac{T}{2}}^{\frac{T}{2}} x_i(t)x_i(t+\tau)\mathrm{d}t \tag{4.6}$$

以上の準備のもとで，異なる標本過程に対して計算した μ_{x_i} と $\phi_{x_i}(\tau)$, $i = 1, 2, \cdots$ の値がそれぞれ等しいとき，すなわち，標本過程にかかわらず，それぞれの標本過程の時間平均と自己相関関数が等しいとき，この確率過程 $x(t)$ は**エルゴード性**（erogodic）をもつと言われます。そのとき，この確率過程を**定常エルゴード過程**と呼びます。定常エルゴード過程であれば，

$$\text{集合平均} = \text{時間平均} \tag{4.7}$$

が成り立ちます。したがって，多数の標本過程を収集することなく，一つの標本過程を用いて，時間領域で平均値や自己相関関数を計算することができます[2)]。これ以降，本書では定常エルゴード過程を取り扱います。

自己相関関数とそれに関連する相互相関関数について，Point 4.1 と Point 4.2 でまとめておきましょう。

Point 4.1 自己相関関数

定常エルゴード過程 $x(t)$ の**自己相関関数**を次式で定義します。

$$\phi_x(\tau) = \mathrm{E}[x(t)x(t+\tau)] = \lim_{T\to\infty}\frac{1}{T}\int_{-\frac{T}{2}}^{\frac{T}{2}} x(t)x(t+\tau)\mathrm{d}t \tag{4.8}$$

このとき，自己相関関数の性質と使い方をまとめます。

(1) **分散**：$\mathrm{E}[x(t)] = 0$ のとき，$\tau = 0$ のときの自己相関関数は**分散**に一致します。すなわち，

$$\phi_x(0) = \mathrm{E}[x^2(t)] = \sigma_x^2 \tag{4.9}$$

が成り立ちます。

(2) **自己相関関数は偶関数**：$\phi_x(\tau) = \phi_x(-\tau)$

(3) **自己相関関数は $\boldsymbol{\tau = 0}$ で最大値をとる**：$\phi_x(0) \geq \phi_x(\tau), \quad \tau \neq 0$

(4) **周期性の検出**：ここでは $x(t)$ を周期 T の周期信号とします。すなわち，$x(t) = x(t+T)$ とします。このとき，

$$\phi_x(\tau) = \phi_x(\tau + T) \tag{4.10}$$

が成り立ちます。このように，信号の自己相関関数を計算して図示することにより，その信号の周期性を検出できます。

Point 4.1 の性質 (1) は定義から明らかです。性質 (2) は次式のように導け

2) ここで述べたエルゴード性に対する記述は数学的には不完全なものです。興味のある読者は，より専門的な数理統計学の書籍を読んで，エルゴード性についてしっかりと勉強してください。

ます。

$$\phi_x(-\tau) = \mathrm{E}[x(t)x(t-\tau)] = \mathrm{E}[x(t-\tau)x(t)] = \phi_x(\tau)$$

性質 (3) は直観的に明らかでしょう。性質 (4) は次式より導けます。

$$\phi_x(\tau+T) = \mathrm{E}[x(t)x(t+\tau+T)] = \mathrm{E}[x(t)x(t+\tau)] = \phi_x(\tau)$$

Point 4.2 相互相関関数

二つの定常エルゴード過程 $x(t)$ と $y(t)$ の間の**相互相関関数**（cross-correlation function）を次式で定義します。

$$\phi_{xy}(\tau) = \mathrm{E}[x(t)y(t+\tau)] = \lim_{T\to\infty}\frac{1}{T}\int_{-\frac{T}{2}}^{\frac{T}{2}} x(t)y(t+\tau)\mathrm{d}t \tag{4.11}$$

このとき，相互相関関数は次の性質をもちます。

(1) $\phi_{xy}(\tau) = \phi_{yx}(-\tau)$ (4.12)

(2) $|\phi_{xy}(\tau)| \leq \sqrt{\phi_x(0)\phi_y(0)}$ (4.13)

(3) $\phi_{xy}(\tau) \leq \dfrac{1}{2}\left(\phi_x(0)+\phi_y(0)\right)$ (4.14)

性質 (1) は次のように導けます。

$$\phi_{xy}(\tau)=\mathrm{E}[x(t)y(t+\tau)]=\mathrm{E}[x(t-\tau)y(t)]=\mathrm{E}[y(t)x(t-\tau)]=\phi_{yx}(-\tau)$$

性質 (2) は，コーシー＝シュワルツの不等式を用いて次のように導けます。

$$\begin{aligned}|\phi_{xy}(\tau)| &= |\mathrm{E}[x(t)y(t+\tau)]| \leq \mathrm{E}[|x(t)|]\mathrm{E}[|y(t+\tau)|]\\ &= \mathrm{E}[\sqrt{x^2(t)}]\mathrm{E}[\sqrt{y^2(t+\tau)}] \leq \sqrt{\phi_x(0)}\sqrt{\phi_y(0)}\\ &= \sqrt{\phi_x(0)\phi_y(0)}\end{aligned}$$

性質 (3) は，性質 (2) と相加平均は相乗平均以上であることを用いて，次のように導けます。

$$\phi_{xy}(\tau) \leq |\phi_{xy}(\tau)| \leq \sqrt{\phi_x(0)\phi_y(0)} \leq \frac{1}{2}\left(\phi_x(0)+\phi_y(0)\right)$$

相関関数と関連する量に分散関数，共分散関数があります。

- **分散関数**（variance function）

$$C_x(\tau) = \mathrm{E}\left[\{x(t)-\mu_x\}\{x(t+\tau)-\mu_x\}\right] = \phi_x(\tau) - \mu_x^2 \tag{4.15}$$

- **共分散関数**（covariance function）

$$C_{xy}(\tau) = \mathrm{E}\left[\{x(t)-\mu_x\}\{y(t+\tau)-\mu_y\}\right] = \phi_{xy}(\tau) - \mu_x\mu_y \tag{4.16}$$

式 (4.15) の導出だけ確認しておきましょう。

$$\begin{aligned} C_x(\tau) &= \mathrm{E}\left[x(t)x(t+\tau)\right] - \mathrm{E}\left[x(t)\mu_x\right] - \mathrm{E}\left[\mu_x x(t+\tau)\right] + \mu_x^2 \\ &= \mathrm{E}\left[x(t)x(t+\tau)\right] - \mu_x\mathrm{E}\left[x(t)\right] - \mu_x\mathrm{E}\left[x(t+\tau)\right] + \mu_x^2 \\ &= \phi_x(\tau) - \mu_x^2 - \mu_x^2 + \mu_x^2 = \phi_x(\tau) - \mu_x^2 \end{aligned}$$

この計算も期待値の計算法を理解していれば，問題ないでしょう。式 (4.16) も同様に導出できます。

それぞれの確率過程の平均値がともに 0 の場合には，分散関数は自己相関関数に，共分散関数は相互相関関数に一致します。すなわち，

$$C_x(\tau) = \phi_x(\tau) \tag{4.17}$$

$$C_{xy}(\tau) = \phi_{xy}(\tau) \tag{4.18}$$

が成り立ちます。確率過程を取り扱う場合には，その平均値を 0 に変換してから処理することが多いので，厳密に両者を区別しないこともあります。

さて，正規化された共分散関数

$$\rho_{xy}(\tau) = \frac{C_{xy}(\tau)}{\sqrt{C_x(0)C_y(0)}} \tag{4.19}$$

を**相関係数**（correlation coefficient）と言います。ここで，

$$|\rho_{xy}(\tau)| \leq 1$$

が成り立ちます。また，$x(t)$ と $y(t)$ の平均値がともに 0 であれば，相関係数は，

$$\rho_{xy}(\tau) = \frac{\phi_{xy}(\tau)}{\sqrt{\phi_x(0)\phi_y(0)}} \tag{4.20}$$

となります。

すべての τ に対して,

$$\rho_{xy}(\tau) = 0 \tag{4.21}$$

すなわち, $\phi_{xy}(\tau) = 0$ のとき, $x(t)$ と $y(t)$ は**無相関**であると言われます。また, 確率過程 $x(t)$ の自己相関関数が,

$$\phi_x(\tau) = \begin{cases} \sigma_x^2, & \tau = 0 \\ 0, & \tau \neq 0 \end{cases} \tag{4.22}$$

を満たすとき, $x(t)$ は無相関な確率過程であり, **白色雑音** (white noise) と呼ばれます。

4.2 離散時間確率過程

前節では, 連続時間確率過程について議論しました。連続時間確率過程は理論的に非常に重要ですが, 現実のデータを処理するときには, ほとんどの場合, 対象とする確率過程はサンプリングされて離散時間信号になります。そのため, 離散時間確率過程の議論が必要になります。**離散時間確率過程**は, **離散時間不規則信号**, あるいは**時系列** (time-series) とも呼ばれます。特に, 実問題では時系列という用語が使われることが多いようです。時系列は, 制御工学のような工学の世界だけではなく, 計量経済学や社会科学のような分野でも**時系列解析**として幅広く研究・応用されています。

4.2.1 離散時間確率過程の平均値と相関関数

まず, 離散時間確率過程の平均値や自己相関関数の計算法を次の Point 4.3 で与えましょう。

Point 4.3 離散時間確率過程の平均値, 分散, 相関関数

二つの離散時間確率過程 $\{x(k), k = 1, 2, \cdots, N\}$ と $\{y(k), k = 1, 2, \cdots, N\}$ を対象とします。両者とも定常エルゴード過程であるとします。このとき, 以下の統計量を定義し, 標本を用いたそれらの計算法を与えます。

(1) 平均値

$$\mu_x = \mathrm{E}[x(k)] \simeq \frac{1}{N}\sum_{k=1}^{N} x(k) \tag{4.23}$$

ここで，N は**標本数**（あるいは，データ数）です。標本を用いて計算された平均値は**標本平均**と呼ばれます。

(2) 分散

$$\begin{aligned}\sigma^2 &= \mathrm{E}[(x(k)-\mu_x)^2] \\ &= \mathrm{E}[x^2(k)] - \mu_x^2 \simeq \frac{1}{N}\sum_{k=1}^{N} x^2(k) - \frac{1}{N}\sum_{k=1}^{N} x(k)\end{aligned} \tag{4.24}$$

標本を用いて計算された分散は**標本分散**と呼ばれます。

(3) 自己相関関数

$$\phi_x(\tau) = \mathrm{E}[x(k)x(k+\tau)] \simeq \frac{1}{N}\sum_{k=1}^{N} x(k)x(k+\tau), \quad \tau = 0, \pm1, \pm2, \cdots \tag{4.25}$$

(4) 相互相関関数

$$\phi_{xy}(\tau) = \mathrm{E}[x(k)y(k+\tau)] \simeq \frac{1}{N}\sum_{k=1}^{N} x(k)y(k+\tau), \quad \tau = 0, \pm1, \pm2, \cdots \tag{4.26}$$

連続時間の場合と同様に，自己相関関数と相互相関関数は，

$$\phi_x(\tau) = \phi_x(-\tau) \tag{4.27}$$

$$\phi_{xy}(\tau) = \phi_{yx}(-\tau) \tag{4.28}$$

を満たします。

式 (4.25), (4.26) によって，自己相関関数と相互相関関数を計算するとき，標本数 N で割ることは自然に感じますが，第 5 章の 5.3.2 項で後述する**不偏推定量**という観点からは，$(N-1)$ で割ることになります。標本数 N が十分に大き

ければ，N で割っても，$(N-1)$ で割っても大差ありませんが，標本数が少ない場合には注意する必要があります。

有限個の標本から相関関数を計算するとき，ラグ τ が増加するに従って，総和をとる標本数が減少するので，相関関数の精度が劣化することに注意しましょう。この精度の違いを補正するために用いられるものが 4.3 節で述べる**窓関数**です。

4.2.2 白色雑音

自己相関関数に関連して，白色雑音を次の Point 4.4 でまとめておきましょう。

Point 4.4 白色雑音

離散時間確率過程 $x(k)$ の自己相関関数が，

$$\phi_x(\tau) = \begin{cases} \sigma_x^2, & \tau = 0 \\ 0, & \tau = \pm 1, \pm 2, \cdots \end{cases} \tag{4.29}$$

を満たすとき，$x(k)$ は**白色雑音**であると言われます（図 4.2 参照）。このように，無相関な確率過程を白色雑音と呼びます。

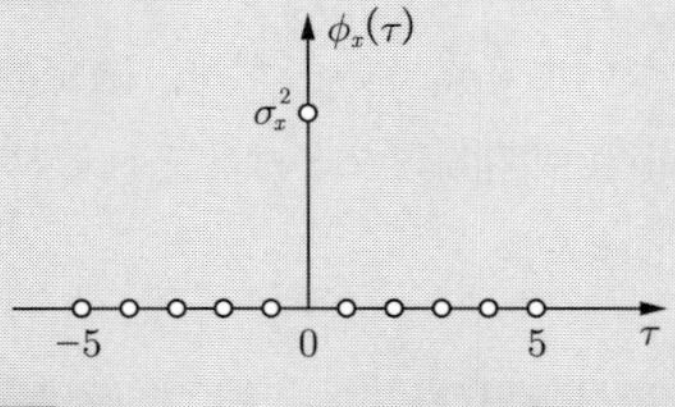

図 4.2 白色雑音の自己相関関数（無相関）

白色雑音は無相関なので，現時刻 k までのすべての白色雑音系列を記録しておいても，次の時刻 $(k+1)$ に $x(k)$ がどの値をとるかを予測することはできません。すなわち，白色雑音は予測不可能な確率過程であると言えます。

逆に考えると，白色雑音ではない確率過程は何らかの相関関係をもつので，その確率過程の未来の値を予測することができそうです。制御工学の用語を使うと，確率過程の相関関係は，その確率過程の**ダイナミクス**を表現します。このよ

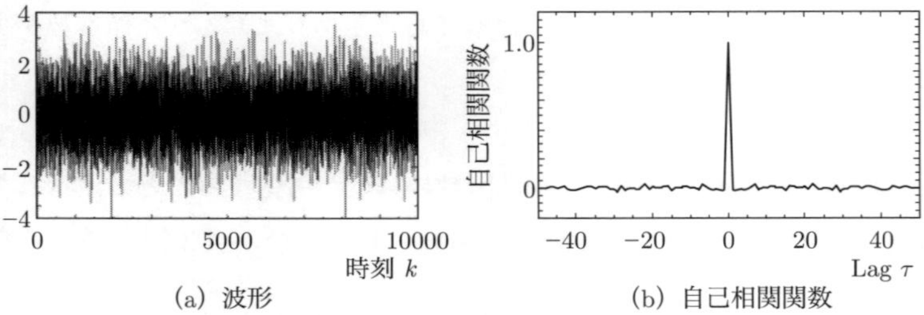

図 4.3　正規性白色雑音の一例

うな確率過程を**有色雑音**（colored noise），あるいは，有色性の確率過程と言います。有色雑音についても 4.3 節で説明します。

それぞれの時刻における振幅の値が正規分布に従うとき，その確率過程は**ガウス過程**（正規過程）と呼ばれます。ガウス過程は，機械学習や制御工学の分野で精力的に研究されている**ガウス過程回帰**（Gaussian process regression）の基礎になります。ガウス過程の白色雑音を**正規性白色雑音**（Gaussian white noise）と呼びます。正規性白色雑音の波形の一例を図 4.3 に示しました。また，その波形から計算した自己相関関数も示しました。有限個のデータから計算された自己相関関数なので，ラグが 0 以外のときにも 0 でない微小な値をとっています。

本章では，確率過程について考えていますが，確定的信号の場合に対しても，平均値，自己相関関数，相互相関関数などは，それぞれ式 (4.23), (4.25), (4.26) を用いて時間平均で計算します。

4.3　連続時間確率過程のフーリエ解析

前節まで説明してきた平均値，自己相関関数，そして相互相関関数などは時間領域において，確率過程を特徴づける統計量でした。これまで本シリーズで勉強してきたように，時間領域における表現を**フーリエ変換**を用いて周波数領域に変換することにより，別の側面からの確率過程の性質を議論することができます。フーリエ変換は，制御の世界だけでなく，確率過程の世界でも大活躍します。

4.3.1 ウィナー＝ヒンチンの定理

本節では，**連続時間確率過程**を対象とします。その自己相関関数をフーリエ変換することによって周波数領域に変換したものが，パワースペクトル密度関数です。これについて，次の Point 4.5 でまとめましょう。

Point 4.5 ウィナー＝ヒンチンの定理

連続時間確率過程 $x(t)$ の自己相関関数 $\phi_x(\tau)$ と**パワースペクトル密度関数**（power spectral density function）$S_x(\omega)$ は，**フーリエ変換対**です。すなわち，

$$S_x(\omega) = \int_{-\infty}^{\infty} \phi_x(\tau) e^{-j\omega\tau} \mathrm{d}\tau \tag{4.30}$$

$$\phi_x(\tau) = \frac{1}{2\pi} \int_{-\infty}^{\infty} S_x(\omega) e^{j\omega\tau} \mathrm{d}\omega \tag{4.31}$$

が成り立ちます。ここで，ω は角周波数です。式 (4.30) はフーリエ変換，式 (4.31) は逆フーリエ変換の公式です。この関係を**ウィナー＝ヒンチンの定理**（Wiener–Khintchin's theorem）と言います。

ここで，確率過程 $x(t)$ と自己相関関数 $\phi_x(\tau)$ は時間領域の量であり，スペクトル $S_x(\omega)$ は周波数領域の量であることに注意しましょう。

なお，ウィナー＝ヒンチンの定理の導出は省略します。興味のある読者は，文献 [3] の第 3 章を参照してください。

以上の議論と同様に，二つの連続時間確率過程 $x(t)$ と $y(t)$ の相互相関関数 $\phi_{xy}(\tau)$ をフーリエ変換することによって，**相互スペクトル密度関数**（cross-spectral density function）[3] を得ることができます。すなわち，

$$S_{xy}(\omega) = \int_{-\infty}^{\infty} \phi_{xy}(\tau) e^{-j\omega\tau} \mathrm{d}\tau \tag{4.32}$$

$$\phi_{xy}(\tau) = \frac{1}{2\pi} \int_{-\infty}^{\infty} S_{xy}(\omega) e^{j\omega\tau} \mathrm{d}\omega \tag{4.33}$$

が成り立ちます。これらの式の導出も省略します。

---

3) **クロススペクトル密度関数**とも呼ばれます。

さて，相互スペクトル密度関数を正規化した量が**コヒーレンス関数**（coherence function：**関連度関数**とも呼ばれます）$\gamma_{xy}^2(\omega)$ であり，

$$\gamma_{xy}^2(\omega) = \frac{|S_{xy}(\omega)|^2}{S_x(\omega)S_y(\omega)} \tag{4.34}$$

で定義されます。ここで，$S_{xy}(\omega)$ は二つの確率過程 $x(t)$ と $y(t)$ の相互相関関数のフーリエ変換なので，コヒーレンス関数はそれぞれの角周波数 ω における相関関係，すなわち，相互相関関数の周波数特性を表しています。

式 (4.34) より，

$$0 \leq \gamma_{xy}^2(\omega) \leq 1 \tag{4.35}$$

です。ある角周波数 ω において，$x(t)$ と $y(t)$ が完全に線形関係にあるとき，コヒーレンス関数は最大値 1 をとり，逆に完全に無相関のとき最小値 0 をとります。したがって，線形性の検出にコヒーレンス関数を利用することもできます。

次のような場合，角周波数 ω の関数であるコヒーレンス関数は 1 より小さな値をとります。

1. x と y が線形関係にないとき
2. y が x 以外の信号の影響を受けているとき
3. y に雑音が混入しているとき

スペクトル密度関数の性質を次の Point 4.6 でまとめておきましょう。

Point 4.6　**スペクトル密度関数の性質**

(1) 連続時間確率過程 $x(t)$ のパワースペクトル密度関数 $S_x(\omega)$ は，ω の実関数であり，かつ偶関数です。

$$S_x(\omega) = S_x(-\omega) \tag{4.36}$$

(2) 二つの連続時間確率過程 $x(t)$ と $y(t)$ の間の相互スペクトル密度関数 $S_{xy}(\omega)$ は，一般には ω の複素関数であり，次式を満たします。

$$S_{xy}(\omega) = S_{yx}(-\omega) \tag{4.37}$$

(3) $S_x(\omega)$，$S_y(\omega)$，$S_{xy}(\omega)$ の大きさは，次の不等式を満たします。

$$|S_{xy}(\omega)|^2 \leq |S_x(\omega)||S_y(\omega)| \tag{4.38}$$

なお，これらの式の導出は省略します。

4.3.2　代表的な信号とそのスペクトル密度関数

本項では，三つの代表的な連続時間信号である，一定値信号，正弦波信号，そして白色雑音について考えましょう。ここで，一定値信号と正弦波信号は確率過程ではなく，確定的信号です。これら三つの信号の相関関数とパワースペクトル密度関数を表 4.1 にまとめました。

まず，**一定値信号**はすべての時刻において同じ値をとるため，ある時刻の値が既知であれば任意の時刻の値がわかります。このように一定値信号はどの時刻の信号に対しても完全な相関関係があるので，その自己相関関数も一定値をとります。それをフーリエ変換すると，角周波数 $\omega = 0$ のところでのみパワースペクトル密度が存在します。一定値信号は**直流成分**だけだからです。

次に，$x(t) = a \sin \omega_0 t$ という角周波数 ω_0 の**正弦波信号**の自己相関関数は，

$$\phi_x(\tau) = \frac{a^2}{2} \cos \omega_0 \tau \tag{4.39}$$

となります[4)]。そして，これをフーリエ変換すると，表 4.1 に示したように，$\omega = \pm\omega_0$ にのみスペクトル成分をもちます。すなわち，

$$S_x(\omega) = \frac{a^2}{4} \{\delta(\omega - \omega_0) + \delta(\omega + \omega_0)\} \tag{4.40}$$

です。正の角周波数を考えると，正弦波は，その角周波数 ω_0 のみに値をもつ**線スペクトル**（line spectrum）になります。正弦波のような周期信号のフーリエ変換を表現するためには，デルタ関数 $\delta(t)$ という超関数の力を借りなければならないことに注意しましょう[5)]。

[4)] この式の導出は文献 [3] の第 3 章を参照してください。

[5)] フーリエ変換が存在するためには絶対値可積分の仮定を満たす必要があります。そのため，正弦波のような周期関数に対しては，フーリエ変換は定義できないのです。

表 4.1 三つの代表的な信号（一定値信号，正弦波信号，白色雑音）の波形，自己相関関数とパワースペクトル密度関数

信号	波形	自己相関関数	パワースペクトル密度関数
一定値（直流成分）	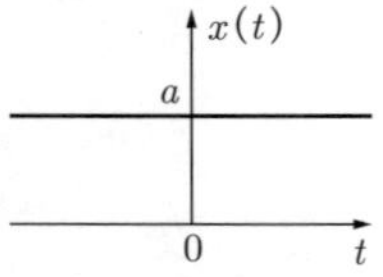 $x(t) = a$	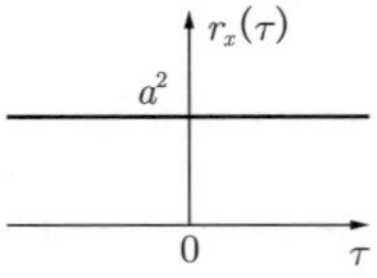 $r_x(\tau) = a^2$	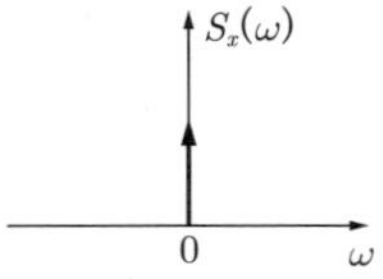 $S_x(\omega) = a^2\delta(\omega)$
正弦波	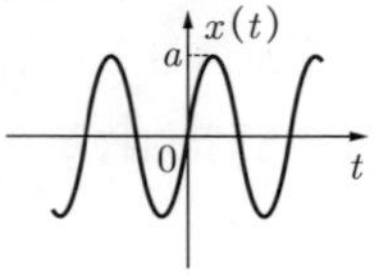 $x(t) = a \sin \omega_0 t$	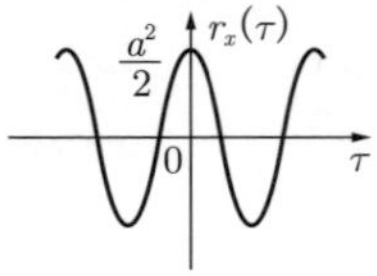 $r_x(\tau) = \frac{a^2}{2} \cos \omega_0 \tau$	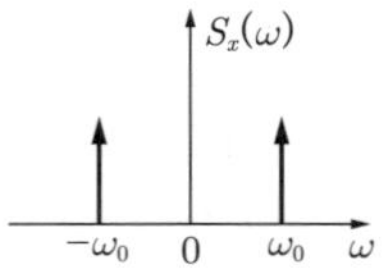 $S_x(\omega) = \frac{a^2}{4} [\delta(\omega-\omega_0) + \delta(\omega+\omega_0)]$
白色雑音	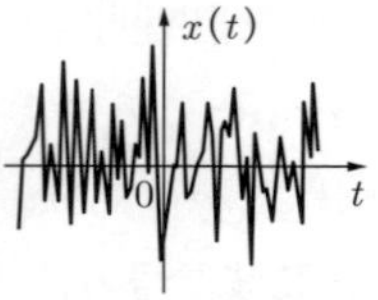	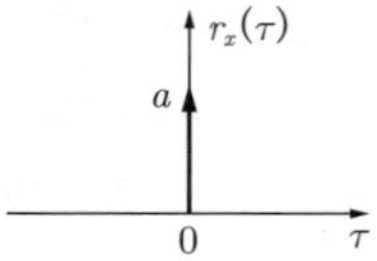 $r_x(\tau) = a\delta(\tau)$	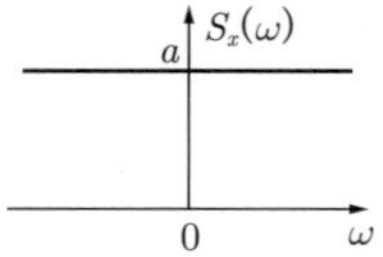 $S_x(\omega) = a$

最後は**白色雑音**です。Point 4.4 でまとめたように，時間領域ではその自己相関関数を用いて，白色雑音を無相関な確率過程として特徴づけました。周波数領域では，**白色雑音はすべての周波数成分，すなわちすべての正弦波を含む信号**として特徴づけることができます[6)]。白色雑音はすべての周波数の正弦波から構成されているので，表 4.1 に示したように，そのパワースペクトル密度は平坦に見えます。

[6)] 白色雑音という名称は，白色光（太陽の光）が可視域のすべての波長の電磁波をほぼ同じ強さの割合で含んでいることに由来します。

4.3.3 有色雑音

パワースペクトル密度関数が平坦でない形状をとるとき，その確率過程は有色雑音と呼ばれます。有色雑音の中でも，そのパワースペクトル密度関数が周波数 f〔Hz〕に対して $1/f^{\beta}$ に比例するもの，すなわち，

$$S_x(f) \propto \frac{1}{f^{\beta}} \tag{4.41}$$

がよく知られています。これまで本書では，**角周波数** ω〔rad/s〕を主に用いてきましたが，雑音を扱う信号処理の世界では，**周波数** f〔Hz〕がよく用いられるので，ここでは f を用いました。両者は $\omega = 2\pi f$ で関係づけられています。

図 4.4 にさまざまな有色雑音のスペクトル特性を示しました。横軸の周波数は対数スケールであり，縦軸の強度 (パワースペクトル密度の大きさ) もデシベル表示なので対数スケールです。制御工学のボード線図のゲイン線図と同じです。参考のために，白色雑音を点線で示しました。

まず，$\beta = 1$ のとき，**ピンクノイズ** (pink noise) と呼ばれます。ピンクノイズのパワーは周波数 f に反比例します。図 4.4 に実線で示したように，周波数が 10 倍されると，強度は 10 dB 減少するので，−10 dB/dec の傾きです。このピンクノイズは，人間にリラクゼーション効果をもたらすとも言われている **1/f ゆらぎ**とも関係しています。

次に，$\beta = 2$ のとき，**ブラウンノイズ** (Brownian noise) と呼ばれます。図 4.4

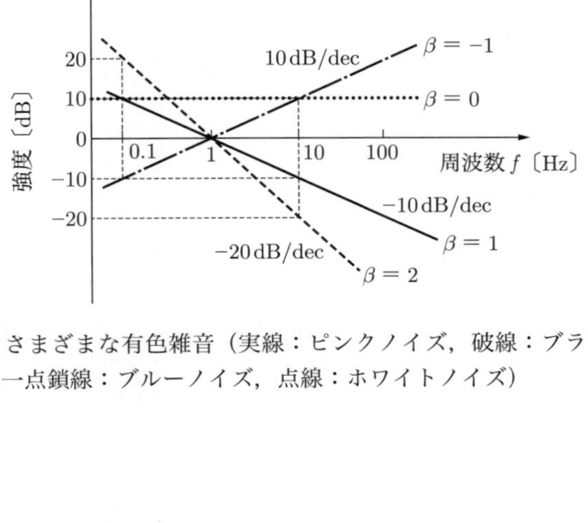

図 4.4 さまざまな有色雑音（実線：ピンクノイズ，破線：ブラウニアンノイズ，一点鎖線：ブルーノイズ，点線：ホワイトノイズ）

に破線で示したように，周波数が 10 倍されると，強度は 20 dB 減少するので，−20 dB/dec の傾きです。この周波数特性は制御工学の**積分器**のそれに対応します。白色雑音を積分器に通すことにより**ブラウン運動**（Brownian motion）を記述する確率過程が生成されるので，ブラウンノイズと名付けられました。ブラウン運動の数学モデルは**ウィナー過程**（Wiener process）と呼ばれ，これは第 9 章のカルマンフィルタの数値例で用いられます。紛らわしいですが，ブラウンノイズのブラウンは人名であり，茶色を意味するものではありません。色で表すときには，ブラウンノイズは**レッドノイズ**（red noise）と呼ばれます。

最後に，$\beta = -1$ のとき，すなわち，強度が周波数に比例するとき，**ブルーノイズ**（blue noise）と呼ばれます。この場合，確率過程のパワースペクトルは高域ほど大きくなります。

4.4 離散時間確率過程のフーリエ解析

本節では，離散時間確率過程 $x(k)$ のフーリエ解析について説明します。連続時間確率過程の場合と同様に，$x(k)$ の自己相関関数 $\phi_x(\tau)$ の**離散時間フーリエ変換**が**パワースペクトル密度関数**になります。すなわち，

$$S_x(\omega) = \sum_{\tau=-\infty}^{\infty} \phi_x(\tau) e^{-j\omega\tau}, \qquad \tau = 0,\, \pm 1,\, \pm 2, \cdots \tag{4.42}$$

です。

同様にして，二つの離散時間不規則信号 $x(k)$ と $y(k)$ の間の**相互スペクトル密度関数**は，両者の間の相互相関関数 $\phi_{xy}(\tau)$ を用いて，

$$S_{xy}(\omega) = \sum_{\tau=-\infty}^{\infty} \phi_{xy}(\tau) e^{-j\omega\tau}, \qquad \tau = 0,\, \pm 1,\, \pm 2, \cdots \tag{4.43}$$

と定義されます。

以上では，確率過程の標本が無限個利用できるという仮定のもとで相関関数とスペクトル密度関数の定義を与えました。しかし，現実には，利用できる標本，すなわち，時系列データは有限個です。そのため，有限個の時系列データ $\{x(k),\, k = 0, 1, 2, \cdots, N-1\}$ [7] から相関関数やスペクトル密度関数を計算しな

---

7) これからの周波数領域での議論のために，$k = 1$ からではなく，$k = 0$ から始めました。

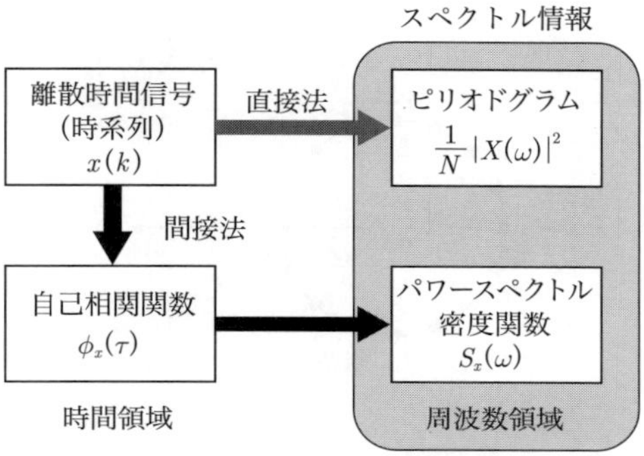

図 4.5 時系列からスペクトル密度関数を計算する方法

ければなりません。

有限個の時系列（離散時間確率過程）から，そのスペクトル密度関数を計算することを**スペクトル推定**（spectral estimation）と言い，さまざまな研究がなされてきました。代表的な二つのスペクトル推定法を図 4.5 に示しました。一般的な方法である，時系列の自己相関関数を経由する方法は間接法と呼ばれます。それに対して，時系列から直接スペクトル情報を計算する方法は直接法と呼ばれます。それぞれについて以下で説明しましょう。

4.4.1 ブラックマン＝チューキー法

時系列の自己相関関数を経由してパワースペクトル密度関数を計算する**ブラックマン＝チューキー法**（Blackman–Tukey method）を紹介します。この方法は間接法とも呼ばれ，次の手順から成ります。

Step 1 自己相関関数の推定値の計算

$$\hat{\phi}_x(\tau) = \frac{1}{N}\sum_{k=0}^{N-1} x(k)x(k+\tau) \tag{4.44}$$

Step 2 パワースペクトル密度関数の推定値の計算：自己相関関数の推定値を**離散フーリエ変換**（discrete Fourier transform：**DFT**）して，パワースペクトル密度関数を計算します[8)]。その際，前述したように，ラグ τ の大きさによっ

8) $N = 2^m$ のときには fast Fourier transform（FFT：高速フーリエ変換）が利用できます。

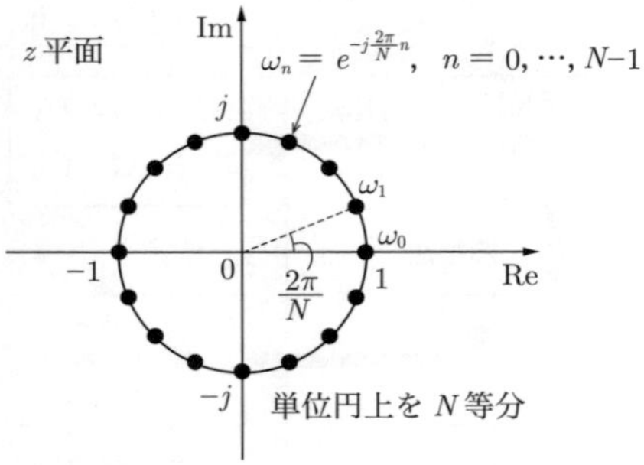

図 4.6 離散時間角周波数

て，自己相関関数の精度が異なるので，それを補正するために**窓関数**（window function）$w(\tau)$ を導入して，

$$\hat{S}_x(\omega_n) = \sum_{\tau=0}^{N-1} w(\tau)\hat{\phi}_x(\tau)e^{-j\omega_n\tau} \tag{4.45}$$

より計算します。ここで，ω_n は**離散時間角周波数**で，

$$\omega_n = \frac{2\pi}{N}n, \qquad n = 0, 1, \cdots, N-1 \tag{4.46}$$

で与えられます。このように，離散時間角周波数は，離散時間の周波数軸である単位円を N 等分した点で定義されます。この様子を図 4.6 に示しました。データ数 N が大きいほど，周波数の間隔が短くなるので，**周波数分解能**（frequency resolution）が高くなります。

窓関数として，矩形窓，バートレット窓，ハニング窓，ハミング窓などがよく知られています。一例として，**ハミング窓**（Hamming window）を図 4.7 に示しました。

例として，図 4.3 に示した正規性白色雑音の自己相関関数を DFT して計算したパワースペクトル密度を図 4.8(a) に示しました。完全に平坦な図にはなっていませんが，ほぼすべての周波数成分を含んでいることがわかります。比較のために，図 4.8(b) には理想的な状態での白色雑音のパワースペクトル密度を示しました。

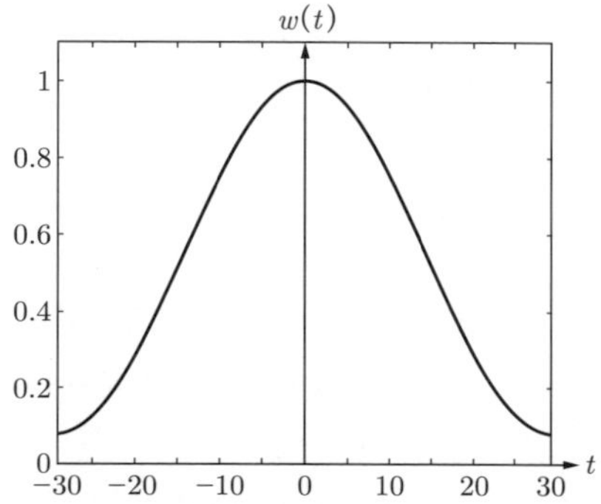

図 4.7 ハミング窓

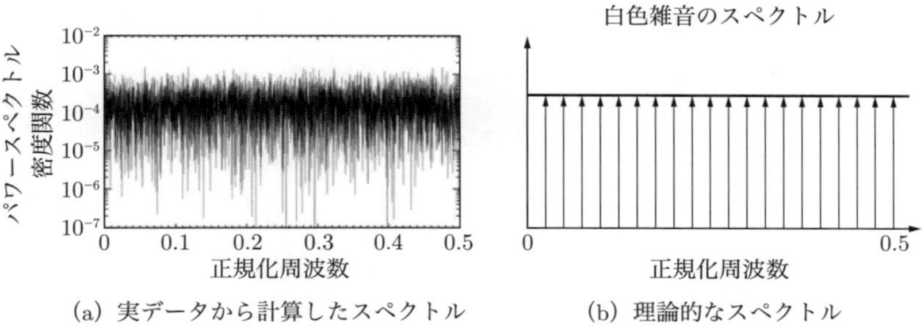

図 4.8 白色雑音のスペクトル

4.4.2 ピリオドグラム法

有限個の時系列データ $\{x(k),\ k=0,1,\cdots,N-1\}$ に対して，DFT

$$X(\omega_n)=\sum_{k=0}^{N-1}x(k)e^{-j\omega_n k} \tag{4.47}$$

を計算します。ここで，$\omega_n=2\pi n/N,\ n=0,1,\cdots,N-1$ です。このとき，時系列 $\{x(k)\}$ の**ピリオドグラム**（periodgram）は，

$$P_x(\omega_n)=\frac{1}{N}\left|X(\omega_n)\right|^2 \tag{4.48}$$

で定義されます。式 (4.48) で定義されるピリオドグラムを時系列のパワースペクトル密度関数の推定値として用いる方法を**ピリオドグラム法**（periodgram method）と呼びます。

時間の世界と周波数の世界を結び付ける重要な公式である**パーセバルの関係式** (Parseval's relationship) を用いると，時系列のエネルギーは，

$$\sum_{k=0}^{N-1} |x(k)|^2 = \frac{1}{N} \sum_{n=0}^{N-1} |X(\omega_n)|^2 \tag{4.49}$$

と記述できます。これより，式 (4.48) で定義した時系列のピリオドグラムは，ある角周波数 $\omega_n = 2\pi n/N$ における時系列のエネルギー寄与分，すなわちパワーに対応した量を表していることがわかります。

最後に，本書では，確定的な信号に確率的雑音が加わる状況を今後考えていきます。たとえば，正弦波信号に白色雑音が重畳したような場合です。このような場合にも，信号の平均値，自己相関関数などは，前述の時間平均を用いて計算します。

第5章

最小二乗法と最尤推定法

確率的な外乱である**雑音**(noise)が混入した観測値から，着目する**信号**(signal)を抽出することを**推定**（estimation）と言います。おそらく最も有名で，そして最もよく用いられている推定法は**最小二乗法**（least-squares method）でしょう。そこで，本章では，最小二乗法による推定について，確率的な側面と線形代数的な側面から解説します。

本書の後半で解説するシステム同定とカルマンフィルタの基礎の一つは最小二乗法ですし，近年 AI の分野で大活躍している深層学習（deep learning）も深い関数を使った最小二乗法とみなすことができます。このように，最小二乗法はさまざまな数理的な手法の基礎になっており，しっかりと勉強しておくべき重要な基礎知識です。また，統計的な推定法の代表である最尤推定法についても簡潔に説明します。

5.1 最小二乗法と確率

5.1.1 簡単な例

まず，

$$観測値 = 信号 + 雑音 \tag{5.1}$$

コラム 5.1　最小二乗法の発明者はだれ？

1805 年にルジャンドル（1752〜1833）が最小二乗法に関する論文を世界で初めて発表しました。その後，1809 年に**ガウス**（1777〜1855）は，彼が発表した論文の中で，1795 年ころに最小二乗法のアイディアを考案し，1801 年に小惑星ケレスの軌道予測に最小二乗法を適用したと述べ，最小二乗法の発明の優先権を主張しました。現代の感覚で言えば，最小二乗法の発明者は，先に論文を発表したルジャンドルになるところですが，最小二乗法の発明者はガウスであるとされることが多いようです。

それは主に次の二つの理由によるからです。まず，ガウスは観測雑音の確率分布を導入して，今日の最尤推定の考え方によって**最良線形不偏推定量**（best linear unbiased estimator：**BLUE**）を得る方法を考案したことです。これは，ガウス＝マルコフの定理として知られています。もう一つは，1809 年に発表したガウスの誤差論により，誤差がガウス分布（正規分布）に従うとき，最小二乗法が最尤推定法と一致することを示したこと，です。

さらに，ガウスは，システム同定やカルマンフィルタと関連深い逐次最小二乗法も提案しています。

Wikipedia/Public Domain
ガウス

Wikipedia/Public Domain
小惑星ケレス

Scientific Identity/No Copyright
ルジャンドル

という簡単な例から始めましょう。いま，信号を x とし，これは確定的な一定値信号とします。そして，N 回試行して，観測値 $y_i,\ i=1,2,\cdots,N$ を収集したとします。すなわち，

$$
\begin{aligned}
y_1 &= x + w_1 \\
y_2 &= x + w_2 \\
&\vdots \\
y_N &= x + w_N
\end{aligned}
\tag{5.2}
$$

とします。ここで，$w_i, (i = 1, 2, \cdots, N)$ は観測雑音であり，平均値 0 で，分散が σ^2 の独立同分布（*i.i.d.*）の確率変数とします。ここでは，正規分布に従う雑音と仮定します。すると，観測値も確率変数になります。そして，ここで考える推定問題は，観測値 $\{y_1, y_2, \cdots, y_N\}$ から信号 x を求めることです。

一定値信号に，平均値が 0 の雑音が加わって観測されているので，信号の推定値の第一候補は，真ん中の値である平均値を計算することでしょう。たとえば第 2 章で示した**標本平均**

$$\hat{x} = \frac{1}{N}(y_1 + y_2 + \cdots + y_N) \tag{5.3}$$

を推定値とすることが考えられます。ここで，$\hat{}$ は推定値を表します。

それぞれの観測値の信頼性が異なる場合には，**重み付き標本平均**

$$\hat{x} = \lambda_1 y_1 + \lambda_2 y_2 + \cdots + \lambda_N y_N \tag{5.4}$$

も推定値の候補になるでしょう。ただし，

$$\lambda_1 + \lambda_2 + \cdots + \lambda_N = 1$$

です。

式 (5.3) や式 (5.4) のように，推定値 $\hat{x}$ は確率変数である観測値 y_i を用いて計算されるので，$\hat{x}$ も確率変数になります。そのため，$\hat{x}$ には平均値や分散が存在します。

われわれは本当の値 (**真値**と呼びます) がわからないので，推定を行おうとしています。そのため，何らかの方法で得られた推定値が，どのくらい真値に近いのかを評価する必要があります。そこで，推定値の良さの測り方を次の Point 5.1 でまとめておきましょう。

Point 5.1　推定値の良さの測り方

推定誤差（estimation error）を，

$$\tilde{x} = x - \hat{x} \tag{5.5}$$

と定義します。推定値は確率変数なので，主に次の三つの性質をもつかどうかがポイントになります。

- **不偏性**（unbiasedness）：推定値が平均的に真値に一致する性質のことです。すなわち，

$$\mathrm{E}[\hat{x}] = x \tag{5.6}$$

が成り立つ推定値を**不偏推定値**[a] と言います。あるいは，

$$\mathrm{E}[\tilde{x}] = 0 \tag{5.7}$$

と書くこともできます。それに対して，この性質をもたない場合には，推定値には**バイアス**（bias）が存在します。

- **有効性**（efficiency）：推定誤差の分散

$$\mathrm{E}[(\tilde{x} - \mathrm{E}[\tilde{x}])^2] \tag{5.8}$$

が最小となる性質のことです。この性質をもつ推定値を**有効推定値**，あるいは**最小分散推定値**（minimum variance estimate）と言います。そして，有効推定値を求める推定法が最小二乗法です。通常，不偏性が成り立つ推定値に対して有効性を議論します。

- **一致性**（consistency）利用できるデータ数が ∞ に向かうとき推定値が真値に収束する性質のことです。これは漸近的な性質です。

[a] 厳密に言うと，不偏推定量という表現が正しいですが，本書では，推定値と推定量という用語を区別せずに，すべて「推定値」という用語を使うことにします。

たとえば，式 (5.3) の標本平均が不偏性をもつかどうか調べてみましょう。

$$\begin{aligned} \mathrm{E}[\hat{x}] &= \mathrm{E}\left[\frac{1}{N}(y_1 + y_2 + \cdots + y_N)\right] \\ &= \frac{1}{N}\left(\mathrm{E}[y_1] + \mathrm{E}[y_2] + \cdots + \mathrm{E}[y_N]\right) \end{aligned} \tag{5.9}$$

ここで，期待値演算の線形性を利用しました。いま，x は一定値で，雑音 w_i の平均値は 0 なので，

$$\mathrm{E}[y_i] = \mathrm{E}[x + w_i] = \mathrm{E}[x] + \mathrm{E}[w_i] = x + 0 = x \tag{5.10}$$

となります。これを式 (5.9) に代入すると，

$$\mathrm{E}[\hat{x}] = \frac{1}{N}(Nx) = x \tag{5.11}$$

が得られます。これより，式 (5.3) の標本平均は不偏推定値であることがわかりました。同様にして，式 (5.4) の重み付き標本平均も不偏推定値になります。これは読者への計算問題にしましょう。

5.1.2 最小二乗法の例

5.1.1 項では，雑音に汚された一定値信号を推定する問題を考えました。本項では信号自体も確率変数の場合を考えましょう。

観測方程式

$$y = cx + w \tag{5.12}$$

を考えます。ここで，x は信号であり，

$$\mathrm{E}[x] = \overline{x}, \quad \mathrm{E}[(x - \overline{x})^2] = \sigma_x^2 \tag{5.13}$$

である正規分布に従う確率変数とします。また，w は雑音であり，

$$\mathrm{E}[w] = \overline{w}, \quad \mathrm{E}[(w - \overline{w})^2] = \sigma_w^2 \tag{5.14}$$

である正規分布に従う確率変数とします。ここで，x と w は独立であると仮定します。c は定数で既知とします。

ここで考えている推定問題は，観測値 y から信号 x を求めることです。これを実現するために，

$$\hat{x} = f(y) \tag{5.15}$$

となる関数 f を見つけることを考えます。ここまでの問題設定を図 5.1 に示しました。推定値を出力してくれる魔法の箱である $f(y)$ を求めることが，ここで考えている推定問題です。

ここでは魔法の箱の候補として，

$$f(y) = \alpha y + \beta \tag{5.16}$$

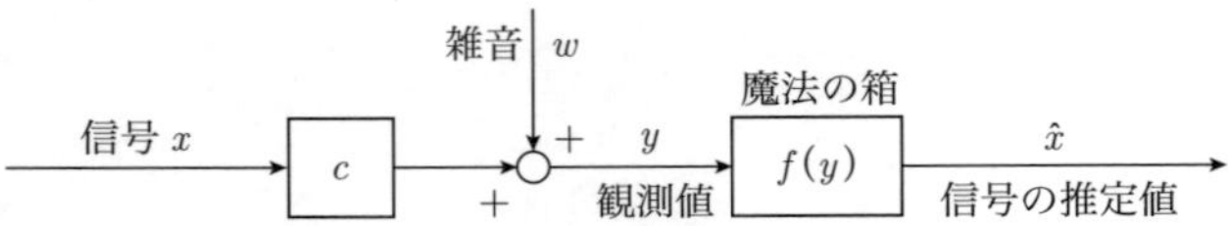

図 5.1 観測値の構成と線形推定則

を考え，これを**線形推定則** (linear estimation law)[1] と言います。

式 (5.16) のような単純な推定則でよいのだろうか，と疑問に思われるかもしれません。高次のべき級数項などのような，もう少し複雑な非線形関数を用いたり，あるいは深層ネットワークを用いた方がよいかもしれません。このような疑問はひとまず置いておいて，線形推定則 (5.16) を求める問題を考えていきます。すると，二つの未知数 α と β をどのように求めるかが問題になります。

そのために，Pont 5.1 でまとめたように，推定誤差

$$\tilde{x} = x - \hat{x} \tag{5.17}$$

を小さくするように，二つの未知数を求めます。これらを決定するためには，最低二つの方程式が必要になります。推定値 $\hat{x}$ は確率変数である観測値 y を用いて計算されるので，推定値も確率変数になり，さらには推定誤差 $\tilde{x}$ も確率変数になります。そこで，推定誤差の平均値と分散の二つを調べていきましょう。

[1] 推定値の不偏性

まず，推定誤差の期待値が 0 になること，

$$\mathrm{E}[\tilde{x}] = \mathrm{E}[x - \hat{x}] = 0 \tag{5.18}$$

が望ましいです。これを計算していきましょう。

$$\begin{aligned}\mathrm{E}[\tilde{x}] &= \mathrm{E}[x - \alpha y - \beta] = \mathrm{E}[x - \alpha(cx + w) - \beta] \\ &= \mathrm{E}[(1 - \alpha c)x - \alpha w - \beta] = (1 - \alpha c)\mathrm{E}[x] - \alpha \mathrm{E}[w] - \beta \\ &= (1 - \alpha c)\overline{x} - \alpha \overline{w} - \beta = 0\end{aligned} \tag{5.19}$$

これより，

[1] 厳密に言うと，アフィン推定則が正しいですが，ここでは線形推定則と呼びます。

$$\beta = \overline{x} - \alpha(c\overline{x} + \overline{w}) \tag{5.20}$$

が成り立ちます。第 2 章で学習した期待値演算の性質を用いて式変形を行いました。これで未知数のうちの一つが消去されました。

[2] 推定値の有効性

次に，推定誤差の分散について考えましょう。平均値と違って分散を 0 にすることはできないので，推定誤差分散の最小化を目指します。そのために，推定誤差分散を計算します。

$$\begin{aligned}
\mathrm{E}[(\tilde{x} - \mathrm{E}[\tilde{x}])^2] &= \mathrm{E}[\{(x - \alpha y - \beta) - \{(1 - \alpha c)\overline{x} - \alpha\overline{w} - \beta\}\}^2] \\
&= \mathrm{E}[\{(1 - \alpha c)(x - \overline{x}) - \alpha(w - \overline{w})\}^2] \\
&= (1 - \alpha c)^2\mathrm{E}[(x - \overline{x})^2] - 2\alpha(1 - \alpha c)\mathrm{E}[(x - \overline{x})(w - \overline{w})] \\
&\quad + \alpha^2\mathrm{E}[(w - \overline{w})^2]
\end{aligned} \tag{5.21}$$

ここまでは一つひとつの式をていねいに追っていけば，理解できると思います。式 (5.21) の最後の式の右辺第 2 項は，信号 x と雑音 w の**共分散**であることに注意しましょう。一般に，信号と雑音は無相関なので，この共分散は 0 になります。また，式 (5.21) の最後の式の右辺第 1 項は信号の分散，第 3 項は雑音の分散なので，式 (5.21) は，

$$\begin{aligned}
\mathrm{E}[(\tilde{x} - \mathrm{E}[\tilde{x}])^2] &= (1 - \alpha c)^2\sigma_x^2 + \alpha^2\sigma_w^2 \\
&= (c^2\sigma_x^2 + \sigma_w^2)\alpha^2 - 2c\sigma_x^2\alpha + \sigma_x^2
\end{aligned} \tag{5.22}$$

となります。この式は，変数 α に関する 2 次関数であり，2 次の項の係数 $(c^2\sigma_x^2 + \sigma_w^2)$ は必ず正なので，中学校の用語を使うと**下に凸**であり，最小値が存在することがわかります。

2 次関数の最小値を求めるためには，微分を使うことが一般的ですが，ここでは Point 2.2 で示した**平方完成**を使って解いてみましょう。

$$\begin{aligned}
\mathrm{E}[(\tilde{x} - \mathrm{E}[\tilde{x}])^2] &= (c^2\sigma_x^2 + \sigma_w^2)\left(\alpha - \frac{c\sigma_x^2}{c^2\sigma_x^2 + \sigma_w^2}\right)^2 + \sigma_x^2 - \frac{c^2\sigma_x^4}{c^2\sigma_x^2 + \sigma_w^2} \\
&= (c^2\sigma_x^2 + \sigma_w^2)\left\{\alpha - c\sigma_w^{-2}(\sigma_x^{-2} + c^2\sigma_w^{-2})^{-1}\right\}^2 \\
&\quad + (\sigma_x^{-2} + c^2\sigma_w^{-2})^{-1}
\end{aligned} \tag{5.23}$$

いま，

$$\sigma^2 = (\sigma_x^{-2} + c^2\sigma_w^{-2})^{-1} \tag{5.24}$$

とおくと，式 (5.23) は，

$$\mathrm{E}[(\tilde{x} - \mathrm{E}[\tilde{x}])^2] = (c^2\sigma_x^2 + \sigma_w^2)(\alpha - c\sigma_w^{-2}\sigma^2)^2 + \sigma^2 \tag{5.25}$$

となります。これより，

$$\alpha = c\sigma_w^{-2}\sigma^2 \tag{5.26}$$

のとき，推定誤差分散は最小値

$$\mathrm{E}[(\tilde{x} - \mathrm{E}[\tilde{x}])^2] = \sigma^2 \tag{5.27}$$

をとります。このように，式 (5.24) で与えた σ^2 が推定誤差の最小値になります。

以上の計算によって，未知数である α と β がそれぞれ式 (5.26) と式 (5.20) により求まったので，それらを式 (5.16) に代入すると，

$$\hat{x} = \overline{x} + \frac{c\sigma^2}{\sigma_w^2}\{y - (c\overline{x} + \overline{w})\} \tag{5.28}$$

が得られます。このように推定誤差分散を最小化しているので，式 (5.28) は**最小二乗推定値**（least-squares estimate）と呼ばれます。

通常，雑音 w の平均値は 0，すなわち $\overline{w} = 0$ と仮定できるので，その場合，式 (5.28) の最小二乗推定値は，

$$\hat{x} = \overline{x} + g\tilde{y} \tag{5.29}$$

と記述することができます。ここで，

$$g = \frac{c\sigma^2}{\sigma_w^2} \tag{5.30}$$

は**推定ゲイン**（estimation gain）と呼ばれ，

$$\tilde{y} = y - c\overline{x} \tag{5.31}$$

は**予測誤差**（prediction error）と呼ばれます。ここで，カルマンフィルタの用語を用いると，式 (5.29) の左辺の $\hat{x}$ を**事後推定値**，右辺第 1 項の $\overline{x}$ を**事前推定値**

と言います。ここで，事前というのは観測値 y を利用する前（before），事後は y を利用した後（after）のことです。

式 (5.29) は，観測値がない場合には，これまでのデータの平均値 $\overline{x}$ を推定値とすることが妥当だが，新しい観測値 y が利用できれば，それを用いて推定値を改善できることを意味しています。この考え方は第 9 章で学ぶカルマンフィルタとまったく同じです。

式 (5.30) で与えた推定ゲイン g の役割を調べてみましょう。ここでは，簡単のため $c = 1$ として，観測方程式を，

$$y = x + w \tag{5.32}$$

とします。また，雑音 w の平均値を 0 とします。このとき，式 (5.29) の最小二乗推定値は，

$$\hat{x} = \overline{x} + g(y - \overline{x}) = (1 - g)\overline{x} + gy \tag{5.33}$$

となります。この式 (5.33) より，事後推定値である $\hat{x}$ は，事前推定値である $\overline{x}$ と観測値 y の重み付き和です。

この場合の推定ゲイン g は，

$$g = \frac{\sigma^2}{\sigma_w^2} = \frac{\sigma_x^2}{\sigma_x^2 + \sigma_w^2} = \frac{1}{1 + \dfrac{\sigma_w^2}{\sigma_x^2}} \tag{5.34}$$

となります。ここで，

$$0 \leq \frac{\sigma_w^2}{\sigma_x^2} < \infty \tag{5.35}$$

であり，この量を dB で表示すると，

$$10 \log_{10} \frac{\sigma_w^2}{\sigma_x^2} = -\mathrm{SNR}$$

となります。ここで，SNR は **SN 比**（signal-to-noise ratio）であり，

$$\mathrm{SNR} = 10 \log_{10} \frac{\sigma_x^2}{\sigma_w^2} \quad 〔\mathrm{dB}〕 \tag{5.36}$$

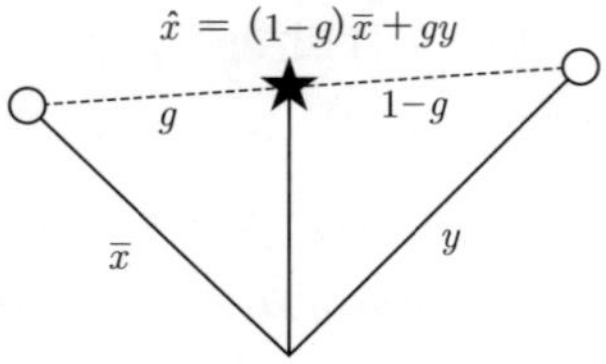

図 5.2 事前推定値と観測値の内分点が事後推定値

で定義しました。式 (5.34), (5.35) より，$0 < g \leq 1$ であることがわかります。そのため，式 (5.33) の右辺は，図 5.2 に示したように，**内分**であると解釈することもできます。この図の端点に対応する二つの極端な場合を考えてみましょう。

- 雑音がまったく存在しない $\sigma_w^2 = 0$ の場合，$g = 1$ になります。このとき，$\hat{x} = y$ になります。雑音が存在しないので，$y = x$ となるので，観測値が真値を表すことを意味しています。
- 雑音が大量に存在する $\sigma_w^2 \to \infty$ の場合，$g \to 0$ になります。このとき，$\hat{x} = \overline{x}$ になります。この場合は，観測値は雑音だらけなので，まったく信用することができないので，事前推定値をそのまま事後推定値とすることを意味します。

通常は，この二つのケースの間に事後推定値が存在します。そして，信号と雑音の分散が既知であれば，式 (5.34) よりその内分点の位置を正確に決めることができます。

式 (5.29) の最小二乗推定値は，推定誤差 $\tilde{x}$ と無相関になります。すなわち，

$$\mathrm{E}[\hat{x}\tilde{x}] = 0 \tag{5.37}$$

が成り立ちます。このとき，「**推定値と推定誤差は直交する**」と言われます。直交性については，Point 5.2 でまとめます。なお，最小二乗推定値の式 (5.29) と期待値の計算法を知っていれば，式 (5.37) を導くことができますが，かなり長い計算になるので，ここでは省略します。興味のある読者はぜひチャレンジしてみてください。

Point 5.2　直交性

高校のとき習ったように，二つのベクトルの**内積**を定義して，それが 0 になるとき，直交すると言います。

ここでは，二つの確率変数 x と y について考えます。これらの確率変数の平均値はともに 0 であると仮定します。このとき，二つの確率変数の積の期待値 $\mathrm{E}[xy]$ を内積とします。そして，

$$\mathrm{E}[xy] = 0 \tag{5.38}$$

のとき，すなわち，二つの確率変数が**無相関**のときに，この二つの確率変数は**直交する**と言います。

式 (5.37) は，推定誤差（あるいは，**残差**（residual）[2] とも呼ばれます）の中には推定値と相関関係にあるものはまったく含まれていないことを意味しています。すなわち，推定値をこれ以上修正しても，推定値の精度は向上しないことを意味しています。このように，推定値と推定誤差は直交することは，推定値にとって望ましい性質です。

5.2　最小二乗法と線形代数

5.2.1　複数の信号の推定問題

5.1.1 項では，雑音に汚された N 個の観測値 y から，一つの信号 x を推定する問題を考えました。ここでは，その問題を拡張して，N 個の観測値 $\{y_k\,;\,k = 1, 2, \cdots, N\}$ から，n 個の信号 $\{x_i\,;\,i = 1, 2, \cdots, n\}$ を推定する問題を考えましょう。

いま，n 個の信号 x_i が何らかの線形変換を経て，それに正規性白色雑音 w_k が加わって，観測値 y_k が得られるものとします。ここで，$w_i \sim N(0, \sigma_w^2)$ とします。この問題設定を式で表すと，

$$y_1 = c_{11}x_1 + c_{12}x_2 + \cdots + c_{1n}x_n + w_1 = \boldsymbol{c}_1^T\boldsymbol{x} + w_1 \tag{5.39}$$

[2] 残差とは，説明が付かないもの，残り物，残余という意味です。

$$y_2 = c_{21}x_1 + c_{22}x_2 + \cdots + c_{2n}x_n + w_2 = \boldsymbol{c}_2^T\boldsymbol{x} + w_2 \tag{5.40}$$

$$\vdots$$

$$y_N = c_{N1}x_1 + c_{N2}x_2 + \cdots + c_{Nn}x_n + w_N = \boldsymbol{c}_N^T\boldsymbol{x} + w_N \tag{5.41}$$

となります。ここで，n は信号の数，N はデータ数です。また，c_{ij} は既知の変換係数です。

ベクトル・行列を用いると，式 (5.39)〜(5.41) は，

$$\boldsymbol{y} = \boldsymbol{C}\boldsymbol{x} + \boldsymbol{w} \tag{5.42}$$

のように簡潔に表現できます。ここで，

$$\boldsymbol{y} = \begin{bmatrix} y_1 \\ y_2 \\ \vdots \\ y_N \end{bmatrix}, \quad \boldsymbol{x} = \begin{bmatrix} x_1 \\ x_2 \\ \vdots \\ x_n \end{bmatrix}, \quad \boldsymbol{w} = \begin{bmatrix} w_1 \\ w_2 \\ \vdots \\ w_N \end{bmatrix} \tag{5.43}$$

は，それぞれ観測値，信号，雑音から成るベクトルです。これまでの仮定から，雑音は $\boldsymbol{w} \sim N(\boldsymbol{0}, \sigma_w^2\boldsymbol{I})$ となります。また，係数行列は，

$$\boldsymbol{C} = \begin{bmatrix} c_{11} & c_{12} & \cdots & c_{1n} \\ c_{21} & c_{22} & \cdots & c_{2n} \\ \vdots & \vdots & \cdots & \vdots \\ c_{N1} & c_{N2} & \cdots & c_{Nn} \end{bmatrix} = \begin{bmatrix} \boldsymbol{c}_1^T \\ \boldsymbol{c}_2^T \\ \vdots \\ \boldsymbol{c}_N^T \end{bmatrix} \tag{5.44}$$

で与えられます。この行列の大きさは $(N \times n)$ で，正方行列ではなく矩形(くけい)行列であることに注意しましょう。

式 (5.42) の右辺は信号ベクトル $\boldsymbol{x}$ に関して線形であるので，**線形回帰モデル** (linear regression model) と呼ばれます。この推定問題を図 5.3 に示しました。

図 5.4 に示すように，式 (5.42) は信号 $\boldsymbol{x}$ から成るベクトル空間から，観測値 $\boldsymbol{y}$ から成るベクトル空間へのアフィン変換とみなすこともできます。ここで考えている問題は，線形代数の基礎で学習した**線形変換**

$$\boldsymbol{y} = \boldsymbol{C}\boldsymbol{x} \tag{5.45}$$

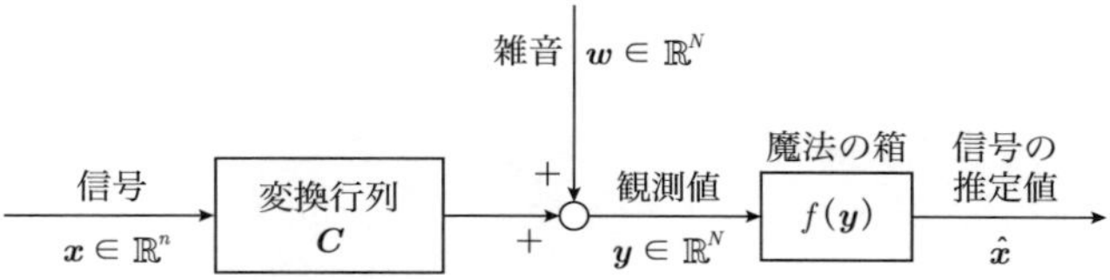

図 5.3 複数個の信号の推定問題

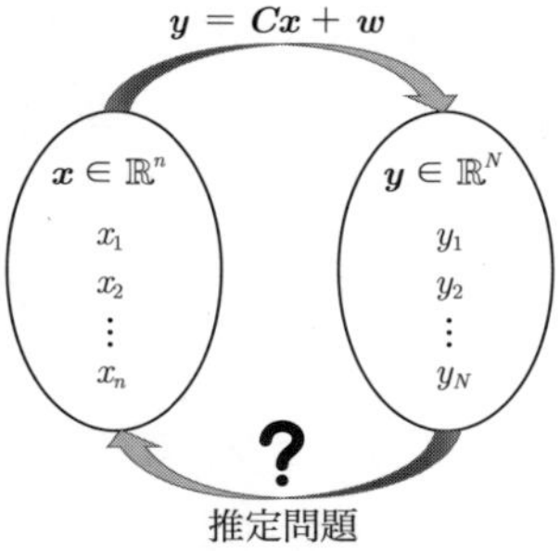

図 5.4 信号空間から観測値空間へのアフィン変換

を拡張したものです。なお，線形変換のときは，ベクトル $\boldsymbol{x}$ とベクトル $\boldsymbol{y}$ は同じ次元で，変換行列 $\boldsymbol{C}$ は正方行列でした。

いくつかの専門用語を次の Point 5.3 と Point 5.4 でまとめておきましょう。

Point 5.3 順問題と逆問題

図 5.4 において，信号 $\boldsymbol{x}$ を原因，観測値 $\boldsymbol{y}$ を結果とします。このとき，次の二つの問題が考えられます。

- **順問題**（direct problem）：原因 $\boldsymbol{x}$ が与えられたとき，その結果 $\boldsymbol{y}$ を計算すること
- **逆問題**（inverse problem）：結果 $\boldsymbol{y}$ から原因 $\boldsymbol{x}$ を求めること

順問題は因果関係を与える式に従って計算する比較的容易な問題です。一方，逆問題は推理小説のように，与えられた材料からその原因を推定する問題なので，その難易度は上がります。

Point 5.4 優決定と劣決定

式 (5.42) において，雑音が存在しない，すなわち，

$$\boldsymbol{y} = \boldsymbol{C}\boldsymbol{x} \tag{5.46}$$

とします。そして，N をデータ数，n を未知数の数とします。この N と n の大小関係によって，問題は次のように分類できます。

- **優決定** (overdetermined)：$N > n$ のとき，すなわち，データ数が未知数の数よりも多いときです。ここで，データ数を方程式の数とみなすと，理解しやすいでしょう。優決定問題の解法として，最も一般的なものが**最小二乗法**です。
- **連立 1 次方程式**：$N = n$ のとき，すなわち，方程式の数が未知数の数と一致するときのことです。これは，中学校のとき学習した連立 1 次方程式に対応します。式 (5.45) で与えた線形変換の式も連立 1 次方程式です。
- **劣決定** (underdetermined)：$N < n$ のとき，すなわち，方程式の数が未知数の数よりも少ないときです。このままですと，未知数を求めることができません。そのため，別の制約条件を導入する必要があります。その中でも，最小ノルム解を求める方法が有名です。

5.2.2 最小二乗法による複数個の信号の推定

ここでは，前項で示した式

$$\boldsymbol{y} = \boldsymbol{C}\boldsymbol{x} + \boldsymbol{w} \tag{5.47}$$

において，利用できる観測値 $\boldsymbol{y}$ から，信号 $\boldsymbol{x}$ を推定する問題を考えます。ここで，$\boldsymbol{C}$ は既知の係数行列であり，$\boldsymbol{w}$ は雑音です。$N > n$ の優決定の逆問題を考えると，この推定問題は最小二乗法を用いて解くことができます。

まず，最小二乗法の評価関数を，

$$J(\boldsymbol{x}) = \|\boldsymbol{y} - \boldsymbol{C}\boldsymbol{x}\|^2 = (\boldsymbol{y} - \boldsymbol{C}\boldsymbol{x})^T(\boldsymbol{y} - \boldsymbol{C}\boldsymbol{x}) \tag{5.48}$$

とします。ここで，$\|\cdot\|$ はベクトルの大きさを表すノルムです。この評価関数

$J(\boldsymbol{x})$ は，ベクトル量 $\boldsymbol{x}$ を引数とするスカラー値関数であることに注意しましょう。式 (5.48) の二乗誤差を最小化する方法が**最小二乗法**です。

式 (5.48) を展開すると，

$$J(\boldsymbol{x}) = \boldsymbol{x}^T\boldsymbol{C}^T\boldsymbol{C}\boldsymbol{x} - \boldsymbol{x}^T\boldsymbol{C}^T\boldsymbol{y} - \boldsymbol{y}^T\boldsymbol{C}\boldsymbol{x} + \boldsymbol{y}^T\boldsymbol{y} \tag{5.49}$$

となります。この式の右辺第 1 項は $\boldsymbol{x}$ に関する 2 次形式，第 2，第 3 項は 1 次式，第 4 項は定数項です。この式 (5.49) は，中学や高校で学んだ 2 次関数

$$f(x) = ax^2 + bx + c \tag{5.50}$$

のスカラー x をベクトル $\boldsymbol{x}$ に拡張したものです[3)]。

式 (5.49) の最小化を行うために，$\boldsymbol{x}$ について偏微分して $\boldsymbol{0}$ とおきましょう。

$$\begin{aligned}\frac{\partial J(\boldsymbol{x})}{\partial \boldsymbol{x}} &= 2\boldsymbol{C}^T\boldsymbol{C}\boldsymbol{x} - \boldsymbol{C}^T\boldsymbol{y} - (\boldsymbol{y}^T\boldsymbol{C})^T \\ &= 2(\boldsymbol{C}^T\boldsymbol{C}\boldsymbol{x} - \boldsymbol{C}^T\boldsymbol{y}) = \boldsymbol{0} \end{aligned}\tag{5.51}$$

ベクトル量を引数とするスカラー値関数をベクトル量で偏微分すると，ベクトルになります。得られたものは**勾配ベクトル**（gradient vector）と呼ばれます。本書で用いるベクトルによる偏微分を，次の Point 5.5 でまとめておきます。

Point 5.5 ベクトルによる偏微分

[1] 2 次形式の偏微分

$$\frac{\partial}{\partial \boldsymbol{x}}(\boldsymbol{x}^T\boldsymbol{A}\boldsymbol{x}) = (\boldsymbol{A} + \boldsymbol{A}^T)\boldsymbol{x} \tag{5.52}$$

[2] 1 次式の偏微分

$$\frac{\partial}{\partial \boldsymbol{x}}(\boldsymbol{x}^T\boldsymbol{A}) = \boldsymbol{A}, \quad \frac{\partial}{\partial \boldsymbol{x}}(\boldsymbol{A}\boldsymbol{x}) = \boldsymbol{A}^T \tag{5.53}$$

さて，式 (5.51) より，

$$\boldsymbol{C}^T\boldsymbol{C}\boldsymbol{x} = \boldsymbol{C}^T\boldsymbol{y} \tag{5.54}$$

---

3) 2 次関数は，スカラー値を引数とするスカラー値関数です。

が得られます。ここで，$\boldsymbol{C}^T\boldsymbol{C}$ は $(n \times n)$ 正方対称行列で[4)]，$\boldsymbol{C}^T\boldsymbol{y}$ は $(n \times 1)$ 列ベクトルです。この式は方程式の数と未知数が等しいので，連立 1 次方程式であり，**正規方程式**（normal equation）と呼ばれます。

ここで，一つ忘れてはいけないことがあります。式 (5.50) の 2 次関数の最小化を行うとき，x^2 の係数 a が正であれば，その関数は**下に凸**になるので，最小値が存在しました。いま考えている式 (5.49) の最小化の場合，$a > 0$ に対応する条件は，2 次形式の行列 $\boldsymbol{C}^T\boldsymbol{C}$ が正定値になることに対応します。$\boldsymbol{C}$ がゼロ行列でなければ，この行列は正定値になります。この条件を，数学的に書くために，$J(\boldsymbol{x})$ をもう 1 回，偏微分します。

$$\frac{\partial^2 J(\boldsymbol{x})}{\partial \boldsymbol{x}^2} = 2(\boldsymbol{C}^T\boldsymbol{C}) \tag{5.55}$$

今度は行列になり，$\boldsymbol{C}^T\boldsymbol{C}$ が登場しました。これは**ヘッセ行列**（あるいは**ヘシアン**）と呼ばれます。これらより，いま考えている問題が最小値をもつための条件は，ヘッセ行列が正定値であることです。

$\boldsymbol{C}^T\boldsymbol{C}$ が正定値であれば，この行列の逆行列が存在します。よって，**最小二乗推定値**は，

$$\hat{\boldsymbol{x}} = (\boldsymbol{C}^T\boldsymbol{C})^{-1}\boldsymbol{C}^T\boldsymbol{y} \tag{5.56}$$

で与えられます。ここで，推定値を表すために ^ を付けました。

5.2.3　最小二乗法の例題

単純な例題を用いて，前項で説明した正規方程式を経由した最小二乗推定値の計算法について見ていきましょう。ここでは，5.1.1 項で用いた一つの一定値信号 x を N 個のサンプルの観測値から推定する問題を再び考えます。これまで通り，信号を x，雑音を w_i として，

$$\begin{aligned} y_1 &= x + w_1 \\ y_2 &= x + w_2 \\ &\vdots \end{aligned}$$

4) 標本数 N が増加しても，この行列の大きさは未知数である信号の数 n で決定されます。

$$y_N = x + w_N \tag{5.57}$$

のように N 個の観測値が得られるとします。ここで，雑音 w の平均値を 0 とします。また，係数 c_i $(i = 1, 2, \cdots, N)$ をすべて 1 としました。

式 (5.57) をベクトルを使って記述すると，

$$\boldsymbol{y} = \boldsymbol{c}x + \boldsymbol{w} \tag{5.58}$$

となります。ここで，

$$\boldsymbol{y} = \begin{bmatrix} y_1 \\ y_2 \\ \vdots \\ y_N \end{bmatrix}, \quad \boldsymbol{w} = \begin{bmatrix} w_1 \\ w_2 \\ \vdots \\ w_N \end{bmatrix}, \quad \boldsymbol{c} = \begin{bmatrix} 1 \\ 1 \\ \vdots \\ 1 \end{bmatrix} \tag{5.59}$$

この場合，推定すべき信号 x は一つなので，係数行列 $\boldsymbol{C}$ は列ベクトル $\boldsymbol{c}$ になりました。

以上の準備のもとで，式 (5.56) を用いて最小二乗推定値を計算すると，

$$\begin{aligned}
\hat{x} &= (\boldsymbol{c}^T\boldsymbol{c})^{-1}\boldsymbol{c}^T\boldsymbol{y} \\
&= \left(\begin{bmatrix} 1 & 1 & \cdots & 1 \end{bmatrix} \begin{bmatrix} 1 \\ 1 \\ \vdots \\ 1 \end{bmatrix} \right)^{-1} \begin{bmatrix} 1 & 1 & \cdots & 1 \end{bmatrix} \begin{bmatrix} y_1 \\ y_2 \\ \vdots \\ y_N \end{bmatrix} \\
&= \frac{1}{N}(y_1 + y_2 + \cdots + y_N)
\end{aligned} \tag{5.60}$$

となります。この場合は，一つの信号を推定する問題だったので，途中にはベクトルの計算が登場しましたが，結果として得られた推定値はスカラーでした。このように，この場合の最小二乗推定値は**標本平均**に一致することがわかりました。いま考えている問題は，5.1.1 項の例のように一定値をとる信号 x に平均値 0 の正規性白色雑音が加わって観測値が得られるので，すべての観測値の標本平均をとることで推定値を得ることは理にかなっています。

5.2.4 最小二乗推定値の性質

式 (5.56) で計算される最小二乗推定値の性質を調べていきましょう。

[1] 最小二乗推定値の不偏性

まず，式 (5.56) の最小二乗推定値に，観測方程式 (5.42) を代入すると，

$$
\begin{aligned}
\hat{\boldsymbol{x}} &= (\boldsymbol{C}^T\boldsymbol{C})^{-1}\boldsymbol{C}^T\boldsymbol{y} = (\boldsymbol{C}^T\boldsymbol{C})^{-1}\boldsymbol{C}^T(\boldsymbol{C}\boldsymbol{x}+\boldsymbol{w}) \\
&= (\boldsymbol{C}^T\boldsymbol{C})^{-1}\boldsymbol{C}^T\boldsymbol{C}\boldsymbol{x} + (\boldsymbol{C}^T\boldsymbol{C})^{-1}\boldsymbol{C}^T\boldsymbol{w} \\
&= \boldsymbol{x} + (\boldsymbol{C}^T\boldsymbol{C})^{-1}\boldsymbol{C}^T\boldsymbol{w} \qquad (5.61)
\end{aligned}
$$

となります。この式の両辺の期待値をとると，

$$
\begin{aligned}
\mathrm{E}[\hat{\boldsymbol{x}}] &= \mathrm{E}\left[\boldsymbol{x} + (\boldsymbol{C}^T\boldsymbol{C})^{-1}\boldsymbol{C}^T\boldsymbol{w}\right] \\
&= \mathrm{E}[\boldsymbol{x}] + (\boldsymbol{C}^T\boldsymbol{C})^{-1}\boldsymbol{C}^T\mathrm{E}[\boldsymbol{w}] \\
&= \boldsymbol{x} \qquad (5.62)
\end{aligned}
$$

となります。ここでは，期待値演算の線形性と，雑音の平均値は 0 であること，すなわち，$\mathrm{E}[\boldsymbol{w}] = \boldsymbol{0}$ を利用しました。式 (5.62) より，最小二乗推定値の期待値は真値に一致します。すなわち，最小二乗推定値は**不偏性**をもつことがわかります。

[2] 最小二乗推定値の分散

式 (5.56) の最小二乗推定値を用いた出力の予測値を，

$$
\hat{\boldsymbol{y}} = \boldsymbol{C}\hat{\boldsymbol{x}} \qquad (5.63)
$$

とおきましょう。これを用いると，**予測誤差** $\boldsymbol{e}$ は，

$$
\begin{aligned}
\boldsymbol{e} &= \boldsymbol{y} - \hat{\boldsymbol{y}} = \boldsymbol{y} - \boldsymbol{C}\hat{\boldsymbol{x}} \\
&= \boldsymbol{y} - \boldsymbol{C}(\boldsymbol{C}^T\boldsymbol{C})^{-1}\boldsymbol{C}^T\boldsymbol{y} = (\boldsymbol{I}-\boldsymbol{P})\boldsymbol{y} \qquad (5.64)
\end{aligned}
$$

のように計算できます。予測誤差は**残差**とも呼ばれます。ここで，

$$
\boldsymbol{P} = \boldsymbol{C}(\boldsymbol{C}^T\boldsymbol{C})^{-1}\boldsymbol{C}^T \qquad (5.65)
$$

とおきました。これは**射影行列**（projector）と呼ばれます。この射影行列は，対称で，**べき等性**と呼ばれる，べき乗してもその値が変わらない性質をもっています。すなわち，

$$
\boldsymbol{P} = \boldsymbol{P}^2 = \boldsymbol{P}^3 = \cdots \qquad (5.66)
$$

が成り立ちます。何かの物体に光を当てたときの影の位置が射影に対応します。一度光を当ててしまえば，同じところから何度光を当てても影の位置は変わりませんね。これがべき等性の物理的な意味です。

予測誤差の大きさの二乗を計算すると，

$$\begin{aligned}\|\boldsymbol{e}\|^2 &= \|(\boldsymbol{I}-\boldsymbol{P})\boldsymbol{y}\|^2 = \boldsymbol{y}^T(\boldsymbol{I}-\boldsymbol{P})^2\boldsymbol{y} = \boldsymbol{y}^T(\boldsymbol{I}-2\boldsymbol{P}+\boldsymbol{P}^2)\boldsymbol{y}\\ &= \boldsymbol{y}^T(\boldsymbol{I}-\boldsymbol{P})\boldsymbol{y}\end{aligned} \tag{5.67}$$

となります。ここで，射影行列のべき等性を用いました。この式の両辺の期待値をとると，

$$\mathrm{E}[\|\boldsymbol{e}\|^2] = \mathrm{E}[\boldsymbol{y}^T(\boldsymbol{I}-\boldsymbol{P})\boldsymbol{y}] \tag{5.68}$$

となります。この先の計算は少し煩雑になるので，ここでは省略します。計算の結果，雑音 w の分散の推定値は，

$$\begin{aligned}\hat{\sigma}_w^2 &= \frac{1}{N-n}\|\boldsymbol{e}\|^2\\ &= \frac{1}{N-n}\sum_{k=1}^{N} e_k^2 = \frac{1}{N-n}\sum_{k=1}^{N}(y_k - \boldsymbol{c}_k^T\hat{\boldsymbol{x}})^2\end{aligned} \tag{5.69}$$

で与えられます。この式の最後で，N 個の二乗和を計算して，それを N ではなく，$(N-n)$ で割っているところが奇妙に思えるかもしれません。このようにすることにより，この推定値は不偏推定値となります。この理由については 5.3 節で説明します。

5.2.5 最小二乗法によるデータ適合

図 5.5 に示すような N 対のデータ (x_1, y_1), (x_2, y_2), $\cdots$, (x_N, y_N) を直線 $y = ax + b$ に**適合**（fitting）する問題を考えます。それぞれのデータ点は，

$$y_i = ax_i + b + w_i, \qquad i = 1, 2, \cdots, N \tag{5.70}$$

のように表されます。ここで，w_i は正規性雑音であり，*i.i.d.* とします。二つの未知数 a, b を最小二乗法を用いて推定していきましょう。

まず，$i = 1, 2, \cdots, N$ に対する式 (5.70) を式 (5.47)

$$\boldsymbol{y} = \boldsymbol{C}\boldsymbol{x} + \boldsymbol{w} \tag{5.71}$$

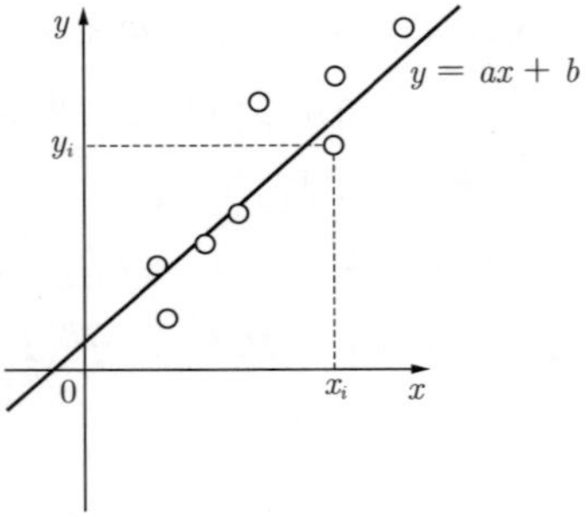

図 5.5　データの直線への適合

の形式に書き直すと，それぞれのベクトル，行列は次のように表されます。

$$\boldsymbol{y} = \begin{bmatrix} y_1 \\ y_2 \\ \vdots \\ y_N \end{bmatrix}, \quad \boldsymbol{C} = \begin{bmatrix} x_1 & 1 \\ x_2 & 1 \\ \vdots & \vdots \\ x_n & 1 \end{bmatrix}, \quad \boldsymbol{x} = \begin{bmatrix} a \\ b \end{bmatrix}, \quad \boldsymbol{w} = \begin{bmatrix} w_1 \\ w_2 \\ \vdots \\ w_N \end{bmatrix} \tag{5.72}$$

ここで，$\boldsymbol{x}$ が推定すべき未知パラメータベクトルです。

前述したように，正規方程式を経由することにより，最小二乗推定値は，

$$\hat{\boldsymbol{x}} = (\boldsymbol{C}^T\boldsymbol{C})^{-1}\boldsymbol{C}^T\boldsymbol{y} \tag{5.73}$$

で与えられます。ここで，係数行列と係数ベクトルはそれぞれ，

$$\boldsymbol{C}^T\boldsymbol{C} = \begin{bmatrix} \sum_{i=1}^{N} x_i^2 & \sum_{i=1}^{N} x_i \\ \sum_{i=1}^{N} x_i & N \end{bmatrix}, \quad \boldsymbol{C}^T\boldsymbol{y} = \begin{bmatrix} \sum_{i=1}^{N} x_i y_i \\ \sum_{i=1}^{N} y_i \end{bmatrix} \tag{5.74}$$

となります。式 (5.74) を式 (5.73) に代入して，やっかいな計算を進めると，

$$\hat{\boldsymbol{x}} = \frac{1}{N\sum_{i=1}^{N} x_i^2 - \left(\sum_{i=1}^{N} x_i\right)^2} \begin{bmatrix} N & -\sum_{i=1}^{N} x_i \\ -\sum_{i=1}^{N} x_i & \sum_{i=1}^{N} x_i^2 \end{bmatrix} \begin{bmatrix} \sum_{i=1}^{N} x_i y_i \\ \sum_{i=1}^{N} y_i \end{bmatrix}$$

$$= \frac{1}{N\sum_{i=1}^{N} x_i^2 - (N\overline{x})^2} \begin{bmatrix} N & -N\overline{x} \\ -N\overline{x} & \sum_{i=1}^{N} x_i^2 \end{bmatrix} \begin{bmatrix} \sum_{i=1}^{N} x_i y_i \\ N\overline{y} \end{bmatrix} \tag{5.75}$$

が得られます。ここで，x と y の標本平均をそれぞれ，

$$\overline{x} = \frac{1}{N}\sum_{i=1}^{N} x_i, \quad \overline{y} = \frac{1}{N}\sum_{i=1}^{N} y_i \tag{5.76}$$

とおきました。さらに計算を進めると，最小二乗推定値は，

$$\hat{\boldsymbol{x}} = \begin{bmatrix} \hat{a} \\ \hat{b} \end{bmatrix} = \frac{1}{\frac{1}{N}\sum_{i=1}^{N} x_i^2 - \overline{x}^2} \begin{bmatrix} \frac{1}{N}\sum_{i=1}^{N} x_i y_i - \overline{x}\,\overline{y} \\ \frac{1}{N}\left(\overline{y}\sum_{i=1}^{N} x_i^2 - \overline{x}\sum_{i=1}^{N} x_i y_i\right) \end{bmatrix} \tag{5.77}$$

となります。

ここで，第 2 章，第 3 章で学んだ分散の公式（式 (2.16)）と共分散の公式（式 (3.11)）を思い出しましょう。

$$\sigma_x^2 = \mathrm{E}[x^2] - (\mathrm{E}[x])^2 \simeq \frac{1}{N}\sum_{i=1}^{N} x_i^2 - (\overline{x})^2 \tag{5.78}$$

$$\mathrm{cov}(x,\, y) = \mathrm{E}[xy] - \mathrm{E}[x]\mathrm{E}[y] \simeq \frac{1}{N}\sum_{i=1}^{N} x_i y_i - \overline{x}\,\overline{y} \tag{5.79}$$

これらの式を用いると，式 (5.77) での傾きの推定値 $\hat{a}$ は，データ数 N が無限大に向かうとき，

$$\hat{a} = \lim_{N\to\infty} \frac{\frac{1}{N}\sum_{i=1}^{N} x_i y_i - \overline{x}\,\overline{y}}{\frac{1}{N}\sum_{i=1}^{N} x_i^2 - \overline{x}^2} = \frac{\mathrm{cov}(x,\, y)}{\sigma_x^2} \tag{5.80}$$

となります。さらに，式 (5.80) を用いると，y 切片の推定値 $\hat{b}$ は，

$$\hat{b} = \overline{y} - \hat{a}\overline{x} \tag{5.81}$$

となります。

さて，式 (3.13) で与えた相関関数

$$\rho_{xy} = \frac{\text{cov}(x, y)}{\sigma_x \sigma_y} \tag{5.82}$$

を用いると，式 (5.80) は次のようになります。

$$\hat{a} = \rho_{xy} \frac{\sigma_y}{\sigma_x} \tag{5.83}$$

式 (5.83)，(5.81) を直線の方程式

$$y = \hat{a}x + \hat{b} \tag{5.84}$$

に代入すると，次の Point 5.6 が得られます。

Point 5.6　相関係数の意味

図 5.5 に示すような N 対のデータ $(x_1, y_1), (x_2, y_2), \cdots, (x_N, y_N)$ を直線 $y = ax + b$ に最小二乗適合する問題を考えると，

$$\frac{y - \overline{y}}{\sigma_y} = \rho_{xy} \frac{x - \overline{x}}{\sigma_x} \tag{5.85}$$

が成り立ちます。この式より，相関係数 ρ_{xy} は，データを平均値と標準偏差で規格化したときの「傾き」であると解釈することができます。

たとえば，x と y が無相関のときは，$\text{cov}(x, y) = 0$ なので，$\hat{a} = 0, \hat{b} = \overline{y}$ となります。x と y が正の相関をもつときは，$\text{cov}(x, y) = \sigma_x^2$ なので，$\hat{a} = 1$，$\hat{b} = \overline{y} - \overline{x}$ となります。

多変量解析の分野の主成分分析は，多数の変数の相関を用いて次元を削減する方法です。興味のある読者は勉強してください。

5.2.6　制御における最小二乗法の使用例

久しぶりに制御の話題を扱うために，離散時間線形システムについて考えます。このシステムの出力信号 $y(k)$ は，システムのインパルス応答 $g(k)$ と入力信号 $u(k)$ の**コンボリューション**（たたみ込み和）で記述できることを『続 制御工

学のこころ—モデルベースト制御編—』で学習しました。ここで，$k = 1, 2, \cdots$ は離散時刻です。すなわち，

$$y(k) = g(1)u(k-1) + g(2)u(k-2) + \cdots + g(k)u(0) = \sum_{i=1}^{k} g(i)u(k-i) \tag{5.86}$$

と記述できます。ここでは，直達項がないシステムを仮定しました。すなわち，$g(0) = 0$ とおきました。

いま，対象とするシステムが安定であると仮定すると，そのインパルス応答 $g(i)$ は $i \to \infty$ のときに 0 に向かいます。これより，有限個のインパルス応答でシステムを近似することができます。また，現実の問題で出力信号を測定するときには雑音 $w(k)$ が加わります。すると，式 (5.86) は，

$$y(k) = g(1)u(k-1) + g(2)u(k-2) + \cdots + g(n)u(k-n) + w(k) = \sum_{i=1}^{n} g(i)u(k-i) + w(k) \tag{5.87}$$

のように書き直されます。ここで，n をインパルス応答の項数と呼びます。

本項では，システムへの入力と出力が利用可能であるとき，システムのインパルス応答を推定する問題を考えます。システムの入出力データからシステムの動特性を求める問題は，制御の分野では**システム同定**と呼ばれており（図 5.6），第 8 章で解説します。システム同定では，式 (5.87) は**有限インパルス応答モデル** (finite impulse responce（**FIR**）model）と呼ばれています。

さて，時刻 $k = 1$ から $k = N$ までの FIR モデルの入出力関係を書いてみましょう。

$$y(1) = g(1)u(0) + g(2)u(-1) + \cdots + g(n)u(1-n) + w(1)$$

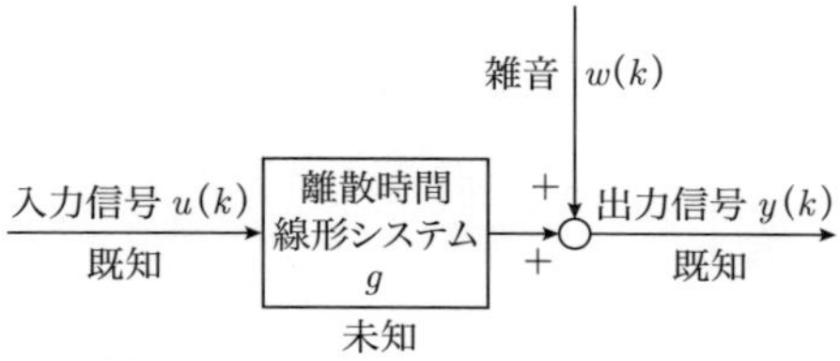

図 5.6 離散時間線形システムの同定問題

$$
\begin{aligned}
y(2) &= g(1)u(1) + g(2)u(0) + \cdots + g(n)u(2-n) + w(2)\\
&\vdots\\
y(N) &= g(1)u(N-1) + g(2)u(N-2) + \cdots + g(n)u(N-n) + w(N)
\end{aligned}
\tag{5.88}
$$

この式の最初の方で，0 または負の時刻での入力の値 $u(0), u(-1), \cdots$ が登場します。計算するときにはこれらはすべて 0 とおきます。

式 (5.88) をベクトルと行列を使って書き表すと，

$$
\boldsymbol{y} = \boldsymbol{U}\boldsymbol{g} + \boldsymbol{w} \tag{5.89}
$$

が得られます。ここで，

$$
\boldsymbol{y} = \begin{bmatrix} y(1) \\ y(2) \\ \vdots \\ y(N) \end{bmatrix}, \quad \boldsymbol{w} = \begin{bmatrix} w(1) \\ w(2) \\ \vdots \\ w(N) \end{bmatrix}, \quad \boldsymbol{g} = \begin{bmatrix} g(1) \\ g(2) \\ \vdots \\ g(n) \end{bmatrix} \tag{5.90}
$$

はそれぞれ出力，雑音，インパルス応答から成るベクトルです。また，入力で構成される行列は次式で与えられます。

$$
\boldsymbol{U} = \begin{bmatrix} u(0) & u(-1) & \cdots & u(1-n) \\ u(1) & u(0) & \cdots & u(2-n) \\ \vdots & \vdots & \ddots & \vdots \\ u(N-1) & u(N-2) & \cdots & u(N-n) \end{bmatrix} \tag{5.91}
$$

式 (5.89) は式 (5.47) と同じ形をしており，この場合の未知数は，インパルス応答から成るベクトル $\boldsymbol{g}$ です。前項と同様に，この最小二乗推定値は，

$$
\hat{\boldsymbol{g}} = (\boldsymbol{U}^T\boldsymbol{U})^{-1}\boldsymbol{U}^T\boldsymbol{y} \tag{5.92}
$$

で与えられます。これがインパルス応答の最小二乗推定値です。

5.3 最尤推定法

統計的な推定法を語るうえで忘れてはいけないものが最尤推定法です。本節では最尤推定法について簡潔に説明します。

5.3.1 最尤推定法の定式化

最尤推定法は，コラム 5.2 にまとめたフィッシャーが 20 世紀初頭に開発したもので，統計学において，与えられたデータ（標本）から，それが従う確率分布の母数（parameter）を**点推定**する方法のことです。

いま，標本 D は $p(x)$ を確率密度関数とする**独立同分布**（$i.i.d.$）に従うと仮定します。そして，与えられた標本 $D = \{x_1, x_2, \cdots, x_N\}$ が最も生起しやすいように確率分布のパラメータ $\boldsymbol{\theta}$ を決定する問題を考えます。

尤度関数（likelihood function）を，

$$L(\boldsymbol{\theta}) = \prod_{i=1}^{N} p(x_i\ ;\ \boldsymbol{\theta}) \tag{5.93}$$

と定義し，これを最大化するパラメータ $\boldsymbol{\theta}$ を推定すること，すなわち，

$$\hat{\boldsymbol{\theta}}_{\mathrm{ML}} = \arg\max_{\boldsymbol{\theta}} L(\boldsymbol{\theta}) \tag{5.94}$$

を計算することを最尤推定法と呼びます。対数関数は単調増加関数なので，尤度関数の対数をとっても，その大小関係は変わりません。そのため，次式のように**対数尤度**（log-likelihood）を最大化する問題に変換して，最尤推定問題を解くことが一般的です。

$$\hat{\boldsymbol{\theta}}_{\mathrm{ML}} = \arg\max_{\boldsymbol{\theta}} \ln L(\boldsymbol{\theta}) = \arg\max_{\boldsymbol{\theta}} \sum_{i=1}^{N} \ln p(x_i\ ;\ \boldsymbol{\theta}) \tag{5.95}$$

次の例題を通して，最尤推定法について学びましょう。

例題 5.1（正規分布のパラメータ推定） 互いに独立な N 個の標本 $D = \{x_1, x_2, \cdots, x_N\}$ を対象とします。第 3 章の 3.4.3 項で説明したように，これは $i.i.d.$ の正規確率変数とします。このとき，正規分布の確率密度関数

$$p(x) = \frac{1}{\sqrt{2\pi\sigma^2}} \exp\left(-\frac{(x-\mu)^2}{2\sigma^2}\right) \tag{5.96}$$

の二つのパラメータ $\boldsymbol{\theta} = [\mu,\ \sigma^2]$ を，標本から推定する問題を考えます。

第 3 章の 3.4.3 項の式 (3.108) より，この場合の対数尤度関数は，

コラム 5.2 ロナルド・フィッシャー（1890〜1962）

フィッシャー（Ronald Fisher）は，英国の統計学者，進化生物学者，遺伝学者であり，現代統計学の確立者の一人です。彼はケンブリッジ大学で学び，その後，いくつかの機関で研究した後，1943 年にケンブリッジ大学の教授になりました。彼は Gonville and Caius College に所属しました。このコレッジは多数の有名人を輩出しており，最近ではホーキング博士が最もよく知られているでしょう。著者も，ケンブリッジ大学滞在中（2003〜2004 年）にはこのコレッジに所属しました。

1912〜1922 年の間に，フィッシャーは最尤推定法を開発したそうです。そのほかにも，彼はさまざまな研究成果を残しています。その中でわれわれの分野に近いものは，フィッシャーの線形判別（これは機械学習の分類問題の解法の一つです）や，フィッシャー情報量の提案などがあります。特に，1925 年に発表したフィッシャーの情報行列の概念は，クロード・シャノンの情報理論のエントロピーよりも 20 年以上も早い提案であり，現在，精力的に研究されている人工知能の分野でも利用されています。

Mac Tutor/CCBY-SA4.0

Mac Tutor/CCBY-SA4.0

Wikipedia/Public Domain

写真提供：著者

フィッシャー（左 2 枚）と彼が通っていたケンブリッジ大学 Gonville and Caius College（外観と図書館）

$$\ln L(\boldsymbol{\theta}) = -\frac{N}{2}\ln(2\pi) - \frac{N}{2}\ln\sigma^2 - \frac{1}{2\sigma^2}\sum_{i=1}^{N}(x_i - \mu)^2 \tag{5.97}$$

となります。ここで，右辺第 1 項は定数項，第 2 項は σ^2 の関数，そして第 3 項は μ と σ^2 の関数です。この関数 (5.97) を最大化する平均値 μ と分散 σ^2 を求めることが，ここで考えている問題です。

式 (5.97) を μ について偏微分して 0 とおくことにより，最大値を与える μ を計算します。

$$\frac{\partial}{\partial \mu} \ln L(\boldsymbol{\theta}) = \frac{1}{\sigma^2} \sum_{i=1}^{N} (x_i - \mu) = 0$$

$$N\mu = \sum_{i=1}^{N} x_i \tag{5.98}$$

これより，平均値の最尤推定値は，

$$\hat{\mu}_{\mathrm{ML}} = \frac{1}{N} \sum_{i=1}^{N} x_i \tag{5.99}$$

で与えられます。これは以前も登場した**標本平均**です。ここで，最尤推定値であることを表すために，下添え字 ML を付けました。

次に，式 (5.97) を σ^2 について偏微分して 0 とおくことにより，最大値を与える σ^2 を計算します。

$$\frac{\partial}{\partial \sigma^2} \ln L(\boldsymbol{\theta}) = -\frac{N}{2} \frac{1}{\sigma^2} + \frac{1}{2\sigma^4} \sum_{i=1}^{N} (x_i - \mu)^2 = 0$$

$$N\sigma^2 = \sum_{i=1}^{N} (x_i - \mu)^2 \tag{5.100}$$

これより，分散の最尤推定値は，

$$\hat{\sigma}^2_{\mathrm{ML}} = \frac{1}{N} \sum_{i=1}^{N} (x_i - \hat{\mu}_{\mathrm{ML}})^2 \tag{5.101}$$

で与えられます。これは**標本分散**です。 ◇

この例題の結果から，標本 (データ) が独立な正規分布に従うとき，標本平均と標本分散は最尤推定値になることがわかりました。このような標本平均による推定値は，**経験的推定値** (empirical estimate) とも呼ばれます。

5.3.2 標本分散と不偏標本分散

前項の式 (5.101) で与えた標本分散について，詳しく調べていきましょう。いま，簡単のために，$N = 3$ のとき，すなわち，三つの標本 $\{x_1, x_2, x_3\}$ のときを考えます。

まず，標本平均は，

$$\hat{\mu} = \frac{1}{3}(x_1 + x_2 + x_3) \tag{5.102}$$

で与えられます。次に，式 (5.101) を用いて標本分散の 3 倍を計算しましょう。

$$\begin{aligned}\sum_{i=1}^{3}(x_i - \hat{\mu})^2 &= \left(x_1 - \frac{1}{3}(x_1 + x_2 + x_3)\right)^2 + \left(x_2 - \frac{1}{3}(x_1 + x_2 + x_3)\right)^2 \\ &\quad + \left(x_3 - \frac{1}{3}(x_1 + x_2 + x_3)\right)^2 \\ &= \left(\frac{1}{3}(2x_1 - x_2 - x_3)\right)^2 + \left(\frac{1}{3}(-x_1 + 2x_2 - x_3)\right)^2 \\ &\quad + \left(\frac{1}{3}(-x_1 - x_2 + 2x_3)\right)^2 \\ &= \frac{2}{3}\left(x_1^2 + x_2^2 + x_3^2\right) - \frac{2}{3}\left(x_1x_2 + x_2x_3 + x_3x_1\right) \end{aligned} \tag{5.103}$$

この式の両辺の期待値をとると，

$$\mathrm{E}\left[\sum_{i=1}^{3}(x_i - \hat{\mu})^2\right] = \frac{2}{3}\mathrm{E}[3x_1^2] - \frac{2}{3}\mathrm{E}[3x_1x_2] = 2\mathrm{E}[x_1^2] - 2\mathrm{E}[x_1x_2] \tag{5.104}$$

となります。ここで，標本が $i.i.d.$ であることを用いました。

さて，第 2 章で学んだ公式 (2.16)

$$\sigma^2 = \mathrm{E}[x^2] - (\mathrm{E}[x])^2 \tag{5.105}$$

を用いると，

$$\mathrm{E}[x_1^2] = \sigma^2 + \mu^2 \tag{5.106}$$

が得られます。この式は，x_2, x_3 に対しても成り立ちます。

もう一つ，第 3 章で学んだ共分散の公式 (3.11)

$$\mathrm{cov}(x, y) = \mathrm{E}[xy] - \mathrm{E}[x]\mathrm{E}[y] \tag{5.107}$$

を互いに独立な標本 x_1 と x_2 に適用すると，

$$0 = \mathrm{E}[x_1x_2] - \mathrm{E}[x_1]\mathrm{E}[x_2] = \mathrm{E}[x_1x_2] - \mu^2 \tag{5.108}$$

となり，これより，

$$\mathrm{E}[x_1x_2] = \mu^2 \tag{5.109}$$

が得られます。この式は，x_2x_3，x_3x_1 に対しても成り立ちます。

式 (5.106), (5.109) を式 (5.104) に代入すると，

$$\mathrm{E}\left[\sum_{i=1}^{3}(x_i - \hat{\mu})^2\right] = 2(\sigma^2 + \mu^2) - 2\mu^2 = 2\sigma^2 = (N-1)\sigma^2 \tag{5.110}$$

となります。直感的には，この式の最後の式の係数は $3(=N)$ になってほしいところですが，$2(=N-1)$ でした。

以上では，$N = 3$ のときを計算しました。一般の N に対しても，次のことが知られており，それを Point 5.7 にまとめました。

Point 5.7 最尤推定値と不偏標本分散

- 最尤推定値（標本分散）

$$\hat{\sigma}^2_{\mathrm{ML}} = \frac{1}{N}\sum_{i=1}^{N}(x_i - \hat{\mu})^2 \tag{5.111}$$

- 不偏標本分散

$$\hat{\sigma}^2_{\mathrm{UB}} = \frac{1}{N-1}\sum_{i=1}^{N}(x_i - \hat{\mu})^2 = \frac{N}{N-1}\hat{\sigma}^2_{\mathrm{ML}} \tag{5.112}$$

式 (5.112) の左辺の UB は不偏推定値の不偏（unbiased）を表しています。ちょっと難しい言い方をすると，平均値の推定計算で自由度を一つ使っているので，分散の自由度は $(N-1)$ になり，そのため分散の推定値を計算するときに N ではなく，$(N-1)$ で割っています。

このように，分散の最尤推定値は，不偏推定値にはなりません。標本数（データ数）N が十分に大きな場合には，この差は微々たるものであり，実用上はほとんど問題にならないでしょう。しかし，標本が少数個の場合には，差が出ることを覚えておきましょう。また，以上の例では，スカラー変数 x_i を対象としていました。確率変数が n 次元のベクトル値をとる多次元の場合には，式 (5.112) の分母の割り算は，$(N-1)$ でなく，$(N-n)$ になります。この理由で，最小二

乗推定値のところで登場した式 (5.69) が導出されました。たとえば，機械学習のように推定するパラメータが大量の場合には，たとえ大量の標本を用いたとしても，標本分散と不偏標本分散との差が顕著に表れるので，注意が必要です。

5.3.3 最尤推定法の例

5.1.2 項で扱った推定問題に最尤推定法を適用してみましょう[5)]。

観測方程式

$$y = cx + w \tag{5.113}$$

を対象とします。ここで，x は $N(\overline{x}, \sigma_x^2)$ に従う信号，w は $N(\overline{w}, \sigma_w^2)$ に従う，信号と独立な雑音，y は観測値とします。また，c は既知の定数です。これより，x と w の確率密度関数は，それぞれ次のように書けます。

$$p_1(x) = \frac{1}{\sqrt{2\pi\sigma_x^2}} \exp\left(-\frac{(x-\overline{x})^2}{2\sigma_x^2}\right) \tag{5.114}$$

$$p_2(w) = \frac{1}{\sqrt{2\pi\sigma_w^2}} \exp\left(-\frac{(w-\overline{w})^2}{2\sigma_w^2}\right) \tag{5.115}$$

式 (5.113) はアフィン変換なので，観測値 y も正規分布になり，$N(\overline{y}, \sigma_y^2)$ に従います。ここで，

$$\overline{y} = c\overline{x} + \overline{w}, \quad \sigma_y^2 = c^2\sigma_x^2 + \sigma_w^2 \tag{5.116}$$

であり，y の確率密度関数は，

$$p_3(y) = \frac{1}{\sqrt{2\pi\sigma_y^2}} \exp\left(-\frac{(y-\overline{y})^2}{2\sigma_y^2}\right) \tag{5.117}$$

です。第 2 章で解説した正規分布の再生性を用いると，$p_3(y)$ は，

$$\begin{aligned} p_3(y) &= \int_{-\infty}^{\infty} p_1(x)p_2(y-cx)\mathrm{d}x \\ &= \frac{1}{\sqrt{2\pi(c^2\sigma_x^2+\sigma_w^2)}} \exp\left(-\frac{(y-(c\overline{x}+\overline{w}))^2}{2(c^2\sigma_x^2+\sigma_w^2)}\right) \end{aligned} \tag{5.118}$$

---

5) 以下での理論的な式変形は，かなり煩雑なものになるので，初学者はこの項は飛ばして次に進んでもよいでしょう。

のように書くことができます。

ここで考えている問題は，式 (5.113) において，観測値 y から信号 x を推定することです。これは Point 5.3 で与えた**逆問題**です。

この逆問題を第 3 章で説明した**ベイズの定理**を用いて解いていきましょう。

$$p(x|y) = \frac{p_1(x)p_2(y|x)}{p_3(y)} \tag{5.119}$$

ここで，$p_1(x)$ は未知数である信号の**事前確率密度関数**で，式 (5.114) で与えられます。次に，$p_2(y|x)$ は信号 x を与えたときの観測値 y の確率密度関数で，尤度関数と呼ばれます。このとき，x を与えたときの y の確率的な成分は雑音 w に由来するので，

$$\begin{aligned} p_2(y|x) &= \frac{1}{\sqrt{2\pi\sigma_w^2}} \exp\left(-\frac{(w-\overline{w})^2}{2\sigma_w^2}\right) \\ &= \frac{1}{\sqrt{2\pi\sigma_w^2}} \exp\left(-\frac{((y-cx)-\overline{w})^2}{2\sigma_w^2}\right) \end{aligned} \tag{5.120}$$

となります。ここで，x は確定値であることと，最後の計算で式 (5.113) を用いました。式 (5.119) 右辺の分母の $p_3(y)$ は観測値 y の**事前確率密度関数**で，式 (5.117) で与えられます。最後に，式 (5.119) の左辺 $p(x|y)$ は，観測値 y を与えたときの信号 x の**事後確率密度関数**です。ここで，観測値を使う前を**事前**（*a priori*）と言い，観測値を使った後を**事後**（*a posteriori*）と言います。

式 (5.119) に，式 (5.114)，(5.120)，(5.117) を代入して，ハードルが高い計算を始めましょう。

$$\begin{aligned} p(x|y) &= \frac{\dfrac{1}{\sqrt{2\pi\sigma_x^2}} \exp\left(-\dfrac{(x-\overline{x})^2}{2\sigma_x^2}\right) \dfrac{1}{\sqrt{2\pi\sigma_w^2}} \exp\left(-\dfrac{((y-cx)-\overline{w})^2}{2\sigma_w^2}\right)}{\dfrac{1}{\sqrt{2\pi\sigma_y^2}} \exp\left(-\dfrac{(y-\overline{y})^2}{2\sigma_y^2}\right)} \\ &= \frac{\sqrt{2\pi\sigma_y^2}}{\sqrt{2\pi\sigma_x^2}\sqrt{2\pi\sigma_w^2}} \frac{\exp\left\{-\dfrac{(x-\overline{x})^2}{2\sigma_x^2} - \dfrac{((y-cx)-\overline{w})^2}{2\sigma_w^2}\right\}}{\exp\left(-\dfrac{(y-\overline{y})^2}{2\sigma_y^2}\right)} \end{aligned} \tag{5.121}$$

この式を一度に計算することは大変なので，いくつかの部分に分けて計算していきます。まず，式 (5.121) の最後の式の指数関数の分数の部分に着目して，分子

の指数関数の引数の部分を計算します。

$$
\begin{aligned}
&-\frac{(x-\overline{x})^2}{2\sigma_x^2}-\frac{((y-cx)-\overline{w})^2}{2\sigma_w^2}\\
&=-\frac{1}{2}\left[\sigma_x^{-2}(x-\overline{x})^2+\sigma_w^{-2}\{(y-\overline{y})-c(x-\overline{x})\}^2\right]\\
&=-\frac{1}{2}\left[(\sigma_x^{-2}+c^2\sigma_w^{-2})(x-\overline{x})^2-2c\sigma_w^{-2}(x-\overline{x})(y-\overline{y})+\sigma_w^{-2}(y-\overline{y})^2\right]
\end{aligned}
\tag{5.122}
$$

ここで，式 (5.116) を用いました。

最小二乗推定法のときに用いた式 (5.24) より，

$$
\sigma_x^{-2}+c^2\sigma_w^{-2}=\sigma^{-2} \tag{5.123}
$$

であるので，式 (5.122) は次のように書くことができ，さらに平方完成を用いて式変形を続けます。

$$
\begin{aligned}
&-\frac{1}{2}\left[\sigma^{-2}(x-\overline{x})^2-2c\sigma_w^{-2}(x-\overline{x})(y-\overline{y})+\sigma_w^{-2}(y-\overline{y})^2\right]\\
&=-\frac{1}{2}\left[\sigma^{-2}\left\{(x-\overline{x})^2-2c\sigma^2\sigma_w^{-2}(x-\overline{x})(y-\overline{y})\right\}+\sigma_w^{-2}(y-\overline{y})^2\right]\\
&=-\frac{1}{2}\left[\sigma^{-2}\left\{(x-\overline{x})-c\sigma^2\sigma_w^{-2}(y-\overline{y})\right\}^2+\sigma_w^{-2}(y-\overline{y})^2-c^2\sigma^2\sigma_w^{-4}(y-\overline{y})^2\right]\\
&=-\frac{1}{2}\left[\sigma^{-2}\left\{x-(\overline{x}+c\sigma^2\sigma_w^{-2}(y-\overline{y}))\right\}^2+(\sigma_w^{-2}-c^2\sigma^2\sigma_w^{-4})(y-\overline{y})^2\right]\\
&=-\frac{1}{2}\left[\sigma^{-2}(x-\hat{x}_{\mathrm{LS}})^2+(\sigma_w^{-2}-c^2\sigma^2\sigma_w^{-4})(y-\overline{y})^2\right]
\end{aligned}
\tag{5.124}
$$

最後の式変形では，式 (5.28) より，最小二乗推定値が，

$$
\hat{x}_{\mathrm{LS}}=\overline{x}+c\sigma^2\sigma_w^{-2}(y-\overline{y}) \tag{5.125}
$$

で与えられることを用いました。

次は，式 (5.124) の最後の式中の $(\sigma_w^{-2}-c^2\sigma^2\sigma_w^{-4})$ を変形することを考えます。そのために，次の Point 5.8 に示す逆行列補題のスカラー版を使います。

Point 5.8 逆行列補題（スカラー版）

$$
(a+bc)^{-1}=a^{-1}-a^{-1}b(1+ca^{-1}b)^{-1}ca^{-1} \tag{5.126}
$$

この逆行列補題を使って，次の計算を行います。

$$\begin{aligned}(\sigma_w^{-2} - c^2\sigma^2\sigma_w^{-4})^{-1} &= \sigma_w^2 + c^2(\sigma^{-2} - c^2\sigma_w^{-2})^{-1} \\ &= \sigma_w^2 + c^2(\sigma_x^{-2})^{-1} = c^2\sigma_x^2 + \sigma_w^2 \end{aligned} \tag{5.127}$$

これより，

$$\sigma_w^{-2} - c^2\sigma^2\sigma_w^{-4} = (c^2\sigma_x^2 + \sigma_w^2)^{-1} \tag{5.128}$$

が得られます。この式を式 (5.124) に代入すると，

$$-\frac{1}{2}\left[\sigma^{-2}(x - \hat{x}_{\mathrm{LS}})^2 + (c^2\sigma_x^2 + \sigma_w^2)^{-1}(y - \overline{y})^2\right] \tag{5.129}$$

となります。この結果を使って，式 (5.121) の $p(x|y)$ の exp の部分を計算しましょう。

$$\begin{aligned}&\frac{\exp\left\{-\dfrac{(x-\overline{x})^2}{2\sigma_x^2} - \dfrac{((y-cx)-\overline{w})^2}{2\sigma_w^2}\right\}}{\exp\left(-\dfrac{(y-\overline{y})^2}{2\sigma_y^2}\right)} \\ &= \frac{\exp\left[-\dfrac{1}{2}\left\{\sigma^{-2}(x-\hat{x}_{\mathrm{LS}})^2 + (c^2\sigma_x^2+\sigma_w^2)^{-1}(y-\overline{y})^2\right\}\right]}{\exp\left\{-\dfrac{1}{2}(c^2\sigma_x^2+\sigma_w^2)^{-1}(y-\overline{y})^2\right\}} \\ &= \exp\left\{-\frac{(x-\hat{x}_{\mathrm{LS}})^2}{2\sigma^2}\right\}\end{aligned} \tag{5.130}$$

一方，式 (5.121) の $p(x|y)$ の係数部分は次のようになります。

$$\frac{\sqrt{2\pi\sigma_y^2}}{\sqrt{2\pi\sigma_x^2}\sqrt{2\pi\sigma_w^2}} = \frac{1}{\sqrt{2\pi\sigma^2}} \tag{5.131}$$

したがって，式 (5.130), (5.131) より，事後確率密度関数は，

$$p(x|y) = \frac{1}{\sqrt{2\pi\sigma^2}}\exp\left\{-\frac{(x-\hat{x}_{\mathrm{LS}})^2}{2\sigma^2}\right\} \tag{5.132}$$

となります。大変複雑な式変形でしたが，得られた結果は簡潔なものになりました。

ここでは，式 (5.132) の事後確率密度関数を最大にする x を**点推定**することを考えます。式 (5.132) は，正規分布の確率密度関数なので，

$$x = \hat{x}_{\mathrm{LS}} \tag{5.133}$$

のとき，最大値をとります。ここではこれを**最尤推定値**と呼び，

$$\hat{x}_{\mathrm{ML}} = \hat{x}_{\mathrm{LS}} \tag{5.134}$$

とおきます。

以上で得られたことを次の Point 5.9 でまとめます。

Point 5.9　最尤推定量

信号 x と雑音 w がともに *i.i.d.* で，それぞれが独立な正規分布 $N(\overline{x}, \sigma_x^2)$，$N(\overline{w}, \sigma_w^2)$ に従うとき，観測方程式

$$y = cx + w \tag{5.135}$$

が与えられたとします。ここで，c は既知の定数です。

y が観測されたときの x の事後確率密度関数は，

$$p(x|y) = \frac{1}{\sqrt{2\pi\sigma^2}} \exp\left\{-\frac{(x - \hat{x}_{\mathrm{LS}})^2}{2\sigma^2}\right\} \tag{5.136}$$

となります。これを最大化するものが最尤推定値 $\hat{x}_{\mathrm{ML}}$ であり，

$$\hat{x}_{\mathrm{ML}} = \hat{x}_{\mathrm{LS}} \tag{5.137}$$

で与えられます。ここで，$\hat{x}_{\mathrm{LS}}$ は次式で与えられる最小二乗推定値です。

$$\hat{x}_{\mathrm{LS}} = \overline{x} + c\sigma^2\sigma_w^{-2}(y - (c\overline{x} + \overline{w})) \tag{5.138}$$

このとき，推定誤差は次式で与えられます。

$$\sigma^2 = \frac{1}{\sigma_x^{-2} + c^2\sigma_w^{-2}} \tag{5.139}$$

この Point 5.9 でまとめたことを，表現を変えて箇条書きにしましょう。

- 正規分布の信号と雑音の仮定のもとで，線形モデルに対する尤度関数の最大化は，二乗誤差の最小化と等価です。
- 観測値 y が与えられたとき，信号 x は正規分布 $N(\hat{x}_{\mathrm{ML}}, \sigma^2)$ に従います。
- 与えられた観測値 y に対して，$x = \hat{x}_{\mathrm{ML}}$ のとき事後確率密度関数 $p(x|y)$ は最大値をとります。事後確率密度関数を最大化することは，英語では maximum a posteriori（MAP）となるので，**MAP 推定値**とも呼ばれます。
- 推定誤差分散 σ^2：式 (5.139) は次のように変形できます。

$$\sigma^2 = \frac{1}{1 + c^2 \dfrac{\sigma_x^2}{\sigma_w^2}} \sigma_x^2 \tag{5.140}$$

この式から次のことがわかります。

♣ $\sigma^2 < \sigma_x^2$，すなわち，推定誤差の分散は信号の分散より必ず小さくなります。

♣ 雑音が存在しないときは $\sigma^2 = 0$ となり，推定値は $\hat{x} = y/c$ で計算できます。

最後に，最尤推定値に関連する重要な用語を Point 5.10 でまとめておきます。

Point 5.10 最尤推定値に関連する重要な用語

- **最適推定量**（optimal estimator）：最尤推定量は，**カルバック＝ライブラー情報量**（Kullback–Leibler divergence）[a] の意味で，最適なパラメータ推定量です。
- **漸近有効性**（asymptotic efficiency）：漸近有効性とは，標本数が無限大に向かうとき，最尤推定量は，漸近正規推定値の中で，漸近分散が最小になります。すなわち，最尤推定量は**クラーメル＝ラオ不等式**の下界を漸近的に達成します。
- **一致性**（consistency）：標本が無限個あれば，最適なパラメータが推定できます。

- **漸近正規推定量（分布収束）**：最尤推定値の分布は，漸近的に正規分布に近づきます。

---

[a] 二つの確率分布の差を測る尺度です。

本書の範囲を超える難しい用語がたくさん出てきました。本書を読み終えた後，興味のある読者は，さらに高みを目指して勉強を続けてください。

第6章

ビヨンド最小二乗法

本章では，前章で説明した最小二乗法のさらに先の部分，すなわち，ビヨンド最小二乗法について解説します。第3章で示した固有値分解の拡張である特異値分解という線形代数のツールを使って最小二乗法の問題点を明らかにします。そして，その問題点に対処する有力な方法である正則化法を導入します。

6.1 いま考えている問題

前章で対象とした問題を整理しましょう。ベクトルと行列から成る方程式

$$\boldsymbol{y} = \boldsymbol{C}\boldsymbol{x} + \boldsymbol{w} \tag{6.1}$$

を考えます。ここで，$\boldsymbol{y}$ は N 次元列ベクトルの観測値，$\boldsymbol{x}$ は n 次元列ベクトルの信号，$\boldsymbol{w}$ は N 次元列ベクトルの雑音です。ここで，n は未知数の数で，N は標本数（データ数）です。N は方程式の数と言い換えることもできます。式 (6.1) の行列 $\boldsymbol{C}$ が正方行列ではなく，$(N \times n)$ の矩形行列であるところが，高校までの連立1次方程式の問題と違うところです。この行列 $\boldsymbol{C}$ は既知であり，統計学では**計画行列**（design matrix）と呼ばれます。

ここで考えている問題は，第5章で扱った問題と同じように，雑音に汚された観測値 $\boldsymbol{y}$ から信号 $\boldsymbol{x}$ を推定することです。

前章では，この問題を最小二乗法を用いて解きました。この方法では，まず，

正規方程式

$$(\boldsymbol{C}^T\boldsymbol{C})\,\boldsymbol{x} = \boldsymbol{C}^T\boldsymbol{y} \tag{6.2}$$

が導出されます。この左辺の行列 $\boldsymbol{C}^T\boldsymbol{C}$ は $(n \times n)$ の正方対称行列で，その大きさは未知数の数で決まります。この行列は**グラム行列**（Gram matrix）と呼ばれます。このグラム行列 $\boldsymbol{C}^T\boldsymbol{C}$ が正定値行列であれば，その逆行列を用いて**最小二乗推定値**

$$\hat{\boldsymbol{x}} = \left(\boldsymbol{C}^T\boldsymbol{C}\right)^{-1}\boldsymbol{C}^T\boldsymbol{y} \tag{6.3}$$

が得られます。ここで，$(\boldsymbol{C}^T\boldsymbol{C})^{-1}\boldsymbol{C}^T$ は，**ムーア=ペンローズの疑似逆行列**（Moore–Penrose pseudo inverse）と呼ばれます。

式 (6.3) の最小二乗推定値の性質を調べるために，線形代数の特異値分解を利用します。具体的には，矩形行列 $\boldsymbol{C}$ を特異値分解して，最小二乗推定値のいろいろな性質を明らかにします。

6.2 特異値分解

6.2.1 特異値分解の定義

第 3 章の線形代数のエッセンスのところで，正方対称行列に対する固有値分解を学びました。その固有値分解を矩形行列の場合に拡張したものが本節で説明する**特異値分解**（singular value decomposition：**SVD**）です。

$(N \times n)$ 矩形行列 $\boldsymbol{C}$ は，

$$\boldsymbol{C} = \boldsymbol{U}\boldsymbol{\Sigma}\boldsymbol{V}^T \tag{6.4}$$

のように分解することができ，これを特異値分解と言います。SVD と呼ばれることも多いです。ここで，この行列 $\boldsymbol{C}$ は実数から成る実行列とします。$\boldsymbol{U}$ は $(N \times N)$，$\boldsymbol{\Sigma}$ は $(N \times n)$，$\boldsymbol{V}$ は $(n \times n)$ 行列で，それぞれ，

$$\boldsymbol{U} = \left[\begin{array}{cccc} \boldsymbol{u}_1 & \boldsymbol{u}_2 & \cdots & \boldsymbol{u}_N \end{array}\right] \tag{6.5}$$

$$\boldsymbol{\Sigma} = \begin{bmatrix} \sigma_1 & 0 & \cdots & 0 \\ 0 & \sigma_2 & \cdots & 0 \\ \vdots & \vdots & \ddots & \vdots \\ 0 & 0 & \cdots & \sigma_n \\ 0 & 0 & \cdots & 0 \\ \vdots & \vdots & \ddots & \vdots \\ 0 & 0 & \cdots & 0 \end{bmatrix}, \quad \boldsymbol{V} = \begin{bmatrix} \boldsymbol{v}_1^T \\ \boldsymbol{v}_2^T \\ \vdots \\ \boldsymbol{v}_n^T \end{bmatrix} \tag{6.6}$$

のように与えられます。ここで，$N > n$ とします。

矩形行列 $\boldsymbol{\Sigma}$ を構成する σ_i は**特異値**（singular value）と呼ばれ，正値をとり，大きい順に並んでいるとします。すなわち，

$$\sigma_1 \geq \sigma_2 \geq \cdots \geq \sigma_n > 0 \tag{6.7}$$

とします。ただし，$\mathrm{rank}(\boldsymbol{C}) = n$，すなわち，フルランクと仮定しました。なお，$\mathrm{rank}(\boldsymbol{C}) = m < n$ の場合には，

$$\sigma_1 \geq \sigma_2 \geq \cdots \geq \sigma_m > 0, \quad \sigma_{m+1} = \cdots = \sigma_n = 0 \tag{6.8}$$

とおいて同様に議論を進めることができます。

$\boldsymbol{U}$ は**左特異ベクトル** $\boldsymbol{u}_i$ から成る行列，$\boldsymbol{V}$ は**右特異ベクトル** $\boldsymbol{v}_i$ から成る行列であり，ともに正規直交行列です。すなわち，$(N \times n)$ 矩形行列 $\boldsymbol{C}$ に対して，

$$\boldsymbol{U}^T\boldsymbol{U} = \boldsymbol{I}_N, \quad \boldsymbol{V}^T\boldsymbol{V} = \boldsymbol{I}_n \tag{6.9}$$

が成り立ちます。ここで，単位行列 $\boldsymbol{I}$ の下添え字は，その行列のサイズを表します。式 (6.9) より，二つの**特異ベクトル**（singular vector）$\boldsymbol{u}_i$, $\boldsymbol{v}_i$ は**正規直交系**を成します。すなわち，

$$\boldsymbol{u}_i^T\boldsymbol{u}_j = \delta_{ij}, \quad \boldsymbol{v}_i^T\boldsymbol{v}_j = \delta_{ij} \tag{6.10}$$

が成り立ちます。ここで，δ_{ij} は**クロネッカーのデルタ関数**で，$i = j$ のとき 1，$i \neq j$ のとき 0 をとります。

以上の準備のもとで，式 (6.4) は次のように書き直すことができます。

$$\boldsymbol{C} = \sum_{i=1}^{n} \sigma_i \boldsymbol{u}_i \boldsymbol{v}_i^T = \sigma_1 \boldsymbol{u}_1 \boldsymbol{v}_1^T + \sigma_2 \boldsymbol{u}_2 \boldsymbol{v}_2^T + \cdots + \sigma_n \boldsymbol{u}_n \boldsymbol{v}_n^T \tag{6.11}$$

特異値分解は特異値の大きい順に並んでいるので，式 (6.11) を用いて行列 $\boldsymbol{C}$ を次のように近似することができます。

- ランク 1 の最良近似：$\boldsymbol{C} \simeq \sigma_1 \boldsymbol{u}_1 \boldsymbol{v}_1^T$
- ランク r の最良近似 $(r < n)$：$\boldsymbol{C} \simeq \sum_{i=1}^{r} \sigma_i \boldsymbol{u}_i \boldsymbol{v}_i^T$

このような**低ランク近似**は，たとえば画像圧縮の分野で利用されています。

6.2.2 特異値と特異ベクトルの計算法

特異値と特異ベクトルの計算法を与えましょう。式 (6.4) の SVD を用いて，$\boldsymbol{C}^T\boldsymbol{C}$ を計算すると，

$$
\begin{aligned}
\boldsymbol{C}^T\boldsymbol{C} &= \left(\boldsymbol{U}\boldsymbol{\Sigma}\boldsymbol{V}^T\right)^T \left(\boldsymbol{U}\boldsymbol{\Sigma}\boldsymbol{V}^T\right) = \boldsymbol{V}\boldsymbol{\Sigma}^T\boldsymbol{U}^T\boldsymbol{U}\boldsymbol{\Sigma}\boldsymbol{V}^T \\
&= \boldsymbol{V}\left(\boldsymbol{\Sigma}^T\boldsymbol{\Sigma}\right)\boldsymbol{V}^T \\
&= \boldsymbol{V}\begin{bmatrix} \sigma_1^2 & 0 & \cdots & 0 \\ 0 & \sigma_2^2 & \cdots & 0 \\ \vdots & \vdots & \ddots & \vdots \\ 0 & 0 & \cdots & \sigma_n^2 \end{bmatrix}\boldsymbol{V}^T
\end{aligned}
\tag{6.12}
$$

が得られます。この式の最後の式に現れる行列はすべて $(n \times n)$ の正方行列です。この式 (6.12) は，正方対称行列 $\boldsymbol{C}^T\boldsymbol{C}$ の**固有値分解**になっています。第 3 章で学んだことを思い出すと，

$$
\left(\boldsymbol{C}^T\boldsymbol{C}\right)\boldsymbol{v}_i = \sigma_i^2 \boldsymbol{v}_i, \qquad i = 1, 2, \cdots, n \tag{6.13}
$$

が成り立ちます。このように，行列 $\boldsymbol{C}^T\boldsymbol{C}$ の固有値が $\sigma_1^2, \sigma_2^2, \cdots, \sigma_n^2$ に，固有ベクトルが $\boldsymbol{v}_1, \boldsymbol{v}_2, \cdots, \boldsymbol{v}_n$ に対応します。ここで，σ_i は大きい順に並んでいて，すべて正数とします。また，固有ベクトルはその大きさが 1 に正規化されているとします。

同様にして，式 (6.4) の SVD を用いて，$\boldsymbol{C}\boldsymbol{C}^T$ を計算すると，

$$
\begin{aligned}
\boldsymbol{C}\boldsymbol{C}^T &= \left(\boldsymbol{U}\boldsymbol{\Sigma}\boldsymbol{V}^T\right)\left(\boldsymbol{U}\boldsymbol{\Sigma}\boldsymbol{V}^T\right)^T = \boldsymbol{U}\boldsymbol{\Sigma}\boldsymbol{V}^T\boldsymbol{V}\boldsymbol{\Sigma}^T\boldsymbol{U}^T \\
&= \boldsymbol{U}\left(\boldsymbol{\Sigma}\boldsymbol{\Sigma}^T\right)\boldsymbol{U}^T
\end{aligned}
$$

$$= \boldsymbol{U} \left[\begin{array}{cccc|ccc} \sigma_1^2 & 0 & \cdots & 0 & 0 & \cdots & 0 \\ 0 & \sigma_2^2 & \cdots & 0 & 0 & \cdots & 0 \\ \vdots & \vdots & \ddots & \vdots & 0 & \cdots & 0 \\ 0 & 0 & \cdots & \sigma_n^2 & 0 & \cdots & 0 \\ \hline 0 & 0 & \cdots & 0 & 0 & \cdots & 0 \\ \vdots & \vdots & \ddots & \vdots & \vdots & \ddots & \vdots \\ 0 & 0 & \cdots & 0 & 0 & \cdots & 0 \end{array} \right] \boldsymbol{U}^T \tag{6.14}$$

となります。これより,

$$\left(\boldsymbol{C}\boldsymbol{C}^T\right) \boldsymbol{u}_i = \sigma_i^2 \boldsymbol{u}_i, \qquad i = 1, 2, \cdots, n \tag{6.15}$$

が成り立ちます。このように，行列 $\boldsymbol{C}\boldsymbol{C}^T$ の固有ベクトルが $\boldsymbol{u}_1, \boldsymbol{u}_2, \cdots, \boldsymbol{u}_n$ に対応します。

さて，式 (6.13) の固有方程式の左から $\boldsymbol{v}_i^T$ を乗じて，変形すると,

$$\begin{aligned} &\boldsymbol{v}_i^T \boldsymbol{C}^T \boldsymbol{C} \boldsymbol{v}_i = \sigma_i^2 \boldsymbol{v}_i^T \boldsymbol{v}_i \\ &(\boldsymbol{C}\boldsymbol{v}_i)^T (\boldsymbol{C}\boldsymbol{v}_i) = \sigma_i^2 \\ &\|\boldsymbol{C}\boldsymbol{v}_i\|^2 = \sigma_i^2 \\ &\|\boldsymbol{C}\boldsymbol{v}_i\| = \sigma_i, \qquad i = 1, 2, \cdots, n \end{aligned} \tag{6.16}$$

が得られます。次に，式 (6.13) の左から $\boldsymbol{C}$ を乗じると,

$$\left(\boldsymbol{C}\boldsymbol{C}^T\right) (\boldsymbol{C}\boldsymbol{v}_i) = \sigma_i^2 (\boldsymbol{C}\boldsymbol{v}_i), \qquad i = 1, 2, \cdots, n \tag{6.17}$$

となります。この式より，ベクトル $\boldsymbol{C}\boldsymbol{v}_i$ は，行列 $\boldsymbol{C}\boldsymbol{C}^T$ の固有ベクトルであることがわかります。ベクトル $\boldsymbol{C}\boldsymbol{v}_i$ をその大きさで割ることにより，単位ベクトルになるので，これが式 (6.15) の左特異ベクトル $\boldsymbol{u}_i$ に対応します。すなわち,

$$\boldsymbol{u}_i = \frac{\boldsymbol{C}\boldsymbol{v}_i}{\|\boldsymbol{C}\boldsymbol{v}_i\|} = \frac{\boldsymbol{C}\boldsymbol{v}_i}{\sigma_i} \tag{6.18}$$

が得られます。ここで，式 (6.16) を用いました。式 (6.18) の分母を払うと,

$$\boldsymbol{C}\boldsymbol{v}_i = \sigma_i \boldsymbol{u}_i \tag{6.19}$$

が得られます。これが，特異値分解の左特異ベクトル $\boldsymbol{u}_i$ と右特異ベクトル $\boldsymbol{v}_i$ を関係づける重要な式です。

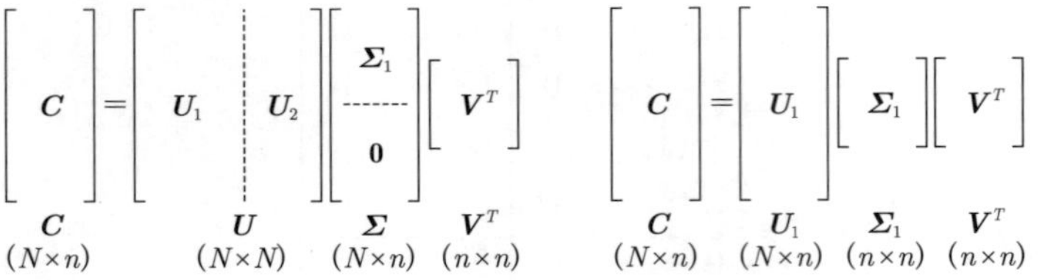

(a) SVD $\boldsymbol{C} = \boldsymbol{U}\boldsymbol{\Sigma}\boldsymbol{V}^T$　　(b) 簡単化したSVD $\boldsymbol{C} = \boldsymbol{U}_1\boldsymbol{\Sigma}_1\boldsymbol{V}^T$

図 6.1 特異値分解された行列の大きさ

さて，式 (6.4) で与えた特異値分解の行列の大きさを図 6.1(a) に示しました。この図と式 (6.6) から明らかなように $\boldsymbol{\Sigma}$ の下の部分は 0 なので，ここは計算に使用されません。そこで，その部分を省いた計算を図 6.1(b) の簡単化した SVD で示しました。

6.2.3 特異値分解の活用

本項では，特異値分解に関連するいくつかのトピックスを紹介しましょう。

[1] 特異値分解の幾何学的解釈

第 3 章でお話ししたように，線形代数を理解するためにはその幾何学的な意味を知ることが重要です。これについて，簡単な例題を用いて説明します。

例題 6.1 （特異値分解の幾何学的解釈） (2×2) 正方行列

$$\boldsymbol{C} = \frac{\sqrt{2}}{4}\begin{bmatrix} 2\sqrt{3}-1 & -\sqrt{3}-2 \\ 2\sqrt{3}+1 & \sqrt{3}-2 \end{bmatrix} \tag{6.20}$$

を特異値分解すると，

$$\boldsymbol{U} = \frac{1}{\sqrt{2}}\begin{bmatrix} 1 & -1 \\ 1 & 1 \end{bmatrix}, \quad \boldsymbol{\Sigma} = \begin{bmatrix} 2 & 0 \\ 0 & 1 \end{bmatrix}, \quad \boldsymbol{V} = \frac{1}{2}\begin{bmatrix} \sqrt{3} & 1 \\ -1 & \sqrt{3} \end{bmatrix} \tag{6.21}$$

が得られました[1)]。もとの行列 $\boldsymbol{C}$ が正方行列だったので，得られた三つの行列もすべて正方行列です。

第 3 章で勉強したように，$\boldsymbol{U}$ と $\boldsymbol{V}$ は回転を記述する直交行列（すなわち，等長写像）です。前者は 45°，後者は −30° の回転行列です。また，$\boldsymbol{\Sigma}$ は軸の縮尺

[1)] 特異値分解は矩形行列だけでなく，正方行列に対しても適用できます。

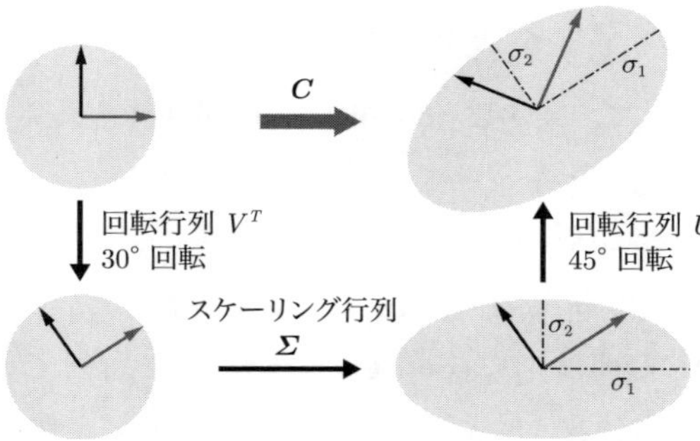

図 6.2 特異値分解の幾何学的解釈

を変化させるスケーリング行列です。この様子を図 6.2 に示しました。この行列 $\boldsymbol{C}$ は，単位円で記述される等高線を，回転させて楕円に変換していることがわかります。このように，もとの行列では見えなかった行列の幾何学的な構造が，特異値分解を通して明らかになりました。

[2] 特異値分解を用いた疑似逆行列の表現

正方行列に対しては，その行列が正則であれば逆行列が存在します。しかし，矩形行列 $\boldsymbol{C}$ の場合には逆行列は存在しません。そのために，**疑似逆行列**（あるいは，一般化逆行列とも呼ばれます）$\boldsymbol{C}^\dagger$ を導入します。ここで，$\boldsymbol{C}^\dagger$ が $\boldsymbol{C}$ の疑似逆行列であるための必要十分条件は，

$$\boldsymbol{C}\boldsymbol{C}^\dagger\boldsymbol{C} = \boldsymbol{C} \tag{6.22}$$

が成り立つことです。

式 (6.11) より，矩形行列 $\boldsymbol{C}$ が，

$$\boldsymbol{C} = \sum_{i=1}^{n} \sigma_i \boldsymbol{u}_i \boldsymbol{v}_i^T = \sigma_1 \boldsymbol{u}_1 \boldsymbol{v}_1^T + \sigma_2 \boldsymbol{u}_2 \boldsymbol{v}_2^T + \cdots + \sigma_n \boldsymbol{u}_n \boldsymbol{v}_n^T \tag{6.23}$$

のように記述されているとき，この疑似逆行列は，

$$\boldsymbol{C}^\dagger = \sum_{i=1}^{n} \frac{1}{\sigma_i} \boldsymbol{v}_i \boldsymbol{u}_i^T = \frac{1}{\sigma_1} \boldsymbol{v}_1 \boldsymbol{u}_1^T + \frac{1}{\sigma_2} \boldsymbol{v}_2 \boldsymbol{u}_2^T + \cdots + \frac{1}{\sigma_n} \boldsymbol{v}_n \boldsymbol{u}_n^T \tag{6.24}$$

で与えられます。

[3] 条件数

矩形行列 $\boldsymbol{C}$ に対して，**条件数**（condition number）を，

$$\mathrm{cond}(\boldsymbol{C}) = \frac{\sigma_{\max}(\boldsymbol{C})}{\sigma_{\min}(\boldsymbol{C})} \tag{6.25}$$

と定義します。ここで，$\sigma_{\max}(\boldsymbol{C}) = \sigma_1$ は最大特異値，$\sigma_{\min}(\boldsymbol{C}) = \sigma_n$ は最小特異値です。条件数の範囲は $1 \le \mathrm{cond}(\boldsymbol{C}) \le \infty$ です。行列 $\boldsymbol{C}$ のランクが n より小さいときには，条件数は最大値 ∞ になり，その逆に条件数の最小値は 1 です。条件数が小さいときは**良条件**（well-conditioned），大きいとき（たとえば，10^8 以上）は**悪条件**（ill-conditioned）と呼ばれます。

いま，連立 1 次方程式

$$\boldsymbol{y} = \boldsymbol{C}\boldsymbol{x} \tag{6.26}$$

を考えます。いま，観測値 $\boldsymbol{y}$ が雑音などの影響で $\Delta\boldsymbol{y}$ だけ摂動し，それにともなって解 $\boldsymbol{x}$ が $\boldsymbol{x} + \Delta\boldsymbol{x}$ に変化したとします。すなわち，

$$\boldsymbol{y} + \Delta\boldsymbol{y} = \boldsymbol{C}(\boldsymbol{x} + \Delta\boldsymbol{x}) \tag{6.27}$$

とします。このとき，

$$\frac{\|\Delta\boldsymbol{x}\|}{\boldsymbol{x}} \le \mathrm{cond}(\boldsymbol{C}) \le \frac{\|\Delta\boldsymbol{y}\|}{\boldsymbol{y}} \tag{6.28}$$

が成り立ちます。この式より，行列 $\boldsymbol{C}$ の条件数が大きいほど，雑音や数値計算上の丸め誤差などの摂動に対する感度が高くなり，条件が悪くなります。このことから悪条件という用語が生まれました。

6.3 特異値分解と最小二乗法

6.3.1 特異値分解を用いた最小二乗推定値の解析

第 5 章の 5.2 節で与えた最小二乗推定値

$$\hat{\boldsymbol{x}} = \left(\boldsymbol{C}^T\boldsymbol{C}\right)^{-1}\boldsymbol{C}^T\boldsymbol{y} \tag{6.29}$$

について特異値分解を用いて調べていきましょう。

コラム 6.1 特異値分解と MATLAB

特異値分解は 19 世紀後半に考案されたと言われていますが，論文として発表されたのは 20 世紀に入ってからであり，二つの論文

- L. Autonne: Sur les matrices hypohermitiennes et sur les matrices unitaires, Comptes Rendus de l'Academie des Sciences, Paris, Vol. 156, pp. 858–860 (1902).
- C. Eckart and G. Young: A principal axis transformation for non-Hermitian matrices, Bull. Amer. Math. Soc., Vol. 45, pp. 118–121 (1939).

が引用されることが多いようです。本書では，線形代数のほんのわずかな部分しか解説していないので，興味をもつ読者には，より深く線形代数を学習してほしいと思います。線形代数を学ぶとき，特異値分解までの範囲を理論的にきちんと理解できたならば，ある到達点に達していると言えるでしょう。

特異値分解は，本書でも解説する悪条件問題への数値解析法として有用であり，1980 年代以降は，信号処理・画像処理や統計学など，幅広い理工学の分野で用いられています。制御工学の分野でも，1980 年代に始まったロバスト制御の研究において，特異値は重要な役割を果たしています。

制御工学でよく用いられる数値解析ソフトウェアである MATLAB のルーツの一つは EISPACK と呼ばれる固有値・固有ベクトルを計算するために FORTRAN で書かれた数値計算ライブラリです。著者は 1980 年代前半に，FORTRAN の EISPACK の特異値分解サブルーチンを利用して，正則化に基づくシステム同定の数値計算を行っていました。その後, 1988 年ころにはわが国でも MATLAB が使えるようになりました。著者は 1989 年ころから当時所属していた東芝総合研究所で MATLAB を使い始めました。そのため，おそらくわが国ではかなり早い時期からの MATLAB ユーザーの一人だと思います。その後，1990 年代以降，制御工学の世界でも MATLAB を使った計算が主流になっていきました。

矩形行列 $\boldsymbol{C}$ を特異値分解すると，式 (6.11) より，

$$\boldsymbol{C} = \sum_{i=1}^{n} \sigma_i \boldsymbol{u}_i \boldsymbol{v}_i^T \tag{6.30}$$

が得られます。これより，対応するグラム行列の逆行列は，

$$\left(\boldsymbol{C}^T\boldsymbol{C}\right)^{-1} = \sum_{i=1}^{n} \frac{1}{\sigma_i^2} \boldsymbol{v}_i \boldsymbol{v}_i^T \tag{6.31}$$

となります。この計算はちょっとやっかいですが，手計算で確認してください。

さらに，**ムーア＝ペンローズの疑似逆行列**は，

$$\begin{aligned}
\boldsymbol{C}^\dagger &= \left(\boldsymbol{C}^T\boldsymbol{C}\right)^{-1} \boldsymbol{C}^T \\
&= \left(\sum_{i=1}^{n} \frac{1}{\sigma_i^2} \boldsymbol{v}_i \boldsymbol{v}_i^T\right) \left(\sum_{j=1}^{n} \sigma_j \boldsymbol{u}_j \boldsymbol{v}_j^T\right)^T \\
&= \sum_{i=1}^{n} \frac{1}{\sigma_i^2} \sum_{j=1}^{n} \sigma_j \boldsymbol{v}_i \boldsymbol{v}_i^T \boldsymbol{v}_j \boldsymbol{u}_i^T = \sum_{i=1}^{n} \frac{1}{\sigma_i^2} \sum_{j=1}^{n} \sigma_i \boldsymbol{v}_i \delta_{ij} \boldsymbol{u}_i^T \\
&= \sum_{i=1}^{n} \frac{1}{\sigma_i} \boldsymbol{v}_i \boldsymbol{u}_i^T
\end{aligned} \tag{6.32}$$

となります。

式 (6.32) を用いると，式 (6.29) の最小二乗推定値は，

$$\begin{aligned}
\hat{\boldsymbol{x}} &= \sum_{i=1}^{n} \frac{1}{\sigma_i} \boldsymbol{v}_i \boldsymbol{u}_i^T \boldsymbol{y} \\
&= \sum_{i=1}^{n} \frac{1}{\sigma_i} \boldsymbol{v}_i \boldsymbol{u}_i^T (\boldsymbol{C}\boldsymbol{x} + \boldsymbol{w}) \\
&= \left(\sum_{i=1}^{n} \frac{1}{\sigma_i} \boldsymbol{v}_i \boldsymbol{u}_i^T\right) \boldsymbol{C}\boldsymbol{x} + \sum_{i=1}^{n} \frac{1}{\sigma_i} \boldsymbol{v}_i \boldsymbol{u}_i^T \boldsymbol{w} \\
&= \left(\sum_{i=1}^{n} \frac{1}{\sigma_i} \boldsymbol{v}_i \boldsymbol{u}_i^T\right) \left(\sum_{i=1}^{n} \sigma_i \boldsymbol{u}_i \boldsymbol{v}_i^T\right) \boldsymbol{x} + \sum_{i=1}^{n} \frac{1}{\sigma_i} \boldsymbol{v}_i \boldsymbol{u}_i^T \boldsymbol{w}
\end{aligned} \tag{6.33}$$

となります。よって，最小二乗推定値は，

$$\hat{\boldsymbol{x}} = \boldsymbol{x} + \sum_{i=1}^{n} \frac{1}{\sigma_i} \boldsymbol{v}_i \boldsymbol{u}_i^T \boldsymbol{w} \tag{6.34}$$

と記述されます。これは，特異値分解を用いた最小二乗推定値の別の表現です。

さて，式 (6.34) の両辺の期待値をとると，

$$\mathrm{E}\left[\hat{\boldsymbol{x}}\right] = \mathrm{E}\left[\boldsymbol{x} + \sum_{i=1}^{n} \frac{1}{\sigma_i} \boldsymbol{v}_i \boldsymbol{u}_i^T \boldsymbol{w}\right]$$

$$= \boldsymbol{x} + \mathrm{E}\left[\sum_{i=1}^{n} \frac{1}{\sigma_i}\boldsymbol{v}_i\boldsymbol{u}_i^T\boldsymbol{w}\right] \tag{6.35}$$

$$= \boldsymbol{x} \tag{6.36}$$

が得られます。ここで，$\boldsymbol{w}$ の平均値は $\boldsymbol{0}$ であることを用いました。この式から，最小二乗推定値は不偏推定値であることが導けました。

さて，式 (6.34) や (6.35) の右辺第 2 項を見ると分数の分母に特異値が存在します。そのため，行列 $\boldsymbol{C}$ が小さな特異値を含むときには，小さな特異値の影響で，わずかな摂動が存在してもその影響を増幅してしまいます。小さな値の特異値を含むと，条件数は大きくなるので，悪条件になります。ここでは詳しく計算しませんが，最小二乗問題が悪条件の場合には，推定誤差分散（これを**分散誤差**（variance error）と呼びます）が増大してしまうことが知られています。これは，すべての特異値を利用する最小二乗法の問題点です。

それでは，どのようなときに最小二乗問題が悪条件になるのでしょうか？ 最大の原因は，信号の線形独立性が弱いときです。このようなとき，**多重共線性**(multi-collinearity) があると言われます。

悪条件問題を回避する簡単な方法は，小さな特異値を打ち切って使用しないことです。すなわち，

$$\sigma_1 \geq \sigma_2 \geq \cdots \geq \sigma_r \gg \sigma_{r+1} \geq \cdots \geq \sigma_n \simeq 0 \tag{6.37}$$

のように，σ_r 以降の特異値が非常に小さければ，式 (6.31) の疑似逆行列は，

$$\boldsymbol{C}^{\dagger} \simeq \sum_{i=1}^{r} \frac{1}{\sigma_i}\boldsymbol{v}_i\boldsymbol{u}_i^T \tag{6.38}$$

で近似できます。これは，行列のランク r の最良近似です。これより，特異値を打ち切った推定値は，

$$\hat{\boldsymbol{x}} \simeq \boldsymbol{C}^{\dagger}\boldsymbol{y} = \left(\sum_{i=1}^{r} \frac{1}{\sigma_i}\boldsymbol{v}_i\boldsymbol{u}_i^T\right)\boldsymbol{y} \tag{6.39}$$

となります。

式 (6.39) に式 (6.1) を代入して両辺の期待値をとると，もはやこの推定値は不偏推定値にはならないことがわかります。このとき，**バイアス誤差**（bias error：

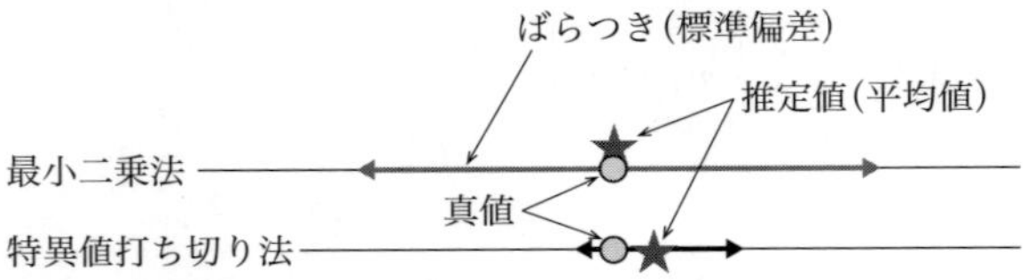

図 6.3 バイアス誤差と分散誤差のトレードオフ

あるいは**系統誤差**（systematic error)）が存在すると言われます。しかし，その代わり推定値のばらつきを小さくすることができます。すなわち，**分散誤差**を小さくできるのです。推定値の平均値とばらつきを図 6.3 で比較しました。上が通常の最小二乗推定値のとき，下が特異値を打ち切った推定値のときです。最小二乗推定値ではその推定値（平均値）が真値と一致していますが，小さな特異値が存在するときにはその分散が増加しています。一方，特異値を打ち切った推定値では，その推定値（平均値）は真値と一致していませんが，分散は小さくなっています。どちらが望ましいかは，判断が分かれますが，非常に小さな特異値を含む場合には，特異値を打ち切る意味があるでしょう。

図 6.3 に示したような**バイアス誤差と分散誤差のトレードオフ**（bias–variance trade-off）は，特に，第 8 章で述べるシステム同定や AI の分野の機械学習のような推定問題において重要な課題です。ここでは，特異値の打ち切りによりこの課題に対処しました。より一般的で，理論的に研究されているものが次に述べる正則化法です。

6.3.2 正則化法

最小二乗法の評価関数は，

$$J(\boldsymbol{x}) = \|\boldsymbol{y} - \boldsymbol{C}\boldsymbol{x}\|_2^2 = (\boldsymbol{y} - \boldsymbol{C}\boldsymbol{x})^T(\boldsymbol{y} - \boldsymbol{C}\boldsymbol{x}) \tag{6.40}$$

でした。ここで，$\|\cdot\|_2$ は $\mathcal{L}_2$ ノルムと呼ばれます。この評価関数を少し変更して，**正則化最小二乗法**の評価関数を，

$$J_{\mathrm{reg}}(\boldsymbol{x}) = \|\boldsymbol{y} - \boldsymbol{C}\boldsymbol{x}\|_2^2 + \lambda\phi(\boldsymbol{x}) \tag{6.41}$$

とします。ここで，λ は**正則化定数**，あるいは**ハイパーパラメータ**と呼ばれ，$\phi(\boldsymbol{x})$ は**正則化項**，あるいは**制約条件**と呼ばれます。正則化最小二乗法は，制約

付き最小二乗法とみなすこともできます。

本来の最小二乗法は，雑音を含む観測値 y にモデルを当てはめる問題を考えています。しかし，ある一つの観測データに対する**適合** (fitting) が良ければいいのでしょうか？　その観測値はある観測雑音が重畳されたデータであり，別の観測データのときには，得られたモデルが適合するかどうかわかりません。学習理論の用語を使えば，ある**訓練データ**（training data）に対する**過適合**（over-fitting）を避け，**汎化**（generalization）能力を高めることが重要です。この目的のために正則化法を用います。

正則化項として何を選ぶかによって，さまざまな正則化法が存在します。代表的なものを以下で紹介しましょう。

[1] $\mathcal{L}_2$ ノルム正則化

まず，最も有名な **$\mathcal{L}_2$ ノルム正則化**では，正則化項を，

$$\phi(\boldsymbol{x}) = \|\boldsymbol{x}\|_2^2 = \sum_{i=1}^{n} x_i^2 \tag{6.42}$$

に選びます。すなわち，未知パラメータベクトル $\boldsymbol{x}$ の $\mathcal{L}_2$ ノルムを正則化項として用います。$\mathcal{L}_2$ ノルム正則化は**リッジ回帰**（ridge regression）[2)]とも呼ばれます。

このとき，$\mathcal{L}_2$ ノルム正則化最小二乗推定値は，

$$\begin{aligned}\hat{\boldsymbol{x}} &= \arg\min_{\boldsymbol{x}} \left(\|\boldsymbol{y} - \boldsymbol{C}\boldsymbol{x}\|_2^2 + \lambda\|\boldsymbol{x}\|_2^2\right) \\ &= \left(\boldsymbol{C}^T\boldsymbol{C} + \lambda\boldsymbol{I}\right)^{-1}\boldsymbol{C}^T\boldsymbol{y}\end{aligned} \tag{6.43}$$

のように解析的に与えられます。ここで，最小化すべき関数を展開すると，

$$\begin{aligned}&\|\boldsymbol{y} - \boldsymbol{C}\boldsymbol{x}\|_2^2 + \lambda\|\boldsymbol{x}\|_2^2 \\ &= \boldsymbol{y}^T\boldsymbol{y} - \boldsymbol{y}^T\boldsymbol{C}\boldsymbol{x} - \boldsymbol{x}^T\boldsymbol{C}^T\boldsymbol{x} + \boldsymbol{x}^T\boldsymbol{C}^T\boldsymbol{C}\boldsymbol{x} + \lambda\boldsymbol{x}^T\boldsymbol{x} \\ &= \boldsymbol{x}^T\left(\boldsymbol{C}^T\boldsymbol{C} + \lambda\boldsymbol{I}\right)\boldsymbol{x} - \boldsymbol{y}^T\boldsymbol{C}\boldsymbol{x} - \boldsymbol{x}^T\boldsymbol{C}^T\boldsymbol{x} + \boldsymbol{y}^T\boldsymbol{y}\end{aligned} \tag{6.44}$$

---

2) リッジ回帰は，1970 年に A. Hoerl and R. Kennard が Technometrics に発表した論文 “Ridge regression: Biased estimation for nonorthogonal problems” により提案されました。ridge とは尾根（おね），稜線（りょうせん）という意味です。

となります。これを $\boldsymbol{x}$ に関して偏微分して $\mathbf{0}$ とおくと，式 (6.43) の最後の式が得られます。

たとえば，矩形行列 $\boldsymbol{C}$ が悪条件で小さな特異値をもつ場合，正方行列 $\boldsymbol{C}^T\boldsymbol{C}$ は正則になりますが，特異行列に近くなり，数値的にその逆行列がとりにくくなります。このような状況のとき，式 (6.43) の最後の式のように，$\boldsymbol{C}^T\boldsymbol{C}$ の対角要素に正数 λ を加え，正則性を強化させて，逆行列をとりやすい良条件の問題に変換するので，正則化法と呼ばれています。

$\boldsymbol{C}$ の特異値分解を用いて，6.3.1 項と同様な式変形を行うと，正則化最小二乗推定値は，

$$\hat{\boldsymbol{x}} = \left(\sum_{i=1}^{n} \frac{\sigma_i^2}{\sigma_i^2 + \lambda} \boldsymbol{v}_i \boldsymbol{v}_i^T \right) \boldsymbol{x} + \sum_{i=1}^{n} \frac{\sigma_i}{\sigma_i^2 + \lambda} \boldsymbol{v}_i \boldsymbol{u}_i^T \boldsymbol{w} \tag{6.45}$$

と記述できます。式 (6.45) の両辺の期待値をとると，

$$\mathrm{E}[\hat{\boldsymbol{x}}] = \left(\sum_{i=1}^{n} \frac{\sigma_i^2}{\sigma_i^2 + \lambda} \boldsymbol{v}_i \boldsymbol{v}_i^T \right) \boldsymbol{x} \tag{6.46}$$

となります。$\lambda = 0$ とした従来の最小二乗推定値のときには，$\mathrm{E}[\hat{\boldsymbol{x}}] = \boldsymbol{x}$ となり，不偏推定値になりますが，$\lambda > 0$ とおいた正則化最小二乗推定値はバイアスをもってしまいます。ただし，正則化定数 λ の値を小さく設定すれば，$\mathrm{E}[\hat{\boldsymbol{x}}] \simeq \boldsymbol{x}$ が成り立ちます。

その一方で，正則化を導入することにより，分散誤差を小さく抑えることができます。特異値の打ち切りを用いた最小二乗法と同様に，正則化最小二乗法は，若干のバイアス誤差が存在しますが，分散誤差の小さな推定値を得ることができます。6.3.1 項で示した特異値を打ち切ることにより悪条件問題に対応する方法では，特異値打ち切りという離散的な対応しかできませんでしたが，正則化法では正の実数である正則化定数を調整することにより，悪条件問題に柔軟に対応することができます。

このように，正則化定数 λ は，バイアス誤差と分散誤差のトレードオフを調整するパラメータです。問題はどのようにしてその値を調整するかです。試行錯誤や経験に基づいて決定する方法，クロスバリデーションを用いる方法，あるいはベイズ推定を用いる方法などが提案されていますが，ここではその詳細の説明は

省略します。

[2] $\mathcal{L}_1$ ノルム正則化

この正則化では，正則化項を，

$$\phi(\boldsymbol{x}) = \|\boldsymbol{x}\|_1 = \sum_{i=1}^{n} |x_i| \tag{6.47}$$

に選びます。すなわち，未知パラメータベクトル $\boldsymbol{x}$ の $\mathcal{L}_1$ ノルム（各要素の絶対値の和）を正則化項として用います。$\mathcal{L}_1$ **ノルム正則化**は **LASSO**（least absolute shurinkage and selection operator）とも呼ばれます。

[3] $\mathcal{L}_0$ ノルム正則化

この正則化では，正則化項を，

$$\phi(\boldsymbol{x}) = \|\boldsymbol{x}\|_0 = \sum_{i=1}^{n} \mathcal{I}(x_i) \tag{6.48}$$

のように選びます。ここで，$\mathcal{I}(x)$ は指示関数（indicator function）と呼ばれ，

$$\mathcal{I}(x) = \begin{cases} 0, & x = 0 \text{ のとき} \\ 1, & x \neq 0 \text{ のとき} \end{cases} \tag{6.49}$$

で定義されます。実は，式 (6.48) で定義したものは厳密にはノルムの定義を満たさないので，疑似ノルムと呼ばれることもあります。この $\mathcal{L}_0$ ノルム正則化を用いると，非零の x_i の個数を少なくすることができるので，**スパース**（sparse）な解を得ることができます。しかし，$\mathcal{L}_0$ ノルムを計算するためには非常に計算時間がかかるため，これを用いることはほとんどなく，その代わりに $\mathcal{L}_1$ ノルムが使われることが一般的です。

これら以外にも $\mathcal{L}_\infty$ ノルムが有名ですが，ここではその説明は省略します。

正則化法は，数値解析の分野では**ティコノフ正則化**（Tikhonov regularization）と呼ばれ，1943 年にその論文が発表されました。また，信号処理や通信の分野では共分散行列の対角要素に，ある一定値を加えることは **diagonal loading**[3] と呼ばれています。正則化法の理論は，モデル簡単化の考え方である**オッカムの**

[3] これは対角要素を増量することを意味します。

剃刀（Occam's razor）に関係しています。また，ベイジアンの観点では，多くの正則化の手法は，モデルパラメータの事前情報に対応します。特に，機械学習では正則化法は必須ツールです。次節においても，正則化を利用した方法が登場します。

6.4 劣決定問題に対する最小二乗法

前章までは，データ数が未知パラメータ数よりも多い優決定問題を考えてきました。本節では，データ数よりも未知パラメータ数が多い**劣決定問題**について考えていきましょう。たとえば，

$$x + y = 10 \tag{6.50}$$

という一つの方程式しかない場合に，二つの未知数 x と y を決定する問題を考えます。問題を簡単にするために，x と y は非負の整数であるとします。このような制約条件を付けても，

$$(x, y) = (0, 10),\ (1, 9),\ \cdots,\ (5, 5),\ \cdots,\ (10, 0)$$

のように 11 個の解の候補があります。このように，劣決定問題の場合に一つの解を求めるためには，与えられた方程式以外の制約を設ける必要があります。

6.4.1 最小ノルム解

一般的に，次の問題を考えます。

$$\boldsymbol{y} = \boldsymbol{C}\boldsymbol{x} \tag{6.51}$$

劣決定問題の場合，このままでは解を求めることができないので，解 $\boldsymbol{x}$ の大きさ，すなわち原点からの距離（ノルム）ができるだけ小さくなるもので，式 (6.51) を満たすものを選びます。すなわち，等式制約付き最適化問題

$$\min_{x} \|\boldsymbol{x}\|_2^2 \quad \text{subject to} \quad \boldsymbol{y} = \boldsymbol{C}\boldsymbol{x} \tag{6.52}$$

を解く問題を考えます。この最適化問題の解を**最小ノルム解**と言います。ここで，“subject to ⋯” は，「⋯ という制約のもとで」，という意味です。

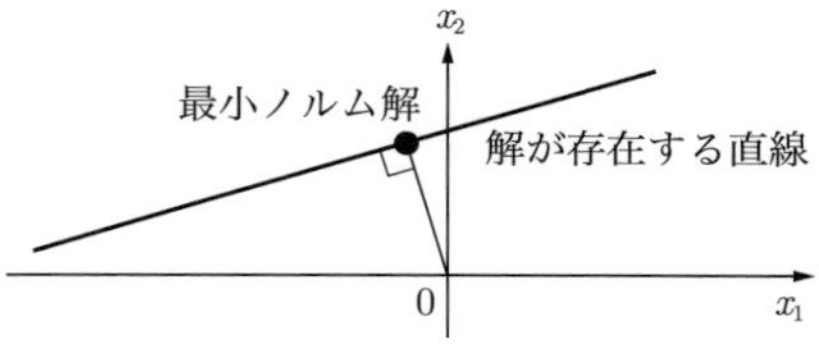

図 6.4 最小ノルム解

$\boldsymbol{x}$ が 2 変数で，方程式が一つだけの場合の最小ノルム解を図 6.4 に示しました。解がこの直線上に存在すれば，それらはすべて解の候補になります。その中で原点までの距離が最も短いものを解とするのが，最小ノルム解の考え方です。

式 (6.52) の最適化問題は，次の Point 6.1 でまとめた**ラグランジュの未定乗数法**を用いて解くことができます。

Point 6.1 ラグランジュの未定乗数法

制約条件 $\boldsymbol{g}(\boldsymbol{x}) = \boldsymbol{0}$ のもとで，関数 $f(\boldsymbol{x})$ が極値をとる点は，**ラグランジュアン**（Lagrangian）$\mathcal{L}$ を，

$$\mathcal{L}(\boldsymbol{x}, \boldsymbol{\mu}) = f(\boldsymbol{x}) - \boldsymbol{\mu}^T \boldsymbol{g}(\boldsymbol{x}) \tag{6.53}$$

とおくと[a]，

$$\frac{\partial \mathcal{L}}{\partial \boldsymbol{x}} = \boldsymbol{0}, \quad \frac{\partial \mathcal{L}}{\partial \boldsymbol{\mu}} = \boldsymbol{0} \tag{6.54}$$

を満たします。ここで，$\boldsymbol{\mu}$ は**ラグランジュ乗数**（Lagrange multiplier）と呼ばれます[b]。

[a] これまで本書では $\mathcal{L}$ は $\mathcal{L}_2$ ノルムなどで利用され，これはルベーグ空間（Lebesgue space）の L を意味していました。ここでは同じ表記 $\mathcal{L}$ で数学者のラグランジュ（Lagrange）に由来するラグランジュアンを表していることに注意しましょう。

[b] 通常，ラグランジュ乗数は λ で与えられますが，本章では λ を正則化定数として使ったため，ここでは μ を使いました。

まず，ラグランジュアンを，

$$\mathcal{L}(\boldsymbol{x}, \boldsymbol{\mu}) = \|\boldsymbol{x}\|_2^2 + \boldsymbol{\mu}^T(\boldsymbol{y} - \boldsymbol{C}\boldsymbol{x}) \tag{6.55}$$

とおき，式 (6.55) を $\boldsymbol{x}$ とラグランジュ乗数 $\boldsymbol{\mu}$ に関して最小化します。すなわち，

$$\frac{\partial \mathcal{L}(\boldsymbol{x}, \boldsymbol{\mu})}{\partial \boldsymbol{x}} = 2\boldsymbol{x} - \boldsymbol{C}^T\boldsymbol{\mu} = \boldsymbol{0} \tag{6.56}$$

$$\frac{\partial \mathcal{L}(\boldsymbol{x}, \boldsymbol{\mu})}{\partial \boldsymbol{\mu}} = \boldsymbol{y} - \boldsymbol{C}\boldsymbol{x} = \boldsymbol{0} \tag{6.57}$$

を解きます。式 (6.56) より，

$$\boldsymbol{x} = \frac{1}{2}\boldsymbol{C}^T\boldsymbol{\mu} \tag{6.58}$$

が得られます。式 (6.58) を式 (6.57) に代入すると，

$$\boldsymbol{\mu} = 2\left(\boldsymbol{C}\boldsymbol{C}^T\right)^{-1}\boldsymbol{y} \tag{6.59}$$

となり，式 (6.59) を式 (6.58) に代入すると，

$$\hat{\boldsymbol{x}} = \boldsymbol{C}^T\left(\boldsymbol{C}\boldsymbol{C}^T\right)^{-1}\boldsymbol{y} \tag{6.60}$$

が得られます。これが最小ノルム解です。

6.4.2 2変数のときの正則化の例

2変数のときの例を通して正則化についての理解を深めましょう。ここでは，未知数が二つ x_1, x_2 で，観測値 y が一つだけの劣決定問題を考えます。なお，雑音は存在しないとします。

まず，$\mathcal{L}_1$ ノルム最適化問題を要素ごとに書くと，

$$\min_{x_1, x_2} (|x_1| + |x_2|) \quad \text{subject to} \quad y = c_1x_1 + c_2x_2 \tag{6.61}$$

となります。これを一般的に記述すると，

$$\min_{\boldsymbol{x}} \|\boldsymbol{x}\|_1 \quad \text{subject to} \quad y = \boldsymbol{c}^T\boldsymbol{x} \tag{6.62}$$

となります。ここで，

$$\boldsymbol{x} = \begin{bmatrix} x_1 & x_2 \end{bmatrix}^T, \quad \boldsymbol{c} = \begin{bmatrix} c_1 & c_2 \end{bmatrix}^T$$

とおきました。

次に，$\mathcal{L}_2$ ノルム最適化問題を要素ごとに書くと，

$$\min_{x} \left(x_1^2 + x_2^2\right) \quad \text{subject to} \quad y = c_1 x_1 + c_2 x_2 \tag{6.63}$$

となります。これを一般的に記述すると，

$$\min_{x} \|\boldsymbol{x}\|_2^2 \quad \text{subject to} \quad y = \boldsymbol{c}^T \boldsymbol{x} \tag{6.64}$$

となります。

2 変数の場合，$\mathcal{L}_1$ ノルムと $\mathcal{L}_2$ ノルムの等高線を描いてみましょう。まず，$\mathcal{L}_1$ ノルムの大きさは次式のように四つの場合に分けることができます。

$$r = |x_1| + |x_2| = \begin{cases} x_1 + x_2, & \text{第 1 象限のとき} \\ -x_1 + x_2, & \text{第 2 象限のとき} \\ -x_1 - x_2, & \text{第 3 象限のとき} \\ x_1 - x_2, & \text{第 4 象限のとき} \end{cases} \tag{6.65}$$

これを図 6.5(a) に示しました。このように，$\mathcal{L}_1$ ノルムの等高線は四つの直線で囲まれる正方形になります。図には線形制約（直線）も描きました。ここでは，二通りの制約を描きました。いま考えている最適化は，これら直線上で $\boldsymbol{x}$ の $\mathcal{L}_1$ ノルムが最小になる点を探す問題です。図より，その最適点は正方形の頂点に存在する可能性が高いことがわかります。図では，$x_1 = 0, x_2 = r$ と $x_1 = r, x_2 = 0$ という二つの例を示しました。このように，すべての要素が値をもたずに，0 を含むとき，スパースな解であると言われます。

次に，$\mathcal{L}_2$ ノルムの大きさの二乗は，

$$r^2 = x_1^2 + x_2^2 \tag{6.66}$$

となります。これは円の方程式であり，それを図 6.5(b) に示しました。図では，線形制約の直線を一つ書き込みました。ここで考えている最適化は，この直線上で，原点からの距離が最も短くなる点を見つける問題です。すなわち，図示したように，直線と半径 r の円が 1 点で交わるところを探す問題です。図より，この例では $x_1 \neq 0,\ x_2 \neq 0$ という解が見つかりました。$\mathcal{L}_1$ ノルム最小化の場合とは異なり，$\mathcal{L}_2$ ノルム最小化のときにはスパースな解が得られる可能性は少ないです。

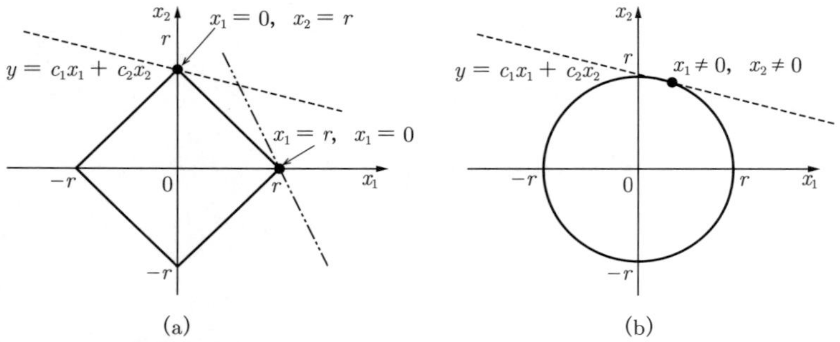

図 6.5 $\mathcal{L}_1$ ノルム最小化 (a) と $\mathcal{L}_2$ ノルム最小化 (b) の比較

6.4.3 雑音の影響を考慮した劣決定問題

これまでは，雑音などが存在せず，式 (6.51) が成り立つ確定的な場合を考えてきました。しかし，現実の問題では何らかの雑音や誤差が必ず存在するので，この仮定は成り立ちません。そこで，雑音の大きさの上限（d とします）が既知であるとして，式 (6.52) の最適化問題を次のように書き直します。

$$\min_{x} \|\boldsymbol{x}\|_2^2 \quad \text{subject to} \quad \|\boldsymbol{y}-\boldsymbol{C}\boldsymbol{x}\|_2^2 \leq d^2 \tag{6.67}$$

これは不等式制約付き最適化問題であり，一般に解きにくい問題です。そこで，等式制約付き最適化問題

$$\min_{x} \|\boldsymbol{x}\|_2^2 \quad \text{subject to} \quad \|\boldsymbol{y}-\boldsymbol{C}\boldsymbol{x}\|_2^2 = d^2 \tag{6.68}$$

を考え，これをラグランジュの未定乗数法を用いて解くことにします。

まず，ラグランジュアンを導入します。

$$\mathcal{L}(\boldsymbol{x},\,\mu) = \|\boldsymbol{x}\|_2^2 + \mu\left(\|\boldsymbol{y}-\boldsymbol{C}\boldsymbol{x}\|_2^2 - d^2\right) \tag{6.69}$$

ここで，μ はラグランジュ乗数です。すると，推定値は，

$$\hat{\boldsymbol{x}} = \arg\min_{\boldsymbol{x}} L(\boldsymbol{x},\,\mu) = \arg\min_{\boldsymbol{x}} \left(\mu\|\boldsymbol{y}-\boldsymbol{C}\boldsymbol{x}\|_2^2 + \|\boldsymbol{x}\|_2^2\right) \tag{6.70}$$

のように記述されます。ここで，定数 d は最小化問題とは関係ないので考慮しませんでした。式 (6.70) で $\mu = 1/\lambda$ とおくと，式 (6.43) で与えた $\mathcal{L}_2$ ノルム正則化と同じ形式であることがわかります。すなわち，推定値は，

$$\hat{\boldsymbol{x}} = \arg\min_{\boldsymbol{x}} \left(\|\boldsymbol{y} - \boldsymbol{C}\boldsymbol{x}\|_2^2 + \lambda \|\boldsymbol{x}\|_2^2 \right) = \left(\boldsymbol{C}^T \boldsymbol{C} + \lambda \boldsymbol{I} \right)^{-1} \boldsymbol{C}^T \boldsymbol{y} \tag{6.71}$$

で与えられます。

第7章

時系列モデリング

前章までで，確率・統計，線形代数，最小二乗法などの理論の基礎を学びました。本章から引き続く三つの章では，それらの数理統計的な知識を基礎にして，いよいよ本書のメインテーマである時系列モデリング，システム同定，そしてカルマンフィルタについて説明します。

まず，本章の目的は，確率過程で記述される時系列を数理的に記述すること，すなわち，時系列のモデリングです。そのためには，『制御工学のこころ』シリーズでこれまでに学んできた線形システム理論の知識が必要になります。そこで，線形システム理論の復習から始めましょう。

7.1 線形システムを用いた確率過程の表現

7.1.1 時間領域における確率過程の表現

議論の出発点となる信号とシステムのブロック線図を図 7.1 に示しました。ここで，$u(k)$ と $y(k)$（$k = 1, 2, \cdots$）は離散時間信号であり，それぞれシステム S の入力信号，出力信号です。S は 1 入力 1 出力離散時間線形システムとし，このシステムは漸近安定であると仮定します。これまで『制御工学のこころ』，『続制御工学のこころ』で学んできたように，図 7.1 のブロック線図は離散時間線形システムの一般的な表現です。

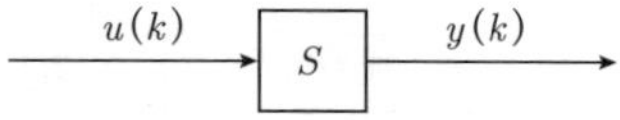

図 7.1 離散時間線形システムを用いた確率過程 $y(k)$ の表現

図 7.1 に示した S は線形システムなので，その入出力信号は時間領域において，**たたみ込み和**（convolution）を用いて，

$$y(k) = \sum_{i=0}^{\infty} h(i)u(k-i) \tag{7.1}$$

で関係づけられます。ここで，$h(i),\ i = 0, 1, 2, \cdots$ はシステム S の**インパルス応答**です。また，入力 $u(k)$ は負の時刻では 0 をとる**因果信号**であると仮定します。

すべての初期値を 0 として，式 (7.1) を **z 変換**[1]すると，z 領域における入出力関係

$$y(z) = H(z)u(z) \tag{7.2}$$

が得られます。ここで，$u(z)$ と $y(z)$ はそれぞれ $u(k)$ と $y(k)$ の z 変換であり，

$$u(z) = \sum_{k=0}^{\infty} u(k)z^{-k}, \quad y(z) = \sum_{k=0}^{\infty} y(k)z^{-k} \tag{7.3}$$

で与えられます。また，$H(z)$ はインパルス応答 $h(k)$ の z 変換であり，

$$H(z) = \sum_{k=0}^{\infty} h(k)z^{-k} \tag{7.4}$$

で与えられます。この $H(z)$ は離散時間システムの**伝達関数**です。

いま，$qu(k) = u(k+1),\ q^{-1}u(k) = u(k-1)$ のように時間を推移させる**時間シフトオペレータ** q を用いると，式 (7.2) は，

$$y(k) = H(q)u(k) \tag{7.5}$$

となり，入出力関係を **z 領域**ではなく**時間領域**で記述できます。

---

[1]『続 制御工学のこころ—モデルベースト制御編—』を復習しましょう。

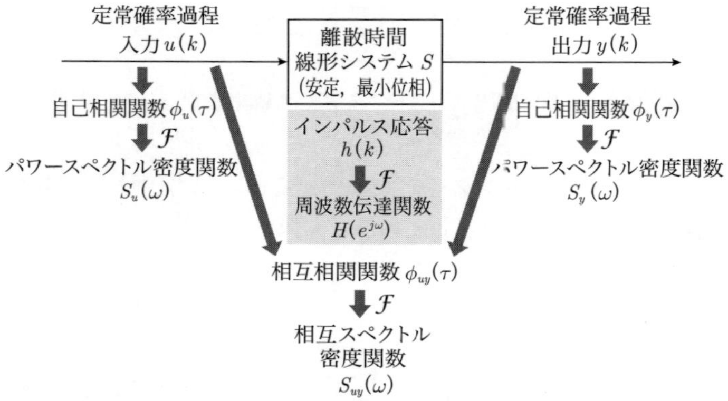

図 7.2 時間領域と周波数領域における確率過程の表現（とても重要な図）

入力 $u(k)$ を**定常確率過程**であるとすると，システム S は漸近安定なので，システムの出力 $y(k)$ も定常確率過程になります。このとき，図 7.1 に示したシステムとその入出力信号について，時間領域と**周波数領域**において詳細に示したものが図 7.2 です。

図中に示した専門用語について説明していきます。まず，図 7.1 より，時間領域において入力信号を $u(k)$，出力信号を $y(k)$ としました。前述したように，時間領域においてシステム S を記述したものがインパルス応答 $h(k)$ であり，そのとき，システムの入出力関係は式 (7.1) のたたみ込み和で記述されます。

もう一つ，時間領域において信号を記述するものに**相関関数**があります。入力信号の**自己相関関数**を $\phi_u(\tau)$，出力信号の自己相関関数を $\phi_y(\tau)$ とし，それぞれ，

$$\phi_u(\tau) = \mathrm{E}[u(k)u(k+\tau)] \tag{7.6}$$

$$\phi_y(\tau) = \mathrm{E}[y(k)y(k+\tau)] \tag{7.7}$$

のように定義します。ここで，ラグ τ は $\tau = 0, \pm 1, \pm 2, \cdots$ の値をとります。また，入出力信号の**相互相関関数** $\phi_{uy}(\tau)$ を，

$$\phi_{uy}(\tau) = \mathrm{E}[u(k)y(k+\tau)] \tag{7.8}$$

と定義します。

7.1.2　周波数領域における確率過程の表現

フーリエ変換を用いて時間領域から周波数領域に変換しましょう。第 4 章で述べた**ウィナー＝ヒンチンの定理**より，入力信号の自己相関関数を**離散時間フーリエ変換**すると，**パワースペクトル密度関数**

$$S_u(\omega) = \sum_{\tau=-\infty}^{\infty} \phi_u(\tau) e^{-j\omega\tau} \tag{7.9}$$

が得られます。

同様にして，出力信号のパワースペクトル密度関数は，

$$S_y(\omega) = \sum_{\tau=-\infty}^{\infty} \phi_y(\tau) e^{-j\omega\tau} \tag{7.10}$$

より計算されます。さらに，入出力信号の相互相関関数を離散時間フーリエ変換すると，入出力信号の**相互スペクトル密度関数**

$$S_{uy}(\omega) = \sum_{\tau=-\infty}^{\infty} \phi_{uy}(\tau) e^{-j\omega\tau} \tag{7.11}$$

が得られます。

以上の準備のもとで，まず，出力信号 $y(k)$ の**自己相関関数** $\phi_y(\tau)$ を式 (7.1) を用いて計算します。

$$\begin{aligned}
\phi_y(\tau) &= \mathrm{E}[y(k)y(k+\tau)] \\
&= \mathrm{E}\left[\left(\sum_{\ell=0}^{\infty} h(\ell)u(k-\ell)\right)\left(\sum_{m=0}^{\infty} h(m)u(k+\tau-m)\right)\right] \\
&= \sum_{\ell=0}^{\infty}\sum_{m=0}^{\infty} h(\ell)h(m)\mathrm{E}\left[u(k-\ell)u(k+\tau-m)\right]
\end{aligned} \tag{7.12}$$

ここで，インパルス応答 $h(k)$ は確定的な量なので，$u(k)$ のみが期待値の対象となる確率変数であることに注意します。次に，式 (7.12) の期待値演算 $\mathrm{E}\left[u(k-\ell)u(k+\tau-m)\right]$ の引数である $u(k-\ell)$ と $u(k+\tau-m)$ の時刻の差

$$(k+\tau-m)-(k-\ell) = \tau+\ell-m$$

が，入力信号の自己相関関数 $\phi_u(\tau)$ のラグになります。よって，式 (7.12) は，

$$\phi_y(\tau) = \sum_{m=0}^{\infty}\sum_{\ell=0}^{\infty} h(\ell)h(m)\phi_u(\tau+\ell-m) \tag{7.13}$$

となります。

次に，式 (7.13) を離散時間フーリエ変換すると，$y(k)$ のパワースペクトル密度関数 $S_y(\omega)$ は，

$$\begin{aligned} S_y(\omega) &= \sum_{\tau=-\infty}^{\infty} \phi_y(\tau)e^{-j\omega\tau} \\ &= \sum_{\tau=-\infty}^{\infty} \left(\sum_{m=0}^{\infty}\sum_{\ell=0}^{\infty} h(\ell)h(m)\phi_u(\tau+\ell-m)\right) e^{-j\omega\tau} \\ &= \sum_{\tau=-\infty}^{\infty}\sum_{m=0}^{\infty} h(m) \sum_{\ell=0}^{\infty} h(\ell)\phi_u(\tau+\ell-m)e^{-j\omega(\tau+\ell-m)}e^{j\omega\ell}e^{-j\omega m} \end{aligned} \tag{7.14}$$

のように計算されます。ここで，最後の式の右辺では，これ以降の式変形のために指数関数 $e^{-j\omega\tau}$ を三つに分解しました。

いま，$s = \tau + \ell - m$ と変数変換すると，

$$\begin{aligned} S_y(\omega) &= \sum_{m=0}^{\infty} h(m)e^{-j\omega m} \sum_{s=-\infty}^{\infty} \phi_u(s)e^{-j\omega s} \sum_{\ell=0}^{\infty} h(\ell)e^{j\omega\ell} \\ &= H(e^{j\omega})S_u(\omega)H(e^{-j\omega}) = H(e^{j\omega})H(\epsilon^{-j\omega})S_u(\omega) \end{aligned} \tag{7.15}$$

が得られます。ここで，$H(e^{j\omega})$ は，インパルス応答の離散時間フーリエ変換

$$H(e^{j\omega}) = \sum_{k=0}^{\infty} h(k)e^{-j\omega k} \tag{7.16}$$

であり，離散時間システムの**周波数伝達関数**と呼ばれます。システムの伝達関数 $H(z)$ が既知であれば，$z = e^{j\omega}$ とおくことにより，周波数伝達関数が計算できるので $H(e^{j\omega})$ と表記しました[2)]。パワースペクトル密度関数の引数 ω の表記 $S_u(\omega)$ と違う表現を用いているため，見づらいことをお許しください。

---

2) 連続時間システムの場合，その伝達関数 $G(s)$ が既知であれば $s = j\omega$ とおくことにより，システムの周波数伝達関数 $G(j\omega)$ が計算できたことを思い出しましょう。

さて，ある複素数 z に対して，その複素共役を z^* とするとき，その複素数の大きさの二乗は，$|z|^2 = zz^*$ になります[3)]。このことを式 (7.15) で利用すると，

$$S_y(\omega) = \left|H(e^{j\omega})\right|^2 S_u(\omega) \tag{7.17}$$

が得られます。式 (7.17) は，システムの入出力信号のパワースペクトル密度の関係を与える重要な式です。

以上の式変形のように，本章で登場するさまざまな式変形は，おそらく初学者にとっては難しいものだと思います。しかし，本シリーズで制御工学を学んできた読者は，線形システム理論や複素関数，そして本書の第 4 章で述べた確率過程の知識を使って，一つひとつの式変形を追うことができるでしょう。

次に，式 (7.1) の両辺に $u(k-\tau)$ を乗じると，

$$u(k-\tau)y(k) = \sum_{i=0}^{\infty} h(i)u(k-i)u(k-\tau) \tag{7.18}$$

となります。この式の両辺に対して期待値をとると，

$$\mathrm{E}[u(k-\tau)y(k)] = \sum_{i=0}^{\infty} h(i)\mathrm{E}[u(k-i)u(k-\tau)] \tag{7.19}$$

が得られます。この式の左辺は入出力信号の相互相関関数であり，右辺には入力信号の自己相関関数が含まれています。これより，次の Point 7.1 が得られます。

Point 7.1　**ウィナー＝ホップ方程式**（Wiener–Hopf equation）

入力信号の自己相関関数を $\phi_u(\tau)$，入出力信号の相互相関関数を $\phi_{uy}(\tau)$ とすると，それらはシステムのインパルス応答 $h(k)$ を用いて，

$$\phi_{uy}(\tau) = \sum_{i=0}^{\infty} h(i)\phi_u(\tau-i) \tag{7.20}$$

で関係づけられます。この式 (7.20) はウィナー＝ホップ方程式と呼ばれ，この右辺はインパルス応答と入力信号の自己相関関数の**たたみ込み和**です。

---

3) この複素数の大きさの定義は，『制御工学のこころ—古典制御編—』で登場しました。

最後に，式 (7.20) を離散時間フーリエ変換すると，

$$S_{uy}(\omega) = H(e^{j\omega})S_u(\omega) \tag{7.21}$$

が得られます。時間領域でのたたみ込み和をフーリエ変換すると，周波数領域では乗算になることを思い出しましょう。ここで，$S_{uy}(\omega)$ は入出力信号の**相互スペクトル密度関数**です。式 (7.21) は，システムの周波数伝達関数 $H(e^{j\omega})$ を記述する重要な式です。

以上で得られた結果を次の Point 7.2 にまとめました。

Point 7.2 **確率過程のスペクトル密度関数と離散時間システムの周波数伝達関数の関係**

図 7.1 に示した離散時間システムの伝達関数を $H(z)$ とし，このシステムは漸近安定であるとします。平均値 μ_u で，パワースペクトル密度関数 $S_u(\omega)$ の定常確率過程 $u(k)$ をこのシステムに入力したとき，出力 $y(k)$ が得られたとします。

このとき，$y(k)$ は定常確率過程になり，その平均値 μ_y は，

$$\mu_y = H(1)\mu_u \tag{7.22}$$

になります。ここで，周波数 ω が 0 のとき，$e^{j\omega} = 1$ となるので，$H(1)$ によってシステムの定常ゲインが計算できます。

また，$y(k)$ のパワースペクトル密度関数 $S_y(\omega)$ は，

$$S_y(\omega) = \left|H(e^{j\omega})\right|^2 S_u(\omega) \tag{7.23}$$

で与えられます。ここで，$H(e^{j\omega})$ はシステムの周波数伝達関数です。

入力と出力の相互スペクトル密度関数を $S_{uy}(\omega)$ とすると，

$$S_{uy}(\omega) = H(e^{j\omega})S_u(\omega) \tag{7.24}$$

が成り立ちます。

式 (7.23)，(7.24) は重要な公式で，それらをブロック線図を用いて図 7.3 に示

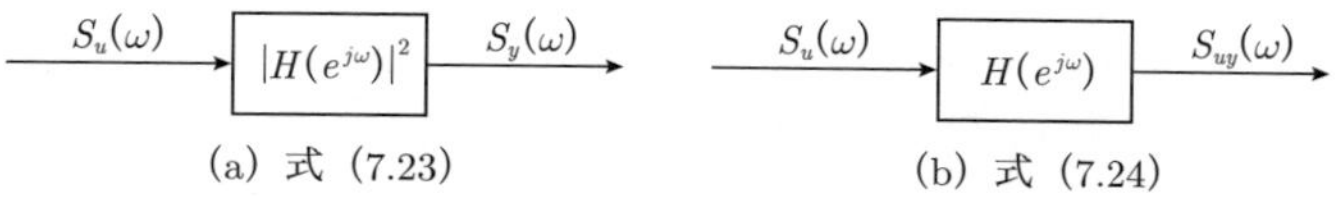

図 7.3 スペクトル密度関数に関する二つの公式

しました。図 7.3(a) に示した式 (7.23) では入出力信号のパワースペクトル密度関数を用いています。それらを関係づけるものはシステムのゲイン特性の二乗であり，位相特性を知ることはできません。それに対して，図 7.3(b) に示した式 (7.24) では，入力のパワースペクトル密度関数と入出力の相互スペクトル密度関数を用いることにより，システムの周波数伝達関数（ゲイン特性と位相特性）を知ることができます。

特に，式 (7.24) は，第 8 章で解説するシステム同定理論における**ノンパラメトリック同定法**の基礎となる式なので，予告編として，簡単に紹介しておきましょう。

いま，入力信号として大きさが 1，すなわち $S_u(\omega) = 1, {}^{\forall}\omega$ の白色雑音を用いると，式 (7.24) は，

$$S_{uy}(\omega) = H(e^{j\omega}) \tag{7.25}$$

となります。この状況で，入出力信号間の相互スペクトル密度関数を測定，あるいは推定することにより，システムの周波数伝達関数を，式 (7.25) から求めることができます。これは**スペクトル解析法**と呼ばれるノンパラメトリック同定法です。

また，式 (7.25) を逆フーリエ変換すると，

$$\phi_{uy}(\tau) = h(\tau) \tag{7.26}$$

が得られます。式 (7.26) より，入出力信号間の相互相関関数 $\phi_{uy}(\tau)$ から，システムのインパルス応答 $h(\tau)$ を推定することができます。これは**相関解析法**と呼ばれるノンパラメトリック同定法です。

7.2 伝達関数を用いた確率過程のモデリング

たとえば，ある場所の 1 時間ごとの気温のデータや，毎日の日経平均株価の値など，ある現象の時間的な変化を一定間隔でサンプリングして得られた値の系列を**時系列**（time-series）と言います[4)]。信号とシステムの用語を使えば，本書で考える時系列は一定のサンプリング周期で観測された**離散時間信号**です。時系列のモデルを構築することを**時系列モデリング**（time-series modeling），そして時系列の性質を調べることを**時系列解析**（time-series analysis）と言います。時系列モデリング・解析は，本書で扱うような工学分野だけではなく，計量経済学や社会科学などのさまざまな分野で精力的に研究，応用されています。本節では，時系列を確率過程とみなして，数理的にモデリングする方法について解説します。

7.2.1 確率過程のスペクトル分解と ARMA モデル

図 7.4 に示すように，平均値 0，分散 1 の**正規性白色雑音** $v(k)$ を，漸近安定で，伝達関数が $H(z)$ の離散時間線形動的システム S に入力したときの出力信号を時系列 $y(k)$ とします。言い換えると，たとえば株価のような与えられた時系列を，正規性白色雑音を線形システムに入力したときの出力としてモデリングすることを考えます。これを**時系列モデリング**と言います。

いま，システムへの入力信号が白色雑音で，その大きさを 1 とすると，Point 7.2 の式 (7.23) より，出力信号はパワースペクトル密度

$$S_y(\omega) = H(e^{-j\omega})H(e^{j\omega}) = \left|H(e^{j\omega})\right|^2 \tag{7.27}$$

をもつ定常確率過程になります。ここで，ω はサンプリング角周波数によって正

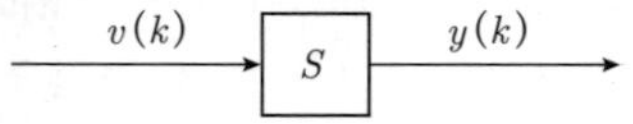

図 7.4 時系列の生成モデル

---

4) 必ずしも一定間隔でサンプリングする必要はありませんが，問題を簡単にするために本書ではサンプリング周期は一定とします。

規化された**正規化角周波数**です。

このとき，任意のスペクトル密度関数 $S_y(\omega)$ が，$H(e^{-j\omega})H(e^{j\omega})$ のように因数分解できるのだろうか，また，もしも式 (7.27) のように記述できるのであれば，どのようにして複素関数 H を見つけることができるのだろうか，という 2 点が問題になります。これは**スペクトル分解**（spectral factorization）[5)]問題として知られています。一般的に解くことは難しい問題ですが，次の Point 7.3 のような条件のもとで解くことができます。

Point 7.3 スペクトル分解定理

有理形スペクトル密度関数（rational spectral density function）$S_y(\omega)$ をもつ定常確率過程を考えます。このとき，この $S_y(\omega)$ は，

$$S_y(\omega) = H(e^{-j\omega})H(e^{j\omega}) = \left|H(e^{j\omega})\right|^2 \tag{7.28}$$

のように有理関数 $H(z)$ により因数分解することができ，これを**スペクトル分解**と言います。ここで，有理関数 $H(z)$ は，z 平面の単位円内にすべての極と零点をもつ**最小位相**（minimum phase）関数です[a]。

[a] 離散時間システムの場合，伝達関数の極がすべて単位円内に存在するとき安定です。同様に，零点もすべて単位円内に存在するとき，最小位相システムと呼ばれます。連続時間の場合の最小位相システムについては『制御工学のこころ—古典制御編—』を参照してください。

ここで，重要な仮定が二つあります。一つは有理形の仮定であり，もう一つは最小位相の仮定です。以下では，これらについて説明していきます。

まず，有理形とは，スペクトル密度関数 $S_y(\omega)$ が $e^{j\omega}$（あるいは $\cos\omega$，$\sin\omega$）の有理関数（すなわち，分子と分母が多項式である分数のこと）で表されることを意味します。以下では，簡単な例題を用いてこれらのことを見ていきましょう。

例題 7.1 確率過程 $y(k)$ のパワースペクトル密度が，

$$S_y(\omega) = \frac{1.04 + 0.4\cos\omega}{1.25 + \cos\omega} \tag{7.29}$$

5) "factorization" は中学数学で習った「因数分解」のことです。

で与えられるとき，これをスペクトル分解してみましょう。

複素関数の基本的な公式

$$\cos\omega = \frac{1}{2}(e^{j\omega} + e^{-j\omega}) \tag{7.30}$$

を式 (7.29) に代入すると，

$$S_y(\omega) = \frac{1.04 + 0.4\cdot\frac{1}{2}(e^{j\omega} + e^{-j\omega})}{1.25 + \frac{1}{2}(e^{j\omega} + e^{-j\omega})} = \frac{(e^{j\omega} + 0.2)(e^{-j\omega} + 0.2)}{(e^{j\omega} + 0.5)(e^{-j\omega} + 0.5)} \tag{7.31}$$

のように因数分解できます。この因数分解は難しく感じるかもしれません。最初は，因数分解されたものを展開計算して，もとの関数になることを確認できれば大丈夫です。

いま，

$$z = e^{j\omega} \tag{7.32}$$

とおくと，式 (7.31) は，

$$S_y(z) = \frac{(z + 0.2)(z^{-1} + 0.2)}{(z + 0.5)(z^{-1} + 0.5)} \tag{7.33}$$

と書き直されます。これより，式 (7.28) のスペクトル分解の有理関数 $H(z)$ の第一候補は，次式になるでしょう。

$$H_1(z) = \frac{z + 0.2}{z + 0.5} \tag{7.34}$$

しかし，式 (7.33) をさらに変形することができるので，有理関数 $H(z)$ の候補はまだほかにもあります。たとえば，式 (7.33) の分子を，

$$S_y(\omega) = \frac{z(1 + 0.2z^{-1})z^{-1}(1 + 0.2z)}{(z + 0.5)(z^{-1} + 0.5)} = \frac{(1 + 0.2z^{-1})(1 + 0.2z)}{(z + 0.5)(z^{-1} + 0.5)} \tag{7.35}$$

のように変形すると，

$$S_y(\omega) = \frac{\{0.2(z + 5)\}\{0.2(z^{-1} + 5)\}}{(z + 0.5)(z^{-1} + 0.5)} \tag{7.36}$$

となります。これより，次式も候補になります。

$$H_2(z) = 0.2\frac{z+5}{z+0.5} \tag{7.37}$$

同様な変形を分母で行うと，

$$H_3(z) = 2\frac{z+0.2}{z+2} \tag{7.38}$$

となります。さらに，分子分母で変形すると，次式が得られます。

$$H_4(z) = 0.4\frac{z+5}{z+2} \tag{7.39}$$

このように，$H_1(z) \sim H_4(z)$ の四つの有理関数が得られました。この中で，極と零点が z 平面の単位円内に存在するという，**最小位相**の仮定を満たす関数は $H_1(z)$ だけなので，式 (7.29) のスペクトル分解を，

$$H(z) = \frac{z+0.2}{z+0.5} \tag{7.40}$$

と唯一に決定できます。

さて，$H(z)$ は有理多項式なので，一般的に，

$$H(z) = \frac{C(z)}{A(z)} \tag{7.41}$$

とおきます。いま考えている例題では，

$$A(z) = z+0.5, \quad C(z) = z+0.2 \tag{7.42}$$

になります。 □

例題 7.1 を一般化した場合を考えましょう。いま，確率過程 $y(k)$ のパワースペクトル密度が，

$$S_y(\omega) = \frac{1+c^2+2c\cos\omega}{1+a^2+2a\cos\omega}, \qquad |a|<1, \quad |c|<1 \tag{7.43}$$

で与えられるとします。例題 7.1 と同様にこの式を因数分解すると，

$$S_y(\omega) = \frac{1+c^2+c(e^{j\omega}+e^{-j\omega})}{1+a^2+a(e^{j\omega}+e^{-j\omega})} = \frac{(e^{j\omega}+c)(e^{-j\omega}+c)}{(e^{j\omega}+a)(e^{-j\omega}+a)} \tag{7.44}$$

となります。式 (7.44) の右辺で，$z=e^{j\omega}$ とおき，最小位相の仮定を用いると，有理多項式

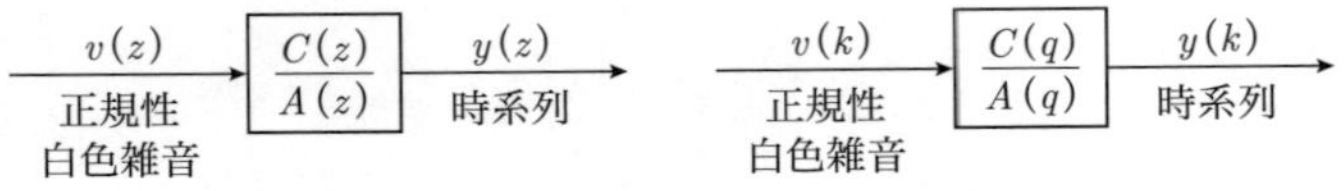

(a) z 領域における表現　　(b) 時間領域における表現

図 7.5　ARMA モデル

$$H(z) = \frac{z+c}{z+a}, \qquad |a| < 1, \quad |c| < 1 \tag{7.45}$$

が得られます。

式 (7.41) における二つの多項式を，

$$A(z) = z + a, \quad C(z) = z + c \tag{7.46}$$

のように定義します。すると，z 領域における時系列 y の z 変換は，

$$A(z)y(z) = C(z)v(z) \tag{7.47}$$

と記述でき，そのブロック線図を図 7.5(a) に示しました。ここで，v は平均値 0，分散 1 の正規性白色雑音であり，$v(z)$ はその z 変換です。図 7.5(a) は，時系列を z 領域で表現したものなので，制御の用語を使うと，システムを**伝達関数**を用いて表現したことになります。制御屋さんはこの表現のままでも問題ないのですが，時系列解析のユーザーにとっては，やはり問題を時間領域で取り扱いたくなります。

式 (7.47) を時間領域で記述するために，7.1.1 項で導入した**シフトオペレータ** q を利用します。すると，時系列 $\{y(k),\ k = 1, 2, \cdots\}$ は，

$$A(q)y(k) = C(q)v(k) \tag{7.48}$$

のように記述できます。ここで，

$$A(q) = 1 + aq^{-1}, \quad C(q) = 1 + cq^{-1} \tag{7.49}$$

とおきました[6)]。ここで，q^{-1} は**後ろ向きシフトオペレータ**（backward shift operator）と呼ばれることもあり，時系列解析の文献では B で表記されることもあります。このときのブロック線図を図 7.5(b) に示しました。

---

6) たとえば，$A(q^{-1}) = 1 + aq^{-1}$ とおいた方がより正確な記述ですが，本書では時間シフトオペレータの多項式は $A(q^{-1})$ ではなく，$A(q)$ のように記述します。

式 (7.48) に式 (7.49) を代入すると，

$$(1 + aq^{-1})y(k) = (1 + cq^{-1})v(k) \tag{7.50}$$

となり，これを計算すると，

$$y(k) + ay(k-1) = v(k) + cv(k-1) \tag{7.51}$$

が得られます。これは**確率差分方程式** (stochastic difference equation)，あるいは単に差分方程式と呼ばれます。

式 (7.48) より，時系列 $y(k)$ は一般に，

$$y(k) = \frac{C(q)}{A(q)}v(k) \tag{7.52}$$

と記述できます。ここで，$A(q), C(q)$ 多項式は n 次とし，それぞれ，

$$A(q) = 1 + a_1q^{-1} + \cdots + a_nq^{-n} \tag{7.53}$$

$$C(q) = c_0 + c_1q^{-1} + \cdots + c_nq^{-n} \tag{7.54}$$

とおきました。式 (7.52) のようなモデルを**自己回帰移動平均モデル** (autoregressive moving average model：**ARMA モデル**) と言います。ARMA モデルは最も有名な時系列モデルの一つです。

式 (7.52) より，現時刻 k における時系列の値 $y(k)$ は，

$$\begin{aligned} y(k) = &- a_1y(k-1) - \cdots - a_ny(k-n) \\ &+ c_0v(k) + c_1v(k-1) + \cdots + c_nv(k-n) \end{aligned} \tag{7.55}$$

と記述されます。

以上で説明したように，確率過程，すなわち，時系列 $y(k)$ の有理形パワースペクトル密度関数 $S_y(\omega)$ が与えられれば，スペクトル分解と呼ばれる因数分解のテクニックを用いて，その時系列を記述する確率差分方程式を導出することができます。

以上で得られた結果を要約すると，次の Point 7.4 が得られます。

Point 7.4　表現定理（representation theorem）

有理形スペクトル密度関数 $S_y(\omega)$ が与えられたとき，白色雑音をシステムに入力したときの出力 $y(k)$ が，スペクトル密度関数 $S_y(\omega)$ をもつ定常確率過程になるような漸近安定な線形動的最小位相システムが存在します。

言い換えると，白色雑音を線形動的最小位相システムに入力することによって，さまざまな定常確率過程を生成することができます。これを表現定理と言います（図 7.6）。これは，時系列モデリングに基づくフィルタリングの基礎となる重要な定理です。

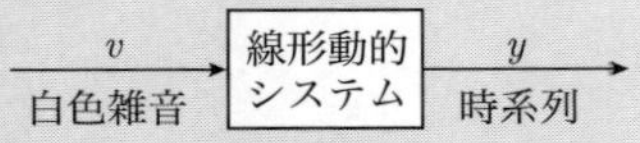

図 7.6　表現定理（定常確率過程の生成）

以上では，分子と分母から成る有理形スペクトル密度関数から出発して ARMA モデルを導出しました。有理形スペクトル密度関数が分母だけの場合，あるいは分子だけの場合には，それぞれ AR モデル，MA モデルと呼ばれます。それらのモデルについて，以下で説明しましょう。

7.2.2　AR モデル

最も有名な時系列モデルである AR モデルについて説明します。

[1] AR モデルによる時系列の表現

時系列 $y(k)$ が，

$$y(k) = \frac{1}{A(q)}v(k) \tag{7.56}$$

で記述されるとき，この時系列生成モデルを**自己回帰モデル**（auto-regressive model：**AR モデル**）と言い，そのブロック線図を図 7.7 に示しました。ここで，$v(k)$ は平均値 0，分散 σ_v^2 に従う正規性白色雑音であり，

$$A(q) = 1 + a_1q^{-1} + \cdots + a_nq^{-n} \tag{7.57}$$

とおきました。n 次 AR モデルを AR(n) と表記することもあります。

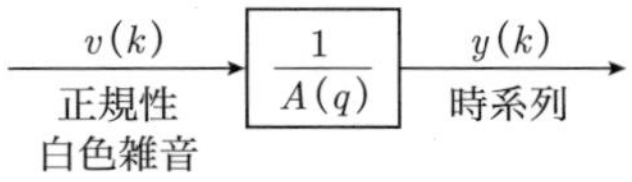

図 7.7 AR モデル

図 7.7 から明らかなように，AR モデルは分母多項式のみが存在します。分母多項式から計算される**極**（pole）は，n 次代数方程式

$$z^n + a_1 z^{n-1} + \cdots + a_n = 0 \tag{7.58}$$

を解くことにより求められます。時系列が定常過程であるためには，システムが漸近安定である，すなわち，すべての極が単位円内に存在しなければなりません。

AR モデルは極の情報が重要な時系列，たとえば，音声信号や地震波のような振動的な時系列のモデリングに適しています。古典制御の伝達関数を思い出すと，分母の方が分子よりも重要でした。時系列モデルにおいても，分母多項式から成る AR モデルは非常に重要なモデルです。

観測された N 個の時系列データ $\{y(1), y(2), \cdots, y(N)\}$ から，AR モデルの係数 $\{a_1, a_2, \cdots, a_n\}$ を推定する問題は，時系列モデリングの中心的テーマです。これは，時系列データの AR モデルへの**フィッティング**（fitting：適合）問題と呼ばれ，赤池弘次やジョン・バーグ（John Burg）らにより 1960 年代後半に精力的に研究されました。バーグの**最大エントロピー法**（maximum entropy method：**MEM**）やユール＝ウォーカー法などが有名です。最小二乗法を用いた AR モデルのパラメータ推定法については，7.3 節で説明します。

[2] AR(1) モデルの解析

最も単純な AR(1) モデル

$$A(q) = 1 + aq^{-1} \tag{7.59}$$

について詳しく調べていきましょう[7]。この AR モデルを記述する確率差分方程式は，

---

7) 本来は，パラメータを a_1 と書くべきですが，AR(1) は一つのパラメータしか含んでいないので，煩雑さを避けるために a と表記しました。

$$
\begin{aligned}
&(1+aq^{-1})y(k) = v(k) \\
&\therefore \quad y(k) = -ay(k-1) + v(k)
\end{aligned} \tag{7.60}
$$

となります。この式より，現時刻 k での時系列の値 $y(k)$ は，1 時刻前の自分自身の値 $y(k-1)$ が a 倍されたものに確率的な白色雑音 $v(k)$ が加わって生成されています。このことより，自己回帰モデルと名付けられました。また，時系列 $y(k)$ が発散しない，すなわち，定常過程であるためには $|a| < 1$ である必要があります。

AR(1) モデルで記述される時系列 $y(k)$ の平均値，分散，そして自己相関関数などを計算しましょう。

まず，AR(1) モデルは，次のように無限級数

$$
\begin{aligned}
y(k) &= \frac{1}{1+aq^{-1}}v(k) = (1 - aq^{-1} + a^2q^{-2} - \cdots)v(k) \\
&= v(k) - av(k-1) + a^2v(k-2) - \cdots
\end{aligned} \tag{7.61}
$$

に変形することができます。ここで，AR モデルを表す分数は，初項が 1 で，公比が $-aq^{-1}$ の**等比数列の無限和**であることを用いました。この式 (7.61) の両辺の期待値をとると，

$$
\begin{aligned}
\mu_y = \mathrm{E}[y(k)] &= \mathrm{E}[v(k) - av(k-1) + a^2v(k-2) - \cdots] \\
&= \mathrm{E}[v(k)] - a\mathrm{E}[v(k-1)] + a^2\mathrm{E}[v(k-2)] - \cdots \\
&= 0
\end{aligned} \tag{7.62}
$$

となり，時系列 $y(k)$ の平均値は 0 であることがわかります。ここで，白色雑音 $v(k)$ の平均値が 0 であることを用いました。

次に，$y(k)$ の分散を計算するために，式 (7.60) の両辺を二乗して，期待値をとります。

$$
\begin{aligned}
\sigma_y^2 = \mathrm{E}[y^2(k)] &= \mathrm{E}[\{-ay(k-1) + v(k)\}^2] \\
&= a^2\mathrm{E}[y^2(k-1)] - 2a\mathrm{E}[y(k-1)v(k)] + \mathrm{E}[v^2(k)] \\
&= a^2\sigma_y^2 + \sigma_v^2
\end{aligned} \tag{7.63}
$$

ここで，$y(k-1)$ と $v(k)$ は無相関であることを用いました。これより，時系列 $y(k)$ の分散は，

$$\sigma_y^2 = \frac{1}{1-a^2}\sigma_v^2 \tag{7.64}$$

となります。なお，式 (7.61) の右辺を用いて $y^2(k)$ を計算して，その期待値をとることによっても同じ結果を得ることができます[8)]。

さらに，$y(k)$ の自己相関関数 $\phi_y(\tau)$ を計算しましょう。まず，$\phi_y(0) = \sigma_y^2$ です。次に，

$$\begin{aligned}
\phi_y(1) &= \mathrm{E}[y(k)y(k+1)] \\
&= \mathrm{E}[\{v(k) - av(k-1) + \cdots\}\{v(k+1) - av(k) + \cdots\}] \\
&= \mathrm{E}[-av^2(k) - a^3v^2(k-1) - a^5v^2(k-2) - \cdots] \\
&= -(a + a^3 + a^5 + \cdots)\mathrm{E}[v^2(k)] \\
&= -\frac{a}{1-a^2}\sigma_v^2 = -a\phi_y(0)
\end{aligned} \tag{7.65}$$

となります。ここで，$v(k)$ の無相関性を利用しました。同様にして，

$$\begin{aligned}
\phi_y(2) &= \mathrm{E}[y(k)y(k+2)] \\
&= (a^2 + a^4 + a^6 + \cdots)\mathrm{E}[v^2(k)] \\
&= \frac{a^2}{1-a^2}\sigma_v^2 = a^2\phi_y(0)
\end{aligned} \tag{7.66}$$

が得られます。これらの結果より，時系列 $y(k)$ の自己相関関数は，

$$\phi_y(\tau) = (-1)^\tau a^\tau \phi_y(0), \qquad \tau = 0, \pm 1, \pm 2, \cdots \tag{7.67}$$

と記述されます。

いま，AR(1) の伝達関数は，

$$H(z) = \frac{1}{1+az^{-1}} = \frac{z}{z+a} \tag{7.68}$$

と書けます。これより，極は $z = -a$ です。

例として，$a = -0.9$ としたときと，$a = 0.9$ としたときの二つの場合の自己相関関数と，極配置を図 7.8 に示しました。$a < 0$ のときには，自己相関関数が指数関数的に減少しており，$a > 0$ のときには，振動的に減少していることがわかります。これらの自己相関関数の図より，自己相関関数は $\tau = 0$ で最大値を

---

8) このときにも等比数列の無限和の公式を用います。

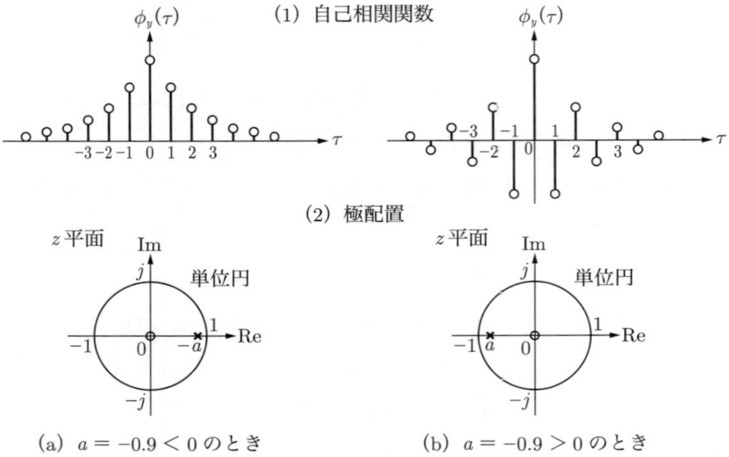

図 7.8 AR(1) モデルの自己相関関数と極配置（極を×印で表記）

とり，偶関数であるといった第 4 章の Point 4.1 でまとめた自己相関関数の性質を確認することができます。

最後に，式 (7.68) で $z = e^{j\omega}$ とおくことにより，AR(1) の周波数伝達関数を計算してみましょう。

$$
\begin{aligned}
H(e^{j\omega}) &= \frac{1}{1 + ae^{-j\omega}} = \frac{1}{1 + a(\cos\omega - j\sin\omega)} \\
&= \frac{1 + a\cos\omega}{1 + 2a\cos\omega + a^2} + j\frac{a\sin\omega}{1 + 2a\cos\omega + a^2}
\end{aligned}
\tag{7.69}
$$

これより，伝達関数 H の振幅特性と位相特性は，それぞれ次のようになります。

$$
|H(e^{j\omega})| = \frac{1}{\sqrt{1 + 2a\cos\omega + a^2}} \tag{7.70}
$$

$$
\angle H(e^{j\omega}) = \arctan\frac{a\sin\omega}{1 + a\cos\omega} \tag{7.71}
$$

ちょっと面倒ですが，複素数の大きさと偏角を求める計算なので，これらの計算結果を確認してください。

いま，$v(k)$ は正規性白色雑音であり，その大きさを，

$$
S_v(\omega) = 1, \qquad \forall\omega \tag{7.72}
$$

とすると，Point 7.2 の式 (7.23) より，

$$S_y(\omega) = |H(e^{j\omega})|^2 = \frac{1}{1 + 2a\cos\omega + a^2} \tag{7.73}$$

が得られます。これが AR(1) で記述される時系列 $y(k)$ のパワースペクトル密度関数です。

7.2.3 MA モデル

次に，MA モデルについて説明しましょう。

[1] MA モデルによる時系列の表現

時系列 $y(k)$ が，

$$y(k) = C(q)v(k) \tag{7.74}$$

で記述されるとき，この時系列生成モデルを**移動平均モデル**（moving average model：**MA モデル**）と言い，そのブロック線図を図 7.9 に示しました。ここで，$v(k)$ は平均値 0，分散 σ_v^2 に従う正規性白色雑音であり，

$$C(q) = c_0 + c_1 q^{-1} + \cdots + c_n q^{-n} \tag{7.75}$$

とおきました。n 次 MA モデルを MA(n) と書くこともあります。MA モデルは，AR モデルとは逆に，分母多項式は存在せず，分子多項式 $C(q)$ のみから成ります。すなわち，極は存在せずに，零点のみから成ります。

[2] MA(1) モデルの解析

以下では，

$$C(q) = \frac{1}{2}(1 + q^{-1}) \tag{7.76}$$

とした簡単な MA(1) モデルについて考えましょう。この MA モデルを記述する確率差分方程式は，

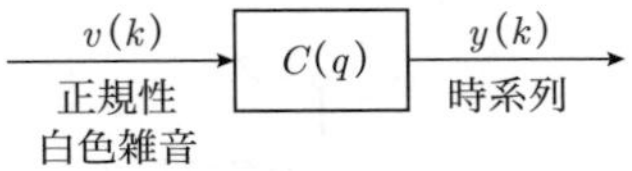

図 7.9 MA モデル

$$y(k) = \frac{1}{2}\left(v(k) + v(k-1)\right) \tag{7.77}$$

となります。これは長さ 2 の**移動平均フィルタ**を記述しています。このように移動平均の操作と関係しているため，移動平均モデルと名付けられました。係数が 0.5 でない場合は，重み付きの移動平均とみなすことができます。

式 (7.77) の確率差分方程式によって生成される時系列 $y(k)$ の平均値，自己相関関数，そして，スペクトル密度関数を計算しましょう。まず，式 (7.77) の両辺で期待値をとると，

$$\mathrm{E}[y(k)] = \frac{1}{2}\mathrm{E}[v(k) + v(k-1)] = 0 \tag{7.78}$$

となり，時系列 $y(k)$ の平均値は 0 です。

次に，自己相関関数 $\phi_y(\tau)$ を計算します。まず，$\tau = 0$ のとき，すなわち分散は，

$$\phi_y(0) = \sigma_y^2 = \mathrm{E}\left[\left\{\frac{v(k) + v(k-1)}{2}\right\}^2\right] = \frac{1}{4}2\sigma_v^2 = \frac{1}{2}\sigma_v^2 \tag{7.79}$$

のようになります。同様にして，

$$\phi_y(1) = \mathrm{E}\left[\left\{\frac{(v(k) + v(k-1))}{2}\right\}\left\{\frac{(v(k+1) + v(k))}{2}\right\}\right] = \frac{1}{4}\sigma_v^2 \tag{7.80}$$

$$\phi_y(2) = \mathrm{E}\left[\left\{\frac{(v(k) + v(k-1))}{2}\right\}\left\{\frac{(v(k+2) + v(k+1))}{2}\right\}\right] = 0 \tag{7.81}$$

が得られます。$|\tau| \geq 2$ のとき，$\phi_y(\tau) = 0$ となります。このように，ある τ 以上の自己相関関数が 0 になることは MA モデルの特徴の一つです。MA(1) の自己相関関数を図 7.10 に示しました。

最後に，MA(1) モデルの伝達関数

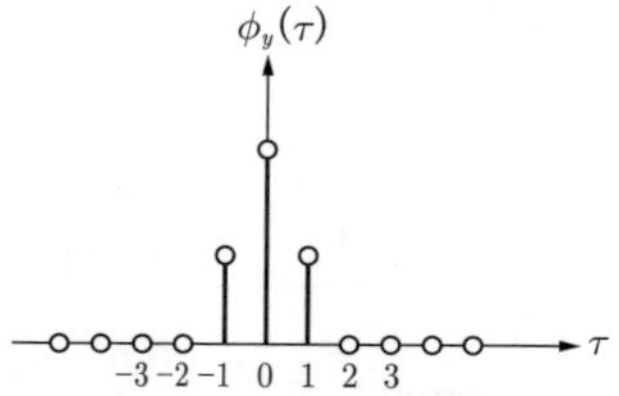

図 7.10 MA(1) モデルの自己相関関数

$$H(z) = \frac{1}{2}(1 + z^{-1}) \tag{7.82}$$

から周波数伝達関数 $H(e^{j\omega})$ を計算しましょう。

$$H(e^{j\omega}) = \frac{1}{2}(1 + e^{-j\omega}) = \frac{1}{2}(1 + \cos\omega - j\sin\omega) \tag{7.83}$$

これより，

$$|H(e^{j\omega})|^2 = \frac{1}{2}(1 + \cos\omega) = \cos^2\frac{\omega}{2} \tag{7.84}$$

となります。ここで，三角関数の公式

$$1 + \cos\omega = 2\cos^2\frac{\omega}{2}$$

を利用しました。いま，ω は離散時間周波数なので，$0 \leq \omega \leq \pi$ の範囲を考えると[9]，H の振幅特性は，

$$|H(e^{j\omega})| = \cos\frac{\omega}{2} \tag{7.85}$$

となります。また，位相特性は，

$$\angle H(e^{j\omega}) = \arctan\left(-\frac{\sin\omega}{1 + \cos\omega}\right) = -\arctan\left(\tan\frac{\omega}{2}\right) = -\frac{\omega}{2} \tag{7.86}$$

となります。ここで，三角関数の公式

$$\frac{\sin\omega}{1 + \cos\omega} = \tan\frac{\omega}{2}$$

を利用しました。ここでの式変形は，後述するカルマンフィルタの章の第 9 章の 9.2.2 項と関連するので，ちょっと記憶しておいてください。

H の周波数特性から次のことがわかります。AR(1) モデルのときと同様に，正規性白色雑音 $v(k)$ の大きさを，

$$S_v(\omega) = 1, \qquad \forall\omega \tag{7.87}$$

とすると，Point 7.2 の式 (7.23) より，

$$S_y(\omega) = |H(e^{j\omega})|^2 = \cos^2\frac{\omega}{2} \tag{7.88}$$

が得られます。これが MA(1) で記述される時系列 $y(k)$ のパワースペクトル密度関数です。

---

9) $\omega = 0$ が周波数 0 に，$\omega = \pi$ がナイキスト周波数に対応します。

7.2.4 ARIMA モデル

ARMA モデルの拡張である **ARIMA モデル**について説明します。ARIMA は auto-regressive integrated moving average の略で，和文では**自己回帰積分移動平均モデル**と呼ばれます。

ARIMA モデルは，ボックス（G.E.P. Box）とジェンキンス（G.M. Jenkins）によって提案された**非定常時系列**（non-stationary time-series）を記述するモデルであり，

$$A(q)\nabla^d y(k) = C(q)v(k) \tag{7.89}$$

で与えられます。ただし，∇^d は，

$$\nabla^d = (1 - q^{-1})^d, \qquad d = 1, 2, \cdots \tag{7.90}$$

で定義される d **階差分オペレータ**です。これは，$d = 1$ のとき，

$$\nabla y(k) = (1 - q^{-1})y(k) = y(k) - y(k-1) \tag{7.91}$$

のように，通常の 1 階差分を表すことから明らかでしょう。3 以上の差分の階数 d をとることもできますが，現実的には，1, 2 の値（すなわち，1 階差分，2 階差分に対応する）がとられます。

式 (7.89) は，

$$y(k) = \frac{C(q)}{A(q)}\left(\frac{1}{\nabla^d}v(k)\right) \tag{7.92}$$

と書き直すことができます。これを図 7.11 に示しました。この式において，$1/\nabla^d$ は d 階和分を意味するので，ARIMA モデルでは，白色雑音を d 階和分した後，ARMA モデルへ入力して，時系列を生成することがわかります。

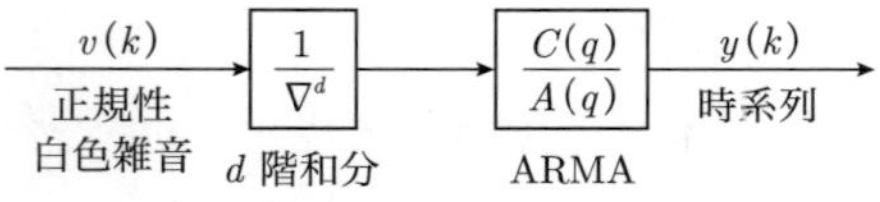

図 7.11 ARIMA モデル

ARIMA モデルは時系列モデルに積分器（実際には和分器）を含んでいます。言葉を変えると，安定限界である z 平面の単位円上の $z = 1$ に極をもちます。そのため，**非定常確率過程**である時系列を記述することができます[10)]。

7.3 最小二乗法による AR モデルのパラメータ推定

前節で，時系列モデルの代表例である AR モデルを導入しました。時系列モデルとして AR モデルの利用を決めた後，次に行うべきことは，AR モデルに含まれる未知パラメータ $\{a_i\ ;\ i = 1, 2, \cdots, n\}$ を時系列データから推定することです。

7.3.1 AR モデルのパラメータ推定

本節では，まず，$n = 2$ である AR(2) モデル

$$y(k) + a_1 y(k-1) + a_2 y(k-2) = v(k) \tag{7.93}$$

を例にとって，このパラメータ推定問題を説明します。

いま，利用できるデータは，時系列 $\{y(k)\ ;\ k = 1, 2, \cdots, N\}$ であり，N はデータ数です。このデータに基づいて，AR モデルの二つの係数パラメータ $\{a_1, a_2\}$ を推定する問題を考えます。

式 (7.93) は，

$$\begin{aligned} y(k) &= -a_1 y(k-1) - a_2 y(k-2) + v(k) \\ &= \begin{bmatrix} a_1 & a_2 \end{bmatrix} \begin{bmatrix} -y(k-1) \\ -y(k-2) \end{bmatrix} + v(k) \\ &= \boldsymbol{\theta}^T \boldsymbol{\varphi}(k) + v(k) \end{aligned} \tag{7.94}$$

のように変形できます。ここで，

$$\boldsymbol{\theta} = \begin{bmatrix} a_1 & a_2 \end{bmatrix}^T \tag{7.95}$$

は未知パラメータベクトルであり，

10) ARIMA モデルは，『続 制御工学のこころ—モデルベースト制御編—』で解説したモデル予測制御とも関連しています。

$$\boldsymbol{\varphi}(k) = \begin{bmatrix} -y(k-1) \\ -y(k-2) \end{bmatrix} \tag{7.96}$$

は，時刻 k において既知の時系列データから構成され，**回帰ベクトル** (regression vector) と呼ばれます。そして，$v(k)$ は正規性白色雑音です。

式 (7.94) より，AR モデルは未知パラメータ $\boldsymbol{\theta}$ に関して線形な**線形回帰モデル**です。したがって，第 5 章の 5.2 節で学んだ**最小二乗法**を使って，未知パラメータを推定することができます。この場合，**正規方程式**は，

$$\left(\frac{1}{N}\sum_{k=1}^{N}\boldsymbol{\varphi}(k)\boldsymbol{\varphi}^T(k)\right)\hat{\boldsymbol{\theta}}_N = \left(\frac{1}{N}\sum_{k=1}^{N}y(k)\boldsymbol{\varphi}(k)\right) \tag{7.97}$$

で与えられます。ここで，$\hat{\boldsymbol{\theta}}_N$ は N 個のデータに基づく，AR モデルのパラメータ推定値を表します。

式 (7.97) より，パラメータ推定値は，

$$\hat{\boldsymbol{\theta}}_N = \left(\frac{1}{N}\sum_{k=1}^{N}\boldsymbol{\varphi}(k)\boldsymbol{\varphi}^T(k)\right)^{-1}\left(\frac{1}{N}\sum_{k=1}^{N}y(k)\boldsymbol{\varphi}(k)\right) \tag{7.98}$$

から計算できます。この式を要素ごとに書くと，次のようになります。

$$\begin{bmatrix} \hat{a}_1 \\ \hat{a}_2 \end{bmatrix} = -\begin{bmatrix} \frac{1}{N}\sum_{k=1}^{N}y^2(k-1) & \frac{1}{N}\sum_{k=1}^{N}y(k-1)y(k-2) \\ \frac{1}{N}\sum_{k=1}^{N}y(k-1)y(k-2) & \frac{1}{N}\sum_{k=1}^{N}y^2(k-2) \end{bmatrix}^{-1} \cdot \begin{bmatrix} \frac{1}{N}\sum_{k=1}^{N}y(k)y(k-1) \\ \frac{1}{N}\sum_{k=1}^{N}y(k)y(k-2) \end{bmatrix} \tag{7.99}$$

いま，利用できるデータ数 N が十分大きいとすると，式 (7.99) は時系列 $y(k)$ の自己相関関数 $\phi_y(\tau)$ を用いて，

$$\hat{\boldsymbol{\theta}} = \lim_{N\to\infty}\hat{\boldsymbol{\theta}}_N = -\begin{bmatrix} \phi_y(0) & \phi_y(1) \\ \phi_y(1) & \phi_y(0) \end{bmatrix}^{-1}\begin{bmatrix} \phi_y(1) \\ \phi_y(2) \end{bmatrix} \tag{7.100}$$

のように書き直すことができます。このように，AR モデルのパラメータは，時系列の相関関数 $\phi_y(\tau)$ を用いて計算することができます。

ここで，逆行列をとる行列

$$\boldsymbol{R} = \begin{bmatrix} \phi_y(0) & \phi_y(1) \\ \phi_y(1) & \phi_y(0) \end{bmatrix} \tag{7.101}$$

に着目しましょう。この行列の固有値 λ を計算するために，2 次方程式

$$\lambda^2 - 2\phi_y(0)\lambda + (\phi_y^2(0) - \phi_y^2(1)) = 0$$

を解くと，

$$\lambda = \phi_y(0) \pm \phi_y(1) \tag{7.102}$$

が得られます。

まず，着目する時系列が白色雑音ではなく相関をもつ有色信号であれば，$\phi_y(1) \neq 0$ になります。次に，第 4 章で学んだ自己相関関数の性質を思い出すと，

$$\phi_y(0) > |\phi_y(1)| \tag{7.103}$$

が成り立ちます。ここで，時系列は一定値ではないとしました。

すると，式 (7.102) より，

$$\lambda = \phi_y(0) \pm \phi_y(1) > 0 \tag{7.104}$$

が成り立ち，行列 $\boldsymbol{R}$ は正定値であることがわかります。説明する順番が逆になってしまいましたが，この正定値性により，式 (7.100) において逆行列をとることができたのです。

以上では，AR(2) モデルを例にとってそのパラメータ推定について説明しました。同様にして，$n \geq 3$ の AR(n) モデルの場合についても，最小二乗法によりパラメータ推定を行うことができます。

なお，MA モデルや ARMA モデルは線形回帰モデルではないので，AR モデルのように最小二乗法を用いて，行列演算だけで解くことはできません。何らかの最適化手法を利用することになります。ここでは，その説明は省略します。

7.3.2 AR モデルの次数選定

AR モデルを決定する際，そのパラメータだけではなく，次数，すなわち推定するパラメータ数 n を選定する必要があります。AR モデルの次数選定法としてさまざまな方法が提案されています。その中で最も有名なものは**赤池情報量基準**（Akaike information criterion：**AIC**）でしょう[11)]。AIC は，モデル推定用のデータとモデル検証用データが同一のときに利用されます。そして，最尤推定法で得られたモデルの良さを測るものであり，

$$\mathrm{AIC} = -2\ln(\text{最大尤度}) + 2 \times (\text{パラメータ数}) \tag{7.105}$$

で定義されます。ここで，この AIC が小さいものほど良いモデルです。AIC を計算するためには尤度の計算が必要ですが，予測誤差が正規分布に従う場合には，式 (7.105) は，

$$\mathrm{AIC} = \ln\left[\left(1 + \frac{2n}{N}\right)V\right] \tag{7.106}$$

となります。ここで，V は予測誤差 $\varepsilon(k)$

$$\varepsilon(k) = y(k) - \hat{y}(k) = y(k) + \sum_{i=1}^{n} \hat{a}_i y(k-i) \tag{7.107}$$

の二乗和

$$V = \sum_{k=1}^{N} \varepsilon^2(k) \tag{7.108}$$

で与えられます。

さて，現実的な問題設定を考えてみましょう。われわれが対象とする時系列を手に入れるためには，何らかのセンサーを用いて時系列を観測（あるいは測定）することになります。その際，観測雑音が混入することは避けられません。このように，現実的な時系列モデルは，図 7.12 のようになります。すなわち，われわれが手に入れる時系列は，観測雑音により汚されています。雑音が混入するこ

11) AIC のことを an information criterion の略だと赤池先生がおっしゃっていたと，聞いたことがあります。

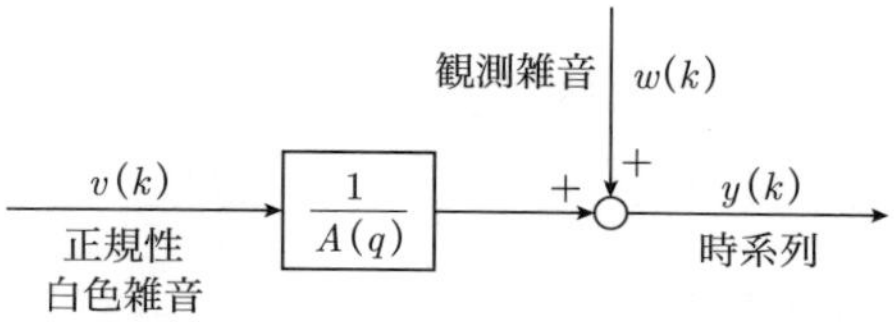

図 7.12　現実的な時系列モデル

とにより，その雑音も AR モデルで記述しなければいけないので，AIC などを用いると AR モデルの次数は高めに選定されることになります。実問題では，この点を考慮して次数を低めに選定する必要があります。

7.4　状態空間表現を用いた時系列のモデリング

前節では，確率過程である時系列を AR, MA, ARMA モデルなどといった入出力モデルで記述しました。これは古典制御で大活躍した伝達関数モデルに対応します。本節では，現代制御の基礎となる状態空間モデルによって時系列を表現する方法を与えます[12)]。

7.4.1　時系列の状態空間表現

前節の図 7.12 を一般的に書き直すと，図 7.13 のブロック線図が得られます。図中の時系列 $y(k)$ の状態空間表現について次の Point 7.5 でまとめましょう。

Point 7.5　時系列の状態空間表現

$(n \times 1)$ の**状態ベクトル** $\boldsymbol{x}(k)$ を導入すると，図 7.13 の時系列 $y(k)$ は，

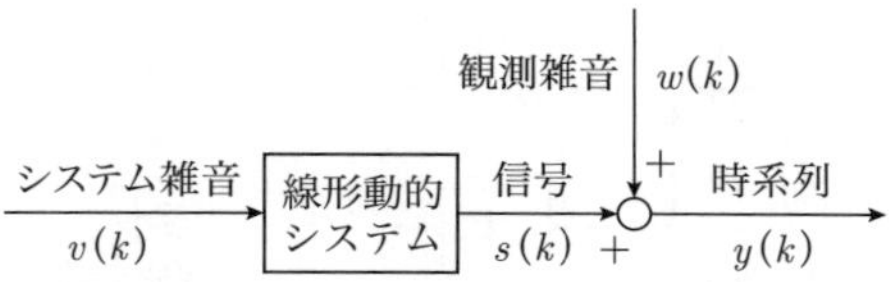

図 7.13　観測雑音を考慮した時系列モデル

12) 伝達関数については『制御工学のこころ—古典制御編—』を，状態空間表現については『続 制御工学のこころ—モデルベースト制御編—』を参照してください。

$$\boldsymbol{x}(k+1) = \boldsymbol{A}\boldsymbol{x}(k) + \boldsymbol{b}v(k) \tag{7.109}$$

$$y(k) = \boldsymbol{c}^T\boldsymbol{x}(k) + w(k) \tag{7.110}$$

のように，**線形状態空間表現**されます。ここで，式 (7.109) は**状態方程式**，式 (7.110) は**観測方程式**と呼ばれます。

$v(k)$ は時系列を生成するために入力される $N(0, \sigma_v^2)$ に従う正規性白色雑音で，**システム雑音**と呼ばれます。$w(k)$ は時系列を観測するときに加わる**観測雑音**で，システム雑音と独立な正規性白色雑音で，$N(0, \sigma_w^2)$ に従います。そして，$\boldsymbol{A}$ は $(n \times n)$ 正方行列，$\boldsymbol{b}$ は $(n \times 1)$ の列ベクトル，$\boldsymbol{c}$ は $(n \times 1)$ の列ベクトルです。

式 (7.109)，(7.110) において，右辺は状態 $\boldsymbol{x}(k)$ に関して線形（1 次式）なので，これは**線形状態空間表現**と呼ばれます。

図 7.13 の線形動的システムを式 (7.109) の状態方程式で記述し，それに観測雑音を加えると式 (7.110) の観測方程式が得られます。この状態空間モデルを図 7.14 に示しました。図において細い矢印はスカラー量を，太い矢印はベクトル量を表しました。図では，**遅延器**（$q^{-1}\boldsymbol{I}$ の部分），加算器（○の部分），そして係数倍器という離散時間システムの基本演算素子を用いてモデルを表現しました。図において，左の部分が状態方程式，右の部分が観測方程式に対応します。以上で与えた時系列の線形状態空間表現は，第 9 章で解説する線形カルマンフィ

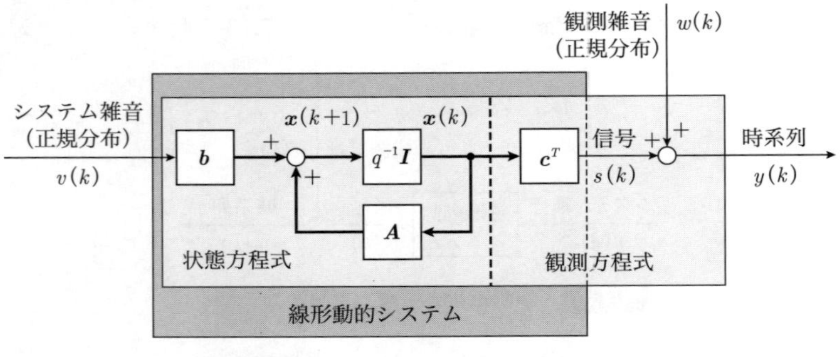

図 7.14 時系列モデルの状態空間表現

ルタのための定式化として重要です。

状態空間表現について詳しく述べます。式 (7.109) の状態方程式は**1 階差分方程式**です。この式において，線形システムへの入力に相当するものがシステム雑音 $v(k)$ です。システム雑音という用語には雑音という悪いイメージがありますが，時系列モデリングの場合には，線形システムを駆動する駆動源になります。次に，$\boldsymbol{x}(k)$ は時刻 k における状態変数であり，時系列の未来のふるまいを予測するために必要な，過去のふるまいに関する情報がこの状態に詰まっています。ここで，状態の初期値 $\boldsymbol{x}(0) = \boldsymbol{x}_0$ は正規分布に従うと仮定します。

式 (7.109) を要素ごとに書くと，

$$\begin{bmatrix} x_1(k+1) \\ x_2(k+1) \\ \vdots \\ x_n(k+1) \end{bmatrix} = \begin{bmatrix} a_{11} & a_{12} & \cdots & a_{1n} \\ a_{21} & a_{22} & \cdots & a_{2n} \\ \vdots & \vdots & \ddots & \vdots \\ a_{n1} & a_{n2} & \cdots & a_{nn} \end{bmatrix} \begin{bmatrix} x_1(k) \\ x_2(k) \\ \vdots \\ x_n(k) \end{bmatrix} + \begin{bmatrix} b_1 \\ b_2 \\ \vdots \\ b_n \end{bmatrix} v(k) \tag{7.111}$$

となります。

式 (7.109) の右辺第 2 項の $v(k)$ は白色雑音なので，その値を予測することはできません。$v(k)$ の平均値が 0 であることに注意して，式 (7.109) の両辺の期待値をとると，

$$\hat{\boldsymbol{x}}(k+1) = \boldsymbol{A}\boldsymbol{x}(k) \tag{7.112}$$

が得られます。ここで，$\hat{\boldsymbol{x}}(k+1) = \mathrm{E}[\boldsymbol{x}(k+1)]$ とおきました。これより次の Point 7.6 が得られます。

Point 7.6　状態方程式は予測の式

式 (7.109) の状態方程式

$$\boldsymbol{x}(k+1) = \boldsymbol{A}\boldsymbol{x}(k) + \boldsymbol{b}v(k)$$

を用いると，ある時刻 k での状態の値 $\boldsymbol{x}(k)$ が既知であれば，次の時刻 $(k+1)$ での状態は，最小二乗の意味で，

$$\hat{\boldsymbol{x}}(k+1) = \boldsymbol{A}\boldsymbol{x}(k) \tag{7.113}$$

によって予測することができます。

次に，式 (7.110) の観測方程式は代数方程式です。式 (7.110) 右辺第 1 項が着目する信号

$$s(k) = \boldsymbol{c}^T \boldsymbol{x}(k) \tag{7.114}$$

を表しています。このように，信号は状態の線形結合で記述されます。

また，$w(k)$ は観測雑音です。式 (7.110) を要素ごとに書くと，

$$y(k) = \begin{bmatrix} c_1 & c_2 & \cdots & c_n \end{bmatrix} \begin{bmatrix} x_1(k) \\ x_2(k) \\ \vdots \\ x_n(k) \end{bmatrix} + w(k) \tag{7.115}$$

となります。

式 (7.110) の観測方程式は，第 5 章の最小二乗法で扱った基本的な問題

$$\boldsymbol{y} = \boldsymbol{C}\boldsymbol{x} + \boldsymbol{w} \tag{7.116}$$

と同じ形式をしていることに注意しましょう。第 5 章では，観測方程式だけに基づいて信号の推定問題を考えていました。それに対して，状態空間表現を用いると，その信号 $\boldsymbol{x}$ のダイナミクスを考慮することができます。

時間領域における状態空間表現は伝達関数表現と比べてさまざまな利点があります。そのいくつかを次の Point 7.7 でまとめておきましょう。

Point 7.7 状態空間表現の利点

- 伝達関数は時変システムの記述に適していないので，**非定常時系列**を記述することができません。それに対して，状態空間表現では，係数を次のように時間関数にすることにより，非定常時系列を記述することができます。

$$\boldsymbol{x}(k+1) = \boldsymbol{A}(k)\boldsymbol{x}(k) + \boldsymbol{b}(k)v(k) \tag{7.117}$$

$$y(k) = \boldsymbol{c}^T(k)\boldsymbol{x}(k) + w(k) \tag{7.118}$$

- 伝達関数はラプラス領域における線形システムの表現なので，一般に**非線形システム**には適用できません。それに対して，状態空間表現は時間領域における差分方程式による表現なので，非線形システムに容易に拡張できます。すなわち，

$$x(k+1) = f(x(k), v(k)) \tag{7.119}$$
$$y(k) = h(x(k)) + w(k) \tag{7.120}$$

です。ここで，$\boldsymbol{f}(\cdot,\cdot)$ と $h(\cdot)$ は非線形関数です。

- 伝達関数は 1 入力 1 出力システムの記述に適しているので，スカラー時系列を表現できました。しかし，伝達関数は多入力多出力システムの記述には向いていないので，通常，多次元時系列の記述には利用しません。それに対して，状態空間表現は多入力多出力システムへの拡張が容易なので，次のように多次元時系列 $\boldsymbol{y}(k)$ を記述することができます。

$$\boldsymbol{x}(k+1) = \boldsymbol{A}\boldsymbol{x}(k) + \boldsymbol{B}\boldsymbol{v}(k) \tag{7.121}$$
$$\boldsymbol{y}(k) = \boldsymbol{C}\boldsymbol{x}(k) + \boldsymbol{w}(k) \tag{7.122}$$

ここで，$\boldsymbol{A}, \boldsymbol{B}, \boldsymbol{C}$ は適切な大きさの行列です。

最後に，第 2 章，第 3 章で学んだ**正規分布**という観点から，式 (7.109)，(7.110) の状態空間モデルについて考察しましょう。式 (7.109) 右辺において，$k = 0$ のとき，状態の初期値 $\boldsymbol{x}(0)$ が正規分布に従うと仮定すると，その線形変換 $\boldsymbol{A}\boldsymbol{x}(0)$ も正規分布に従います。右辺第 2 項のシステム雑音も正規分布に従うので，その 1 次式である $\boldsymbol{b}v(0)$ も正規分布に従います。このように，式 (7.109) 右辺の二つの項は互いに独立な正規分布に従うので，正規分布の**再生性**から，その和である $\boldsymbol{x}(1)$ は正規分布に従います。よって，式 (7.109) の差分方程式に従って時間発展する状態 $\boldsymbol{x}(k)$ はつねに正規分布に従います。同様にして，式 (7.110) により計算される時系列 $y(k)$ もつねに正規分布に従います。この事実も，線形カルマンフィルタにおいて重要になります。

7.4.2 状態空間モデルのパラメータ推定

時系列を状態空間モデルで記述した後，次の問題は，式 (7.109)，(7.110) の状態空間モデルの係数行列・ベクトル $\boldsymbol{A}$, $\boldsymbol{b}$, $\boldsymbol{c}$ を時系列 $\{y(k)\ ;\ k=1,2,\cdots,N\}$ から推定することです。第 8 章で解説する部分空間同定法[13]をはじめとして理論的な方法が提案されていますが，ここでは AR モデルの推定結果を用いた実用的な方法を紹介します。

式 (7.99) より得られた AR(2) モデルの二つのパラメータ推定値 $\hat{a}_1$, $\hat{a}_2$ を用いて，

$$\begin{bmatrix} x_1(k+1) \\ x_2(k+1) \end{bmatrix} = \begin{bmatrix} 0 & -\hat{a}_2 \\ 1 & -\hat{a}_1 \end{bmatrix} \begin{bmatrix} x_1(k) \\ x_2(k) \end{bmatrix} + \begin{bmatrix} -\hat{a}_2 \\ -\hat{a}_1 \end{bmatrix} v(k) \tag{7.123}$$

$$y(k) = \begin{bmatrix} 0 & 1 \end{bmatrix} \begin{bmatrix} x_1(k) \\ x_2(k) \end{bmatrix} + w(k) \tag{7.124}$$

のような状態空間モデルを構成することができます。これは**可観測正準形**[14]と呼ばれる実現で，この状態空間モデルを用いてカルマンフィルタを設計することができます。このとき注意すべき点は，AR モデルの次数を必要以上に高次にしないことです。

---

13) 部分空間同定法については第 8 章の 8.6.2 項で解説します。

14)『続 制御工学のこころ—モデルベースト制御編—』を参照してください。

第8章

システム同定

第7章では，時系列，すなわち離散時間信号のモデリングについて学びました。本章では，本シリーズ『制御工学のこころ』のメインテーマである「制御」に立ち戻り，制御のための動的システム（プラントとも呼ばれます）のモデリングについて考えます。制御のためのモデリングを行うためには多くのノウハウが必要であり，必ずしも標準的な方法が確立されていません。すなわち，モデリングを行う技術者の *art*（わざ）に頼る部分が残っています。そして，対象となるプラントやモデリングの目的に応じて，さまざまなモデリング法が存在します。本章では，モデリング法の一つである**システム同定**（system identification）について解説します。システム同定は対象となるシステムの入出力データを用いて，システムの数学モデルを構築する方法であり，人工知能の分野で研究されている機械学習と同じように制御分野におけるデータ駆動型のモデリング法です。

これまで本書で勉強してきた確率・統計，確率過程，最小二乗法，時系列モデリングなどを基礎知識としてもっていれば，システム同定の理解は容易になるでしょう。なお，本章では，システム同定の基礎のエッセンスをまとめました。より詳しく学習したい方は，たとえば，拙著[1)]をご覧ください。

---

1) 足立修一：『システム同定の基礎』東京電機大学出版局，2009.

8.1　システム同定とは

8.1.1　モデリングと制御系設計

少しかしこまったシステム同定の定義を次の Point 8.1 で与えましょう。

Point 8.1　システム同定

システム同定とは，対象とする動的システム（プラント）の入出力データを用いて，ある目的のもとで，対象と同一である，何らかの数学モデルを構築すること。

このとき，「目的，同一である，数学モデル」の三つの単語がキーワードになります。

まず大切なことは，何のためにシステム同定を行うかという「**目的**」です。主な目的として，制御系設計，異常診断，適応信号処理，カルマンフィルタなどがあります。このように，システム同定は最終目的でないことに注意しましょう。本章では，この中で主に制御系設計とカルマンフィルタの設計を目的としたシステム同定を取り扱います。

次に，「**同一である**」ということは，identification の名の由来です。制御対象であるプラントと同一のモデルを作成することは，通常不可能なので，制御系を構成するうえで重要な特性がモデルに盛り込まれているとき，同一であるとみなします。ここで，ほとんどの場合，モデルはプラントの近似であることを認識しておくことが重要です。たとえば，ロバスト制御では，得られたモデルは**公称モデル**（nominal model）と呼ばれ，その公称モデルが記述できなかった部分は**モデルの不確かさ**（model uncertainty）と呼ばれます。

最後に，制御系設計で用いられる「**数学モデル**」（mathematical model）の代表例は，これまで本シリーズで学んできたインパルス応答，ステップ応答，伝達関数，周波数伝達関数，状態空間表現などです。どのような数学モデルを利用するかは，システム同定法と制御系設計法の双方に依存します。

制御系設計の発展とそれに必要とされるモデルの関係を表 8.1 にまとめま

表 8.1　線形制御系設計とモデルとの関係

制御系設計法	モデル
Phase 1　古典制御の時代（～1960）	
古典制御　（周波数領域） ・PID 制御 ・ループ整形法	ノンパラメトリックモデル ・周波数伝達関数 ・ステップ応答，インパルス応答
Phase 2　現代制御の時代（1960～1980）	
現代制御（時間領域） ・最適制御 ・極配置法	パラメトリックモデル ・状態空間表現 ・伝達関数
Phase 3　ポスト現代制御の時代（1980～2000）	
ロバスト制御（時間 ＋ 周波数領域） ・$\mathcal{H}_\infty$ 最適制御 ・不確かさにロバストな最適制御	パラメトリックモデル ・状態空間表現（公称モデル） ノンパラメトリックモデル ・周波数伝達関数（モデルの不確かさ）
Phase 4　モデル予測制御の時代（1990～）	
モデル予測制御（時間領域） ・制約付き最適制御 ・後退ホライズン制御	パラメトリックモデル ・状態空間表現 ・伝達関数

した。

まず，Phase 1 の 1950 年代に完成された**古典制御**の時代では，主に，制御対象の周波数伝達関数やステップ応答を用いて PID 制御などの設計を行いました（『制御工学のこころ—古典制御編—』参照）。ここで，周波数伝達関数やステップ応答は**ノンパラメトリックモデル**と呼ばれる，図的なモデルです。

次に，Phase 2 の 1960 年以降の**現代制御**の時代では，制御対象を状態空間表現することから始まりました。そのモデルを用いて，状態フィードバック制御を設計しました（『続 制御工学のこころ—モデルベースト制御編—』参照）。ここで，状態空間表現は**パラメトリックモデル**と呼ばれます。これは，$(\boldsymbol{A}, \boldsymbol{b}, \boldsymbol{c}, d)$ といったパラメータにより記述されたモデルだからです。

Phase 3 とした 1980 年代の**ロバスト制御**の登場によって，制御対象の数学モデル（公称モデルとそのモデルの不確かさ）と制御系設計仕様が与えられれば，設計者の能力に大きく依存しない標準的な制御系設計が行えるようになりました。制御理論が大きく進展した時代です。このとき，最も重要なものが制御対象のモデルでした。ロバスト制御理論の登場と，その実システムへの応用によって，1990 年代には，モデリング，特に，システム同定の重要性が再認識されました。

Phase 4 とした 1990 年代以降の**モデル予測制御**においても，その名称に「モデル」という用語が入っていることからも明らかなように，制御対象のモデルは重要な役割を演じます（『続 制御工学のこころ—モデルベースト制御編—』参照）。モデル予測制御では，パラメトリックモデルである状態空間表現や伝達関数を用います。

特に，現代制御，ロバスト制御，モデル予測制御は，モデルに基づいてコントローラの設計を行うので，**モデルベースト制御**（model-based control）と呼ばれます。

21 世紀に入り，Phase 4 のモデル予測制御の時代から，非線形制御理論に関する研究が活発に行われています。特に，実用化の観点では，非線形モデル予測制御が注目されています。当然，非線形制御のためには非線形システム同定理論が必要であり，これは機械学習などとも密接に関連して近年のシステム同定研究の中心的課題の一つになっています。しかし，本書ではシステム同定の基礎に焦点を絞り，線形離散時間システムの同定についてのみ考えます。

8.1.2 システム同定の基本的な手順

線形離散時間システムに対するシステム同定の基本的な手順を図 8.1 にまとめました。これらの手順について以下で説明していきましょう。

Step 1　同定実験の設計：同定入力，サンプリング周期などの選定
Step 2　同定実験：同定対象の入出力データの収集
Step 3　入出力データの前処理：時間領域と周波数領域における処理
Step 4　構造同定：モデル構造の選定，モデル次数の決定
Step 5　システム同定：スペクトル解析法，予測誤差法，部分空間同定法など
Step 6　モデルの妥当性の評価：時間領域，周波数領域などでの評価

図 8.1　システム同定の基本的な手順

8.2　システム同定実験の設計とデータの前処理

8.2.1　同定入力の選定

同定対象であるプラントに印加される入力信号は，時刻が増加するにつれて 0 に収束したり，逆に発散する信号であってはいけません。すなわち，有界な信号が存在し続けるという意味で，**持続的な信号**でなければなりません。これまで本シリーズで学んできたように，持続的な信号の代表は，一定値信号と正弦波信号です。制御工学的な言い方をすると，周波数軸上（s 平面の虚軸上）に極をもつ信号が持続的な信号です。この様子を図 8.2 に示しました。理解を容易にするために，連続時間信号を例にとり，その極を s 平面に示しました（離散時間信号

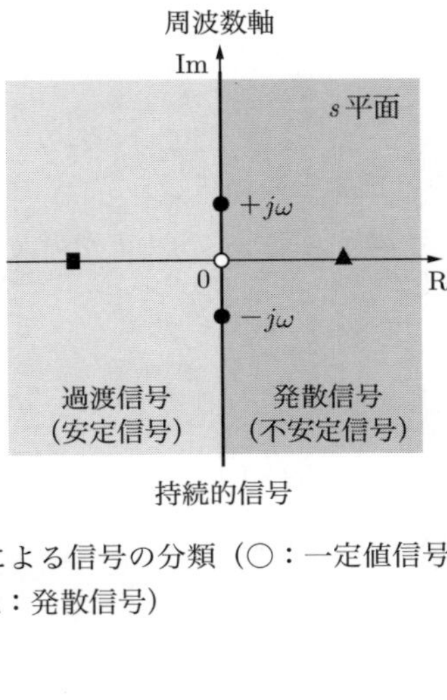

図 8.2　極配置による信号の分類（○：一定値信号，●：正弦波信号，■：過渡信号，▲：発散信号）

の場合には，z 平面上の単位円周上が周波数軸に対応します）。この図について，以下で説明していきます。

極が左半平面に存在する信号を**過渡信号**と呼びます。たとえば，減衰指数信号 $u(t) = e^{-at}u_s(t)$ のラプラス変換は，

$$u(s) = \frac{1}{s+a}$$

です。ここで，$u_s(t)$ は単位ステップ信号で，$a > 0$ としました。このとき，極は $s = -a$ となり，左半平面に存在します。図 8.2 では■でプロットしました。過渡信号は時間の経過とともに 0 になってしまうので，システム同定入力には使えません。

逆に，極が右半平面に存在する信号を**発散信号**と呼びます。たとえば，指数信号 $u(t) = e^{at}u_s(t)$ のラプラス変換は，

$$u(s) = \frac{1}{s-a}$$

です。ここで，$a > 0$ としました。このとき，極は $s = a$ となり，右半平面に存在します。図 8.2 では▲でプロットしました。発散信号は時間の経過とともに発散してしまうので，システム同定入力には使えません。

そこで，周波数軸（虚軸）上に極をもつ信号を考えます。まず，一定値である**単位ステップ信号** $u_s(t)$ が第一候補です。この信号のラプラス変換は，

$$u(s) = \frac{1}{s}$$

なので，極は $s = 0$ となり，虚軸上に存在します。

次に，周波数 ω_0 の正弦波信号 $u(t) = \sin\omega_0 t$ を考えます。この信号のラプラス変換は，

$$u(s) = \frac{\omega_0}{s^2 + \omega_0^2}$$

なので，極は $s = \pm j\omega_0$ となり，虚軸上に 2 個存在します。

続いて，周波数の異なる二つの正弦波の和

$$u(t) = a_1 \sin\omega_1 t + a_2 \sin\omega_2 t, \quad \omega_1 \neq \omega_2 \tag{8.1}$$

コラム 8.1 ロトフィ・ザデー（1921〜2017）

ロトフィ・ザデー（Lotfi Asker Zadeh）はアゼルバイジャン生まれの数学者・電気工学者・計算機科学者・人工知能学者です。テヘラン大学（イラン）で学んだ後，1946 年にマサチューセッツ工科大学（MIT）で電気工学修士号を，1949 年にコロンビア大学で電気工学の博士号を取得しました。1949 年から 1959 年までコロンビア大学で教え，その後，1959 年から 1992 年までカリフォルニア大学バークレー校で教授を務めました。

1956 年，ザデーは "**system identification**"（システム同定）という用語を次のように定義しました。

『対象である動的システム（ブラックボックス）と対象に印加する入力空間，そしてそのブラックボックスに対するモデルクラスが与えられたとき，さまざまな入力に対するブラックボックスの応答を観測することにより，入力空間に含まれるすべての信号に対する応答と同じ応答を与えるという意味で等価なモデルを決定すること（下図 (b) 参照）』

彼は，システム同定という概念を提唱したこと以外にも，1950 年代初頭にジョン・ラガジーニとともに z 変換を研究し，離散時間信号・システムの黎明期に貢献しました。さらに，1965 年にファジィ集合，1973 年にファジィ論理を提案しました。これらは 1980 年代に起こった第 2 次 AI ブームの中心的なテーマの一つになりました。

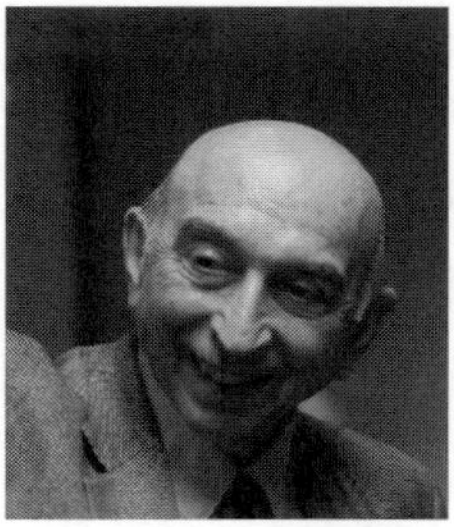

(a) ザデー[a]

(b) システム同定問題

[a] https://news.berkeley.edu/2017/09/12/lofti-zadeh-inventor-of-fuzzy-logic-dies-at-96/

で信号を構成すれば，これも持続的な信号になります。このとき，虚軸上に存在する極の数が 2 個増えました。

さらに，和をとる正弦波の個数を増加させていくと，

$$u(t) = \sum_{m=1}^{\infty} a_m \sin \omega_m t \tag{8.2}$$

となり，**白色雑音**が生成できます。

式 (8.2) を見ると，**フーリエ級数展開**を思い出された読者もいるでしょう。たとえば，この式の周波数 $\omega_1, \omega_2, \cdots$ が調波成分で構成されていれば[2)]，

$$u(t) = \sum_{m=1}^{\infty} a_m \sin m\omega_1 t \tag{8.3}$$

となり，これはフーリエ正弦級数展開と呼ばれます。このとき $u(t)$ は周期関数になります。それに対して，周波数が調波成分で構成されていなければ，式 (8.2) を用いて不規則な信号を発生できます。

さて，システム同定を行うとき，システムがもつさまざまな特徴（動特性）を知るためには，激しく変動する入力を使うべきです。この事実は，対象システムの信号の変動を抑えて，たとえば一定値に追従させることが目的であった制御器設計と正反対です。このように，システム同定と制御は，基本的に立場が異なることに注意しましょう。

たとえば，制御対象の動特性が未知のとき，システム同定をしながら制御器設計を行う方法は**適応制御**（adaptive control）として知られており，現代制御の誕生とほぼ同時期の 1950 年代後半から 1980 年代にかけて精力的に研究されました。第 3 次 AI ブームで研究されている**強化学習**は適応的最適制御と解釈することもできるように，制御理論の用語を使うと適応制御の一種です。このように，適応制御や強化学習は，同定と制御という相反する構成要素を内包しているため，理論的にも実システムへの適用においても，数々の課題があり，難しい研究テーマです。

さて，入力信号の「激しさ」を周波数領域で表現すると，さまざまな周波数の正弦波を含んでいることと解釈できます。この考えを定量化したものが信号の PE 性の次数です。

Point 8.2 PE 性の次数

周波数軸上の相異なる極の個数を **PE 性の次数**と呼びます。ここで，PE とは persistently exciting の頭文字であり，**持続的励振**という意味です。

---

2) ω_1 を基本周波数と言い，ω_2 以降がその整数倍の周波数になることです。

この定義を用いると，一定値信号の PE 性の次数は 1，単一の正弦波のそれは 2，二つの相異なる周波数の正弦波の和のそれは $2 \times 2 = 4$ です。そして，白色雑音は無限個の正弦波の和なので，その PE 性の次数は ∞ です。

PE 性の観点からは同定入力として白色雑音が最良です。しかし，取り扱いの簡単さから，白色雑音ではなく，二値信号がしばしば利用されます。さまざまな**疑似白色二値信号**（pseudo random binary signal：**PRBS**）が存在し，その中でシステム同定入力信号としては **M 系列信号**が最もよく知られています。

最後に，同定入力の選定指針について考えましょう。これまで述べてきたように，周波数成分を潤沢に含む，すなわち，PE 性の次数の高い白色雑音，あるいは M 系列信号を用いてシステム同定を行うことをお勧めします。しかし，同定入力の選定は，同定目的，同定対象，利用する同定モデル，システム同定法などに依存します。それらを考慮して入力信号の周波数特性を決定する必要があります。これらについてはもう少し高度な知識が必要になるので，興味のある読者は，本書の後，システム同定の専門書を読んでさらに勉強してください。

8.2.2 サンプリング周期の選定

システム同定を行う場合，サンプリング周期（T とします）は短ければ短いほど良いというわけではなく，何らかの最良な T が存在することが知られています。経験的なサンプリング周期の選定法を以下に与えましょう。

1. 同定対象のバンド幅の 10 倍程度のサンプリング周波数（$f_s = 1/T$）を用いる。
2. 同定対象のステップ応答の立ち上がり時間の間に 5 〜 8 サンプル点が入るくらいの間隔を T とする。

設計したコントローラを実装する場合には，制御周期（サンプリング周期）は短ければ短いほど連続時間に近い挙動を再現できるので，望ましいです。それに対して，システム同定を行う場合には，極端に短いサンプリング周期を選ぶべきではないことに注意しましょう。サンプリング周期の選定の面でも，システム同定と制御は立場が違います。

特に，実システムの同定を行う場合，そのサンプリング周期はコントローラの実装に合わせて短く設定されている場合がほとんどです。その場合には，短いサンプリング周期でシステム同定実験を行い，収集された入出力データに**デシメーション**と呼ばれるサンプリング周期を長くする信号処理を施すことが有用です。

8.2.3　入出力データの前処理

システム同定実験により測定された生データには，雑音や直流成分（ドリフト）が含まれていたり，データが収集されない部分（欠損データ）があったり，あるいは異常値が含まれているかもしれません。そのため，入出力データの前処理は必要であり，これはシステム同定が成功するかどうかを決定する重要なプロセスです。たとえば，料理をするときの下ごしらえ（たとえば，牛肉に塩コショウすること）のようなものです。

データ前処理の基本は，収集された信号の波形をグラフにプロットし，それを実際に見ることです。時間領域と周波数領域におけるデータ前処理法を以下に列挙します。

- 時間領域：アウトライアの除去，データの切り出し
- 周波数領域：低周波外乱の除去，高周波外乱の除去，プリフィルタリング

なお，それぞれの説明は省略します。

8.3　システム同定モデル

8.3.1　雑音を考慮した線形離散時間システムの一般的な表現

雑音を考慮した線形離散時間システムの入出力関係は

$$y(k) = G(q)u(k) + H(q)w(k), \qquad k = 1, 2, \cdots \tag{8.4}$$

によって記述できます。ここで，$y(k)$ は出力，$u(k)$ は入力，$w(k)$ は正規性白色雑音です。また，$G(q)$ は，第 7 章で導入した**シフトオペレータ** q で表されるシステムの伝達関数であり，

$$G(q) = \sum_{k=1}^{\infty} g(k)q^{-k} \tag{8.5}$$

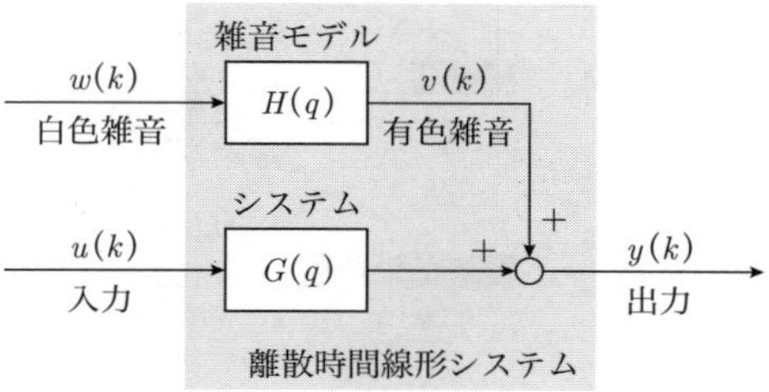

図 8.3 雑音を考慮した線形離散時間システムの一般的な表現

で与えられます。ただし，$g(k)$ はシステムの**インパルス応答**です。厳密に言うと，$G(q)$ は伝達オペレータであり，

$$G(z) = \sum_{k=1}^{\infty} g(k) z^{-k} \tag{8.6}$$

が**離散時間伝達関数**です。この式はインパルス応答 $g(k)$ を z 変換すると，離散時間伝達関数 $G(z)$ が得られることを表しています。

また，$H(q)$ は**雑音モデル**，あるいは**成形フィルタ**（shaping filter）と呼ばれ，

$$H(q) = 1 + \sum_{k=1}^{\infty} h(k) q^{-k} \tag{8.7}$$

で与えられます。式 (8.4) のブロック線図を図 8.3 に示しました。

$G(q)$ と $H(q)$ が q の有理多項式[3]であるとすると，さまざまなパラメトリックモデルが定義でき，それらを総称して**多項式ブラックボックスモデル**と言います。これは大きく次の二つに分けることができます。

1. 式誤差モデル（equation error model）
2. 出力誤差モデル（output error model）

8.3.2 推定問題

第 5 章以降では，**推定**問題を取り扱ってきました。時系列の推定問題は，推定したい時刻と利用できるデータの時刻の関係で，図 8.4 に示すように三つに分類

---

[3] 前述したように，有理多項式とは分数で表現されていて，その分子と分母が q の多項式であることです。

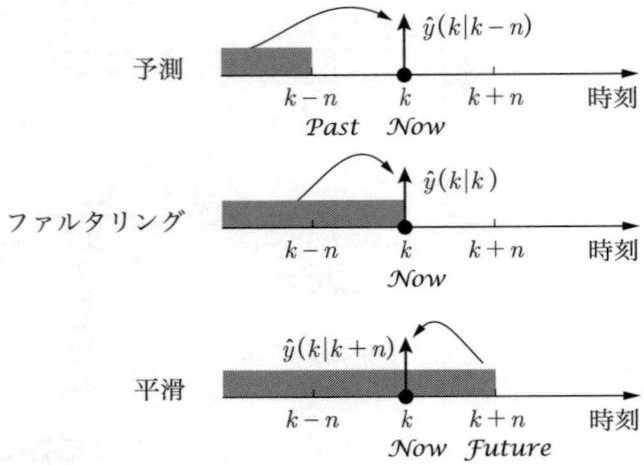

図 8.4　三つの推定問題：予測，フィルタリング，平滑

できます。図において，推定したい時刻を現時刻の k としました。

まず，時刻 $(k-n)$ までの時系列データに基づいて時刻 k での時系列 $y(k)$ の推定値を求めることを**予測**（prediction）と言い，$\hat{y}(k|k-n)$ と表記します。本章と次章では，特に，$n=1$ とした **1 段先予測**（one-step-ahead prediction）$\hat{y}(k|k-1)$ がしばしば登場します[4)]。

次に，時刻 k までの時系列データに基づいて時刻 k での時系列の推定値を求めることを**フィルタリング**（filtering）と言い，$\hat{y}(k|k)$ と表記します。さらに，時刻 $(k+n)$ までの時系列データに基づいて時刻 k での時系列の推定値を求めることを**平滑**（smoothing）と言い，$\hat{y}(k|k+n)$ と表記します。

ここで，$\hat{y}(k|m)$ のように縦棒 $|$ が登場したら，それはその後に書かれているものが条件であることを意味します。すなわち，第 3 章の多次元確率分布のところで勉強した「条件付き」のことです。ここでは，時刻 m までの情報に基づいた，時刻 k での推定値を意味しています。

本書では，予測とフィルタリングを利用します。平滑を行うためには，現時刻よりも未来の情報が必要なので，通常，オンライン処理はできないことに注意しましょう。

式 (8.4) のシステム同定モデルを用いたときの 1 段先予測に関する定理を

4) 統計の分野では 1 期先予測と呼ばれます。

Point 8.3 で与えておきます。

Point 8.3 1 段先予測

式 (8.4) で定義した線形システムにおいて，時刻 $(k-1)$ までに測定された入出力データに基づく出力 $y(k)$ の **1 段先予測値** $\hat{y}(k|k-1)$ は，

$$\hat{y}(k|k-1) = \{1 - H^{-1}(q)\}y(k) + H^{-1}(q)G(q)u(k) \tag{8.8}$$

で与えられます。

次章で述べるカルマンフィルタの用語を使うと，式 (8.8) の $\hat{y}(k|k-1)$ は，出力 $y(k)$ の事前推定値 $\hat{y}^{-}(k)$ に対応します。なお，式 (8.8) の導出は省略します。

8.3.3 式誤差モデル

ここでは，代表的な式誤差モデルである ARX モデル，FIR モデル，そして ARMAX モデルを紹介します。

[1] ARX モデル

差分方程式

$$\begin{aligned} & y(k) + a_1 y(k-1) + \cdots + a_n y(k-n) \\ & \quad = b_1 u(k-1) + \cdots + b_n u(k-n) + w(k) \end{aligned} \tag{8.9}$$

によって入出力関係が記述されるモデルを **ARX モデル**（auto-regressive with exogenous input model）と言います。ここで，$w(k)$ は正規性白色雑音です。ARX モデルはさまざまなシステム同定モデルの出発点となる重要なモデルです。

式 (8.9) を変形すると，

$$\begin{aligned} y(k) = & -a_1 y(k-1) - \cdots - a_n y(k-n) \\ & + b_1 u(k-1) + \cdots + b_n u(k-n) + w(k) \end{aligned} \tag{8.10}$$

となり，これは，

$$y(k) = \boldsymbol{\theta}^T \boldsymbol{\varphi}(k) + w(k) \tag{8.11}$$

と書き直されます。ここで，$\boldsymbol{\theta}$ が推定すべき未知の**パラメータベクトル**で，$\boldsymbol{\varphi}(k)$ は時刻 k において既知である過去の入出力データから構成される**回帰ベクトル**であり，それぞれ，

$$\boldsymbol{\theta} = [\,a_1, \cdots, a_n,\ b_1, \cdots, b_n\,]^T \tag{8.12}$$

$$\boldsymbol{\varphi}(k) = [\,-y(k-1), \cdots, -y(k-n),\ u(k-1), \cdots, u(k-n)\,]^T \tag{8.13}$$

で与えられます。式 (8.11) より，ARX モデルは，パラメータ $\boldsymbol{\theta}$ に関して線形な項と，白色雑音 $w(k)$ の和で構成されます。

いま，二つの q の多項式

$$A(q) = 1 + a_1 q^{-1} + \cdots + a_n q^{-n}$$
$$B(q) = b_1 q^{-1} + \cdots + b_n q^{-n}$$

を導入すると，式 (8.9) は，

$$A(q)y(k) = B(q)u(k) + w(k) \tag{8.14}$$

と書くことができます。さらに，この式は，

$$y(k) = \frac{B(q)}{A(q)}u(k) + \frac{1}{A(q)}w(k) \tag{8.15}$$

と書き直すことができます。式 (8.15) より，ARX モデルのブロック線図を図 8.5(a) に示しました。

式 (8.15) より，ARX モデルは，式 (8.4) で記述された一般的なシステムの伝達関数 $G(q)$ と雑音モデル $H(q)$ をそれぞれ次式のような有理多項式でおくことに対応します。

$$G(q) = \frac{B(q)}{A(q)}, \quad H(q) = \frac{1}{A(q)} \tag{8.16}$$

さて，式 (8.15) の右辺は，入力 $u(k)$ による項と，白色雑音 $w(k)$ による項の和です。線形システムなので重ね合わせの理が成り立つので，それぞれの影響を別々に考えてみましょう。

まず，白色雑音 $w(k)$ による出力を $y_w(k)$ とすると，

$$y_w(k) = \frac{1}{A(q)}w(k) \tag{8.17}$$

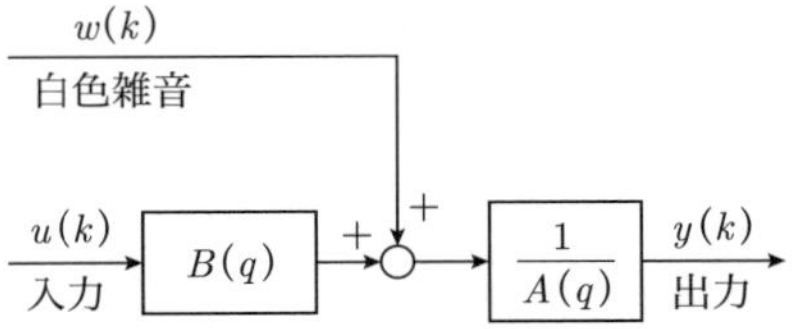

(a) ARX モデル

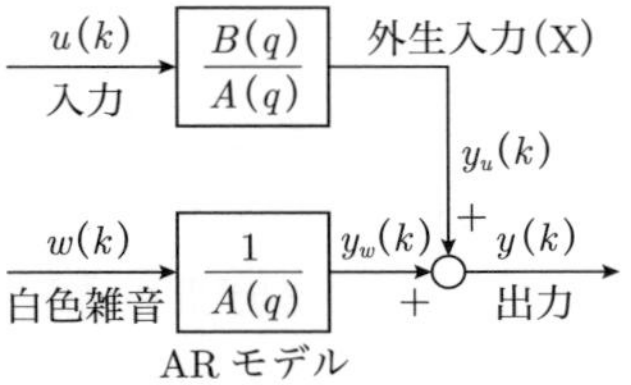

(b) ARX モデル命名の由来

図 8.5 二つの ARX モデルのブロック線図

が成り立ちます。これは第 7 章で学んだ時系列の **AR モデル**です。次に，入力 $u(k)$ による出力を $y_u(k)$ とすると，

$$y_u(k) = \frac{B(q)}{A(q)}u(k) \tag{8.18}$$

が成り立ちます。ここで，$u(k)$ は確率過程ではなく，システム同定を行うユーザーによって決定される確定的な系列なので，$y_u(k)$ は**外生入力**（exogenous input）と呼ばれます。

このように，式 (8.15) は式 (8.17) の AR モデルと，式 (8.18) の外生入力（X で略記します）の和，すなわち，

$$y(k) = y_w(k) + y_u(k) \tag{8.19}$$

になります。これより，式 (8.15) は **ARX モデル**と呼ばれるようになりました[5)]。ARX モデル命名の由来のブロック線図を図 8.5(b) に示しました。この ARX モデルのように，先輩である時系列モデリングの用語を用いて，さまざまなシステム同定モデルが名付けられました。

Point 8.3 を用いて ARX モデルの 1 段先予測値を計算すると，

$$\hat{y}(k|k-1) = B(q)u(k) + \{1 - A(q)\}y(k) = \boldsymbol{\theta}^T\boldsymbol{\varphi}(k) \tag{8.20}$$

5) ARX モデルという用語がシステム同定の世界で使われ始めたのは 1980 年代半ばでした。それ以前の教科書（たとえば文献 [3]）では ARX モデルという用語は使われていません。ARX モデルという用語がシステム同定の和書（たとえば，文献 [4], [5]）に登場したのは 1990 年代に入ってからです。

が得られます[6)]。この式より，ARX モデルの 1 段先予測値は，未知パラメータ $\boldsymbol{\theta}$ に関して線形（1 次式）です。そのため，ARX モデルは**線形回帰モデル**と呼ばれます。線形回帰というキーワードが登場すると，第 5 章で学んだ最小二乗法が関係していることが予想できるでしょう。

式 (8.14) で定義した ARX モデルに**むだ時間**（n_k とします）を導入すると，

$$A(q)y(k) = B(q)u(k - n_k) + w(k) \tag{8.21}$$

が得られます。

[2] FIR モデル

線形離散時間システムの入出力関係が，

$$y(k) = b_1 u(k-1) + b_2 u(k-2) + \cdots + b_n u(k-n) + w(k) \tag{8.22}$$

で記述されるものを**有限インパルス応答モデル**（finite impulse response model：**FIR モデル**）と言います（図 8.6(a) 参照）。ここで，$w(k)$ は正規性白色雑音です。

第 5 章の 5.2.6 項でも説明したように，対象とするシステムが安定であれば，そのインパルス応答 b_i は i の増加とともに 0 に向かいます[7)]。この性質より，安定システムのインパルス応答を有限個で近似したものが FIR モデルです。システムが周波数軸に近いところに極をもつ場合には，インパルス応答の減衰が悪くなるため，FIR モデルの項数 n を大きくとる必要があります。

ARX モデルのときと同じように，式 (8.22) は，

$$y(k) = \boldsymbol{\theta}^T \boldsymbol{\varphi}(k) + w(k) \tag{8.23}$$

と書き直すことができます。ここで，パラメータベクトルと回帰ベクトルを，それぞれ，

$$\boldsymbol{\theta} = [\, b_1,\, b_2,\, \cdots,\, b_n \,]^T \tag{8.24}$$

$$\boldsymbol{\varphi}(k) = [\, u(k-1),\, u(k-2),\, \cdots,\, u(k-n) \,]^T \tag{8.25}$$

---

6) この式の導出は読者の皆さまにお任せします。

7) 第 5 章の 5.2.6 項とはインパルス応答の表記が異なることをお許しください。

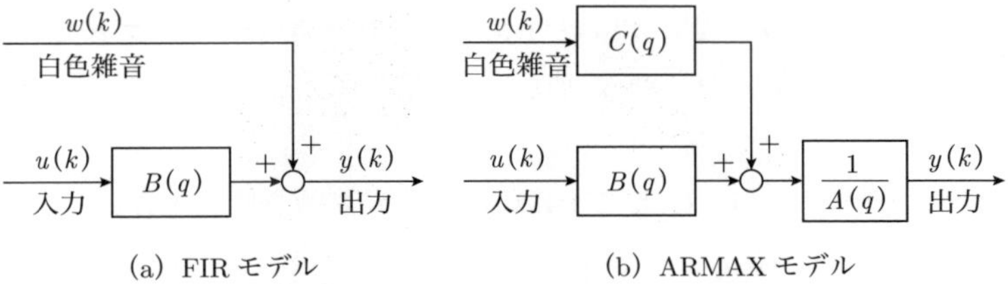

図 8.6 FIR モデルと ARMAX モデル

とおきました。

また，多項式 $B(q)$ を用いて，

$$y(k) = B(q)u(k) + w(k) \tag{8.26}$$

と記述することもできます。ここで，

$$B(q) = b_1 q^{-1} + b_2 q^{-2} + \cdots + b_n q^{-n} \tag{8.27}$$

とおきました。

FIR モデルの出力の 1 段先予測値は，

$$\hat{y}(k|k-1) = B(q)u(k) = \boldsymbol{\theta}^T \boldsymbol{\varphi}(k) \tag{8.28}$$

で与えられます。このように，FIR モデルも線形回帰モデルです。

[3] ARMAX モデル

線形離散時間システムの入出力関係が，

$$A(q)y(k) = B(q)u(k) + C(q)w(k) \tag{8.29}$$

で記述されるものを **ARMAX モデル**（auto-regressive moving-average with exogenous input model）と言います（図 8.6(b) 参照）。ここで，

$$C(q) = c_1 q^{-1} + \cdots + c_{n_c} q^{-n_c} \tag{8.30}$$

とおきました。

式 (8.29) を変形すると，

$$y(k) = \frac{B(q)}{A(q)}u(k) + \frac{C(q)}{A(q)}w(k) \tag{8.31}$$

となります。この式の右辺第 2 項が時系列モデルの **ARMA モデル**を表し，それに右辺第 1 項の外生入力（X）が加わっているので，ARMAX モデルと名付けられました。

Point 8.3 を用いて ARMAX モデルの 1 段先予測値を計算すると，

$$\hat{y}(k|k-1) = \frac{B(q)}{C(q)}u(k) + \left[1 - \frac{A(q)}{C(q)}\right]y(k) \tag{8.32}$$

$$= B(q)u(k) + [1 - A(q)]y(k) + [C(q) - 1]\varepsilon(k) \tag{8.33}$$

が得られます。なお，詳しい式変形を省略しました。ここで，$\varepsilon(k)$ は，

$$\varepsilon(k) = y(k) - \hat{y}(k|k-1) \tag{8.34}$$

で定義される**予測誤差**（prediction error）です。厳密に言うと，**1 段先予測誤差**であり，次章で述べるカルマンフィルタの用語を使うと，これは**事前予測誤差**，あるいは**イノベーション**です。ARMAX モデルの 1 段先予測値は，式 (8.32) 右辺の分子と分母に含まれる未知パラメータに関して非線形になるため，ARMAX モデルは**非線形回帰モデル**です。

8.3.4 出力誤差モデル

出力信号 $y(k)$ に雑音が加法的に加わっているものを**出力誤差モデル**（output error model）と言い，

$$y(k) = \frac{B(q)}{F(q)}u(k) + w(k) \tag{8.35}$$

と記述します。**OE モデル**とも呼ばれます。ここで，$F(q)$ は適切な次数をもつ q の多項式です。この定義から，前述の FIR モデルは出力誤差モデルでもあることがわかります。OE モデルのブロック線図を図 8.7(a) に示しました。

OE モデルの 1 段先予測値は，

$$\hat{y}(k|k-1) = \frac{B(q)}{F(q)}u(k) \tag{8.36}$$

となります。この 1 段先予測値は，右辺の分子と分母に含まれる未知パラメータに関して非線形になるため，OE モデルは**非線形回帰モデル**です。

さらに，

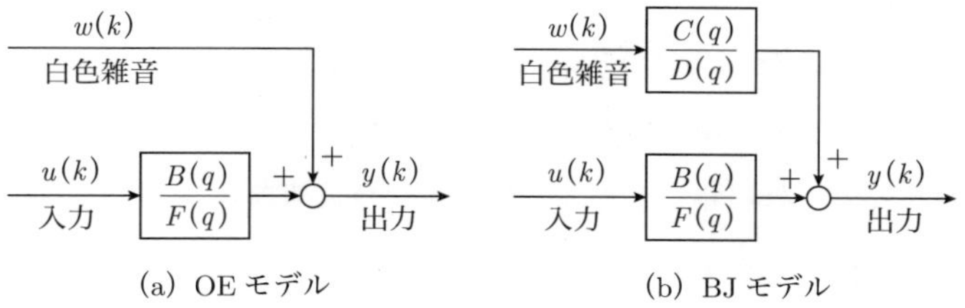

図 8.7 OE モデルと BJ モデル

$$y(k) = \frac{B(q)}{F(q)}u(k) + \frac{C(q)}{D(q)}w(k) \tag{8.37}$$

で記述されるものを **BJ モデル** (Box–Jenkins model) と言います。ここで，$D(q)$ は適切な次数をもつ q の多項式です。BJ モデルのブロック線図を図 8.7(b) に示しました。

BJ モデルの 1 段先予測値は，

$$\hat{y}(k|k-1) = \frac{B(q)D(q)}{F(q)C(q)}u(k) + \left[1 - \frac{D(q)}{C(q)}\right]y(k) \tag{8.38}$$

となります。これより，BJ モデルも非線形回帰モデルです。

最後に，式誤差モデルと出力誤差モデルを包括する最も一般的な多項式ブラックボックスモデルを次に与えます。

$$A(q)y(k) = \frac{B(q)}{F(q)}u(k) + \frac{C(q)}{D(q)}w(k) \tag{8.39}$$

このモデルのブロック線図を図 8.8 に示しました。これまでに紹介したモデルは，式 (8.39) のモデルの特殊な場合であるとみなすことができます。たとえば，$C(q) = D(q) = F(q) = 1$ とおくと，ARX モデルが得られます。

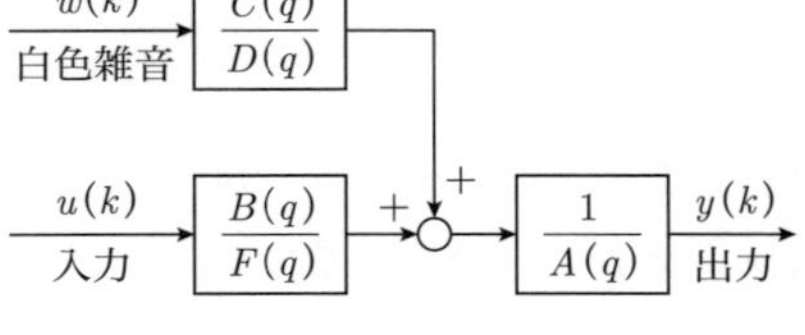

図 8.8 最も一般的な多項式ブラックボックスモデル

8.3.5 雑音を考慮した状態空間モデル

これまでは，システムを伝達関数表現してきました。本項では，システムを状態空間表現して，それに雑音を加えたモデルを与えます。

まず，出力に白色雑音 $w(k)$ が加わる場合には，

$$\boldsymbol{x}(k+1) = \boldsymbol{A}\boldsymbol{x}(k) + \boldsymbol{b}u(k) \tag{8.40}$$

$$y(k) = \boldsymbol{c}^T\boldsymbol{x}(k) + du(k) + w(k) \tag{8.41}$$

のように状態空間表現できます。式 (8.40) をシフトオペレータ q を用いて書き直すと，

$$\boldsymbol{x}(k) = (q\boldsymbol{I} - \boldsymbol{A})^{-1}\boldsymbol{b}u(k) \tag{8.42}$$

となり，これを式 (8.41) に代入すると，

$$y(k) = \left\{\boldsymbol{c}^T(q\boldsymbol{I} - \boldsymbol{A})^{-1}\boldsymbol{b} + d\right\}u(k) + w(k) \tag{8.43}$$

が得られます。この式 (8.43) と式 (8.4) を比較すると，

$$G(q) = \boldsymbol{c}^T(q\boldsymbol{I} - \boldsymbol{A})^{-1}\boldsymbol{b} + d = \frac{\boldsymbol{c}^T\mathrm{adj}(q\boldsymbol{I} - \boldsymbol{A})\boldsymbol{b}}{\det(q\boldsymbol{I} - \boldsymbol{A})} + d = \frac{B(q)}{F(q)} \tag{8.44}$$

$$H(q) = 1 \tag{8.45}$$

が得られます。ここで，det は行列式，adj は余因子行列を表します。これより，式 (8.40), (8.41) の雑音を考慮した状態空間モデルは，式 (8.35) の **OE モデル**に対応します。

システムへの雑音の加わり方が違う，別の状態空間表現を与えましょう。

$$\boldsymbol{x}(k+1) = \boldsymbol{A}\boldsymbol{x}(k) + \boldsymbol{b}u(k) + \boldsymbol{k}w(k) \tag{8.46}$$

$$y(k) = \boldsymbol{c}^T\boldsymbol{x}(k) + du(k) + w(k) \tag{8.47}$$

これは**イノベーションモデル**（innovation model）と呼ばれます。さきほどと同じように，シフトオペレータ q を用いて計算すると，

$$G(q) = \boldsymbol{c}^T(q\boldsymbol{I} - \boldsymbol{A})^{-1}\boldsymbol{b} + d = \frac{\boldsymbol{c}^T\mathrm{adj}(q\boldsymbol{I} - \boldsymbol{A})\boldsymbol{b}}{\det(q\boldsymbol{I} - \boldsymbol{A})} + d \tag{8.48}$$

$$H(q) = \boldsymbol{c}^T(q\boldsymbol{I} - \boldsymbol{A})^{-1}\boldsymbol{k} + 1 = \frac{\boldsymbol{c}^T \mathrm{adj}(q\boldsymbol{I} - \boldsymbol{A})\boldsymbol{k}}{\det(q\boldsymbol{I} - \boldsymbol{A})} + 1 \tag{8.49}$$

が得られます。式 (8.48), (8.49) を比較すると，分母は等しく，分子だけが異なることがわかります。よって，イノベーションモデルは，

$$G(q) = \frac{B(q)}{A(q)}, \quad H(q) = \frac{C(q)}{A(q)} \tag{8.50}$$

のように有理多項式表現できます。これより，イノベーションモデルは式 (8.31) の ARMAX モデルに対応します。

8.4 ノンパラメトリックモデルを用いた同定法

本節では，同定対象のノンパラメトリックモデルである，インパルス応答，周波数伝達関数などを入出力データから同定する方法を与えます。第 4 章で学んだ確率過程と第 7 章の時系列モデリングが，ノンパラメトリックモデルを用いたシステム同定の理論的基礎になります。

ノンパラメトリックモデル同定法を用いるとき，対象システムに課せられる仮定はシステムの線形性だけです。同定モデルの次数などを指定する必要がない点が特徴であり，これは大きな利点です。一方，基本的にシステム同定実験は，フィードバックループが存在しない開ループ実験でなければなりません。

8.4.1 相関解析法

相関解析法（correlation analysis method）は，図 8.3 に示した線形システム

$$y(k) = G(q)u(k) + v(k) \tag{8.51}$$

の入出力データからシステムのインパルス応答 $g(k)$ を推定する方法です。

相関解析法は，Point 7.1 で与えた**ウィナー＝ホッフ方程式**

$$\phi_{uy}(\tau) = \sum_{i=0}^{\infty} g(i)\phi_u(\tau - i) \tag{8.52}$$

を利用します。ここで，$\phi_u(\tau)$ は入力信号の自己相関関数，$\phi_{uy}(\tau)$ は入出力信号の相互相関関数，$g(k)$ はシステムのインパルス応答です。

いま，同定入力信号 $u(k)$ として平均値 0 の白色雑音を印加すると，Point 4.4 よりその自己相関関数は，

$$\phi_u(\tau) = \begin{cases} \sigma_u^2, & \tau = 0 \\ 0, & \tau = \pm 1,\ \pm 2, \cdots \end{cases} \tag{8.53}$$

を満たします。ここで，σ_u^2 は入力信号の分散です。

すると，式 (8.52) より，次の結果が得られます。

$$\begin{aligned} &\tau = 0 \text{ のとき，} \quad \phi_{uy}(0) = g(0)\phi_u(0) = g(0)\sigma_u^2 \\ &\tau = 1 \text{ のとき，} \quad \phi_{uy}(1) = g(1)\phi_u(0) = g(1)\sigma_u^2 \\ &\tau = 2 \text{ のとき，} \quad \phi_{uy}(2) = g(2)\phi_u(0) = g(2)\sigma_u^2 \\ &\qquad\qquad\qquad \vdots \end{aligned}$$

このように，インパルス応答は相互相関関数と入力の分散から計算できることがわかります。これらをデータから推定したものを利用する方法が，相関解析法であり，その手順を次の Point 8.4 にまとめます。

Point 8.4 相関解析法

Step 1 システム同定入力として平均値 0 の白色雑音をシステムに印加し，入出力データ $\{u(k), y(k)\ ;\ k = 1, 2, \cdots, N\}$ を収集します。

Step 2 次式よりインパルス応答の推定値を計算します。

$$\hat{g}(\tau) = \frac{\hat{\phi}_{uy}(\tau)}{\hat{\sigma}_u^2} = \frac{\dfrac{1}{N}\displaystyle\sum_{k=1}^{N} u(k)y(k+\tau)}{\dfrac{1}{N}\displaystyle\sum_{k=1}^{N} u^2(k)}, \qquad \tau = 0, 1, 2, \cdots \tag{8.54}$$

相関解析法は，入出力信号の相互相関関数の計算に基づいているため，第 4 章で述べたように，ラグ τ が増加するにつれて，相関関数の精度が劣化するという問題点をもっています。すなわち，インパルス応答 $g(k)$ の k が増加するに従って，その精度は劣化します。

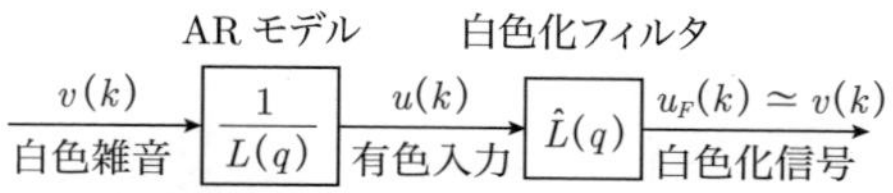

図 8.9 白色化フィルタの構成法

本シリーズでこれまで勉強してきたように，線形システムのインパルス応答は，線形システムの動特性を特徴づける重要な特徴量です。そのため，相関解析法によりインパルス応答が推定できれば，それを用いて，システムのむだ時間，時定数，定常ゲインなどを推定することができます。

以上では，同定入力が白色雑音であることを仮定しました。しかし，実システムを同定する場合，つねに白色雑音を入力できるとは限りません。白色雑音ではなく，有色入力のときには，白色化フィルタを利用することになります。それについて図 8.9 を用いて説明しましょう。

いま，有色入力を $u(k)$ とします。その信号に対して，第 7 章で学んだ **AR モデル**を仮定して，パラメータ推定を行います。図において，$1/L(q)$ が AR モデルであり，その推定値 $1/\hat{L}(q)$ を求めます。そして，有色入力 $u(k)$ を得られた AR モデルの推定値の逆システム $\hat{L}(q)$ に入力し，その出力を $u_F(k)$ とします。図より明らかなように，$\hat{L}(q) \simeq L(q)$ であれば，$u_F(k) \simeq v(k)$ となり，白色雑音が得られます。このとき，$\hat{L}(q)$ を**白色化フィルタ**と言います。

このように設計された白色化フィルタをシステム同定実験より得られた入出力データ $u(k), y(k)$ の両方に作用させ，$u_F(k) = \hat{L}(q)u(k)$，$y_F(k) = \hat{L}(q)y(k)$ を計算し，それらを Point 8.4 でまとめた相関解析法で用います。

8.4.2 スペクトル解析法

スペクトル解析法（spectral analysis method）は，図 8.3 に示した線形システム

$$y(k) = G(q)u(k) + v(k) \tag{8.55}$$

の入出力データからシステムの周波数伝達関数 $G(e^{j\omega})$ と外乱 $v(k)$ のパワースペクトル密度関数 $S_v(\omega)$ を推定する方法です。このとき，第 7 章の時系列モデリングの Point 7.2 でまとめた確率過程のスペクトル密度と離散時間システムの

周波数伝達関数の関係[8)]

$$S_{uy}(\omega) = H(e^{j\omega})S_u(\omega) \tag{8.56}$$

を利用します。

スペクトル解析法の手順を次の Point 8.5 でまとめます。

Point 8.5 スペクトル解析法

Step 1 N 個の入出力データを用いて，入力と出力の自己相関関数，入出力の相互相関関数の推定値をそれぞれ次式から計算します。

$$\hat{\phi}_u(\tau) = \frac{1}{N}\sum_{k=0}^{N-1} u(k)u(k+\tau), \quad \hat{\phi}_y(\tau) = \frac{1}{N}\sum_{k=0}^{N-1} y(k)y(k+\tau),$$

$$\hat{\phi}_{uy}(\tau) = \frac{1}{N}\sum_{k=0}^{N-1} u(k)y(k+\tau)$$

Step 2 窓関数 $w(\tau)$ を用いた離散フーリエ変換によってスペクトル密度の推定値を計算します。

$$\hat{S}_u(\omega) = \sum_{\tau=0}^{N-1} w(\tau)\hat{\phi}_u(\tau)e^{-j\omega\tau}, \quad \hat{S}_y(\omega) = \sum_{\tau=0}^{N-1} w(\tau)\hat{\phi}_y(\tau)e^{-j\omega\tau},$$

$$\hat{S}_{uy}(\omega) = \sum_{\tau=0}^{N-1} w(\tau)\hat{\phi}_{uy}(\tau)e^{-j\omega\tau}$$

ここで，$\omega = 2\pi n/N,\ n = 0, 1, \cdots, N-1$ は**離散時間周波数**です。

Step 3 システムの周波数伝達関数 $G(e^{j\omega})$ と外乱 v のパワースペクトル密度関数 $S_v(\omega)$ は，それぞれ，

$$\hat{G}(e^{j\omega}) = \frac{\hat{S}_{uy}(\omega)}{\hat{S}_u(\omega)} \tag{8.57}$$

$$\hat{S}_v(\omega) = \hat{S}_y(\omega) - \frac{|\hat{S}_{uy}(\omega)|^2}{\hat{S}_u(\omega)} \tag{8.58}$$

より推定できます。

---

8) この式は，式 (8.52) のウィナー＝ホッフ方程式を離散時間フーリエ変換したものです。

スペクトル解析法を用いると，システムの周波数伝達関数だけでなく，外乱のパワースペクトル密度も推定することができます。なお，スペクトル解析法でも，相関解析法と同様に，入力と外乱とは独立でなければなりません。

式 (8.57) より，ある周波数 ω の周波数特性を推定するためには，その周波数でパワースペクトル密度をもつ入力信号を印加しなければいけないことがわかります。そのため，スペクトル解析法を適用するためのシステム同定入力としては，すべての周波数成分を含む白色雑音が望ましいです。

8.5 予測誤差法

本節以降では，パラメトリックモデルを用いたシステム同定法について説明します。本節では予測誤差法について，次節では部分空間同定法について解説します。

8.5.1 パラメータ推定のための評価関数

8.3 節で与えた多項式ブラックボックスモデルに対するシステム同定問題を考えます。ひとたびモデル構造が決まれば，システム同定問題は，そのモデルを構成する**パラメータ推定問題**（parameter estimation problem）に帰着します。

パラメータ推定のための評価関数として，

$$J_N(\boldsymbol{\theta}) = \frac{1}{N}\sum_{k=1}^{N} \ell(k, \boldsymbol{\theta}, \varepsilon(k, \boldsymbol{\theta})) \tag{8.59}$$

を設定します。ここで，$\varepsilon(k, \boldsymbol{\theta})$ は，

$$\varepsilon(k, \boldsymbol{\theta}) = y(k) - \hat{y}(k|k-1) \tag{8.60}$$

であり，これまで $\varepsilon(k)$ と表記してきた**予測誤差**のことです。ここでは同定モデルのパラメータ $\boldsymbol{\theta}$ を陽に表現するために，引数に加えました。また，$\ell(k, \boldsymbol{\theta}, \varepsilon(k, \boldsymbol{\theta}))$ は予測誤差の大きさを測る任意の正のスカラー値関数です。この関数の代表的なものは，二乗ノルムや対数尤度などです。

未知パラメータ $\boldsymbol{\theta}$ の推定値を $\hat{\boldsymbol{\theta}}_N$ とすると，これは，

$$\hat{\boldsymbol{\theta}}_N = \arg\min_{\boldsymbol{\theta}} J_N(\boldsymbol{\theta}) \tag{8.61}$$

と記述できます。ここで，arg min という表記は最適化の分野で用いられる記法で，$J_N(\boldsymbol{\theta})$ を最小にする引数 $\boldsymbol{\theta}$ という意味です。

このように予測誤差から構成される評価関数 $J_N(\boldsymbol{\theta})$ を最小にするように推定値を計算するパラメータ推定法は**予測誤差法**（prediction error method：**PEM**）と総称されます。

たとえば，式 (8.59) 中の $\ell(k, \boldsymbol{\theta}, \varepsilon(k, \boldsymbol{\theta}))$ を，

$$\ell(k, \boldsymbol{\theta}, \varepsilon(k, \boldsymbol{\theta})) = -\ln p\{\varepsilon(k, \boldsymbol{\theta})\} \tag{8.62}$$

とした場合が**最尤推定法**（maximum likelihood estimation method）です。ここで，$p(\cdot)$ は予測誤差 $\varepsilon(k, \boldsymbol{\theta})$ の**確率密度関数**です。

また，$\ell(k, \boldsymbol{\theta}, \varepsilon(k, \boldsymbol{\theta}))$ を予測誤差の二乗

$$\ell(k, \boldsymbol{\theta}, \varepsilon(k, \boldsymbol{\theta})) = \varepsilon^2(k, \boldsymbol{\theta}) \tag{8.63}$$

とした場合が**最小二乗法**（least-squares method）です。

予測誤差が平均値 0，分散 σ^2 の正規性白色雑音のとき，第 5 章の 5.3 節での議論より，式 (8.62) は，

$$\ell(k, \boldsymbol{\theta}, \varepsilon(k, \boldsymbol{\theta})) = \frac{1}{2\sigma^2}\varepsilon^2(k, \boldsymbol{\theta}) + \frac{N}{2}\ln(2\pi) + \frac{N}{2}\ln(\sigma^2) \tag{8.64}$$

となります。データ数 N を固定し，分散 σ^2 が一定であれば，上式の右辺第 2 項と第 3 項は定数になります。このように，予測誤差が正規性白色雑音の場合には，

$$\ell(k, \boldsymbol{\theta}, \varepsilon(k, \boldsymbol{\theta})) = \varepsilon^2(k, \boldsymbol{\theta}) \tag{8.65}$$

となり，最尤推定値は最小二乗推定値に一致します。

8.5.2 線形回帰モデルの場合

[1] 最小二乗法

ARX モデルや FIR モデルのような線形回帰モデルの場合，パラメータ推定のための最小二乗法の評価関数は，

$$J_N(\boldsymbol{\theta}) = \frac{1}{N}\sum_{k=1}^{N}\varepsilon^2(k, \boldsymbol{\theta}) = \frac{1}{N}\sum_{k=1}^{N}\{y(k) - \boldsymbol{\theta}^T\boldsymbol{\varphi}(k)\}^2$$

$$= \boldsymbol{\theta}^T \boldsymbol{R}_N \boldsymbol{\theta} - 2\boldsymbol{\theta}^T \boldsymbol{f}_N + c_N \tag{8.66}$$

となります。ここで，

$$\boldsymbol{R}_N = \frac{1}{N}\sum_{k=1}^{N} \boldsymbol{\varphi}(k)\boldsymbol{\varphi}^T(k) \tag{8.67}$$

$$\boldsymbol{f}_N = \frac{1}{N}\sum_{k=1}^{N} y(k)\boldsymbol{\varphi}(k) \tag{8.68}$$

$$c_N = \frac{1}{N}\sum_{k=1}^{N} y^2(k) \tag{8.69}$$

とおきました。

式 (8.66) は未知パラメータベクトル $\boldsymbol{\theta}$ に関する **2 次形式**なので，$J_N(\boldsymbol{\theta})$ を $\boldsymbol{\theta}$ に関して偏微分して $\mathbf{0}$ とおくと，**正規方程式**

$$\boldsymbol{R}_N \hat{\boldsymbol{\theta}}_N = \boldsymbol{f}_N \tag{8.70}$$

が得られます。表記はやや異なりますが，この正規方程式の導出は第 5 章の 5.2 節の最小二乗法で説明した正規方程式の導出と同じです。

正方対称行列 $\boldsymbol{R}_N$ が正定値行列であれば，最小二乗推定値が存在することをわれわれは第 5 章の 5.2 節で学びました。そこでの議論は数学的なものでした。それに対して，いま考えている具体的なシステム同定問題の場合には，次の条件

(1) 同定入力が $2n$ 次の PE 性である。ただし，n はシステムの次数。
(2) 同定対象は安定である。
(3) $A(q)$ と $B(q)$ は共通因子をもたない。

が満たされる場合，行列 $\boldsymbol{R}_N$ は正定値になります。

条件 (2) が成り立たないと，システムの出力信号が発散してしまい，システム同定のための入出力データを収集することができません。また，条件 (3) はシステムが可制御・可観測であれば，満たされます。そのため，最も重要な条件は (1) であり，それについて次の Point 8.6 にまとめます。

Point 8.6 PE 性とシステム同定（1）

n 次系を同定するためには，入力信号は次数 $2n$ 以上の PE 性信号でなければなりません。言い換えると，入力信号は，最低，周波数の異なる n 個の正弦波の和でなければなりません。

この要点を具体的に記述しましょう。

Point 8.7 PE 性とシステム同定（2）

入力信号として，一定値信号，正弦波信号，白色雑音を用いたときについて，以下でまとめます。

- 一定値の PE 性の次数は 1 なので直流成分しか同定できません。
- 正弦波の PE 性の次数は 2 なので 1 次系まで同定できます。
- 二つの正弦波の和の PE 性の次数は 4 なので 2 次系まで同定できます。
- 白色雑音の PE 性の次数は ∞ なので高次のシステムまで同定できます。

ここで得られた結果は，ノンパラメトリックモデルを用いた同定法にはなかった新しいものです。たとえば，ノンパラメトリックモデル同定法である相関解析法やスペクトル解析法では，対象の周波数特性を同定するために，着目する周波数にわたって多数の正弦波，すなわち，白色雑音を対象に印加しなければなりませんでした。

それに対して，ここで紹介したパラメトリックモデルを用いた同定では，たとえば，図 8.10 にゲイン線図を示した 1 次系を同定するためには，一つの正弦波

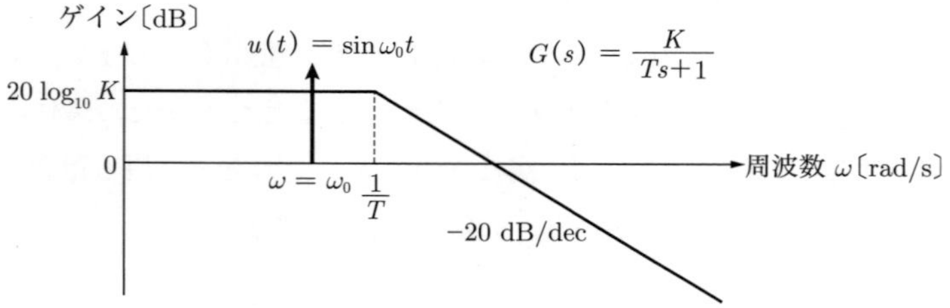

図 8.10 1 次遅れ系のゲイン線図と同定入力の正弦波

表 8.2 有色性雑音への対処法

	白色化に基づく方法	無相関化に基づく方法
同定法	拡大最小二乗法 一般化最小二乗法 逐次最尤法	補助変数法

（図では $\sin\omega_0 t$ ）を印加するだけで十分であることが理論的に示されました。このように，モデルの構造が既知であれば，ある周波数 ω_0 だけを励振しただけで，すべての周波数における動特性を知ることができます。これは，パラメトリックモデルを用いたシステム同定法は**外挿性**をもつことを示しています。

以上で説明した条件が満たされるとき，最小二乗推定値は次の Point 8.8 のように計算できます。

Point 8.8 一括処理最小二乗法

Point 8.6 の条件が満たされるとき，**最小二乗推定値**は，

$$\hat{\boldsymbol{\theta}}_N = \boldsymbol{R}_N^{-1}\boldsymbol{f}_N \tag{8.71}$$

より計算できます。この同定法は**一括処理最小二乗法**と呼ばれます。

[2] 補助変数法

ARX モデルに加わる雑音，すなわち式誤差が白色性でない場合に最小二乗法を適用すると，推定値に**バイアス**（bias）が生じてしまいます。すなわち，不偏推定値が得られません。この問題に対処する代表的な方法を表 8.2 にまとめました。

表に示した中の**補助変数法**（instrumental variable method：**IV 法**）について簡単に紹介しましょう。IV 法では，入力 $u(k)$ をフィルタリングすることによって，信号 $x(k)$ を生成します。すなわち，

$$N(q)x(k) = M(q)u(k) \tag{8.72}$$

とします。ここで，$N(q)$ と $M(q)$ は適切な次数をもつ q の多項式です。そして，式 (8.21) のむだ時間 n_k を含む ARX モデルに $x(k-i)$, $i=1,2,\cdots,n$ と $u(k-n_k+1-i)$, $i=1,2,\cdots,n$ を乗じ，k に関して総和をとります。すると，式 (8.21) 中の有色雑音は無相関化され，システムの伝達関数について解くことができます。このとき，$x(k)$ は補助変数と呼ばれます。補助変数法は，最も簡潔な ARX モデルに基づく非常に有力なシステム同定法です。しかし，無相関化に基づいているため，相関解析法などと同様に，一般に閉ループ同定実験データに適用できないという問題点をもちます。

[3] 予測誤差法（一般的な多項式ブラックボックスモデル）

予測誤差法の特殊な場合である線形回帰モデルのときには，予測誤差が未知パラメータ $\boldsymbol{\theta}$ に関して線形なので，式 (8.71) のように逆行列演算によって解析的にパラメータ推定値を計算することができました。それに対して，非線形回帰モデルの場合には，何らかの数値的探索法によって評価関数

$$J_N(\boldsymbol{\theta}) = \frac{1}{N}\sum_{k=1}^{N}\varepsilon^2(k,\boldsymbol{\theta}) = \sum_{k=1}^{N}[H^{-1}(q)\{y(k)-G(q)u(k)\}]^2 \tag{8.73}$$

の最小点を求めることになります。

予測誤差法では，

$$\frac{\partial}{\partial\boldsymbol{\theta}}J_N(\boldsymbol{\theta}) = \boldsymbol{0} \tag{8.74}$$

を解くことによって，最小値を求めます。式 (8.74) に対して，たとえばニュートン＝ラフソン法を適用すると，繰り返しの式

$$\hat{\boldsymbol{\theta}}^{(i+1)} = \hat{\boldsymbol{\theta}}^{(i)} - \mu^{(i)}\left[J_N''(\hat{\boldsymbol{\theta}}^{(i)})\right]^{-1}J_N'(\hat{\boldsymbol{\theta}}^{(i)}) \tag{8.75}$$

が得られます。ここで，上添え字 (i) は微分ではなく繰り返しの回数です。J の 1 回微分 $J_N'(\hat{\boldsymbol{\theta}})$ は**勾配ベクトル**，J の 2 回微分 $J_N''(\hat{\boldsymbol{\theta}}^{(i)})$ は**ヘシアン**（Hessian：**ヘッセ行列**）と呼ばれます。また，$\mu^{(i)}$ はステップ幅と呼ばれる収束速度を制御するパラメータです。

代表的なパラメトリックモデルに対するシステム同定法を表 8.3 にまとめました。なお，詳細については省略します。

表 8.3 パラメトリックモデルの同定法

同定法	特徴（○は利点，×は問題点）
最小二乗法 （ARX モデル）	○ 線形回帰モデルなので，解析的に推定値が計算できる × 式誤差が有色性の場合，推定値にバイアスが生じる × 実システムに適用する場合には，同定モデル次数を高くとる必要がある
拡大最小二乗法 （ARMAX モデル）	○ 式誤差が有色性であっても，システムを同定できる × 雑音モデルを準備する必要がある
補助変数法 （ARX モデル）	○ 式誤差が有色性であっても，システムを同定できる ○ 必要以上にモデル次数を高くとらなくてよい × 閉ループ同定実験データには適用できない
出力誤差法 （OE，BJ モデル）	○ システムの動特性と雑音モデルを分離して同定できる ○ 時間応答シミュレーションに適している × 非線形最適化計算を行う必要がある

8.6 部分空間同定法

これまで説明してきた多項式ブラックボックスモデルを用いた予測誤差法は，伝達関数表現に基づいていました。本節では，システムの状態空間表現に基づく同定法である**部分空間同定法**（subspace identification method）について解説します。部分空間同定法の研究は 1970 年代後半に始まり，1990 年代に盛んに行われました。予測誤差法が評価関数の最適化という繰り返し計算に基づいていたのに対して，部分空間同定法は線形代数の計算に基づくまったく異なるアプローチをとるシステム同定法です。

8.6.1 特異値分解法

線形離散時間システムが状態空間表現

$$\boldsymbol{x}(k+1) = \boldsymbol{A}\boldsymbol{x}(k) + \boldsymbol{b}u(k) \tag{8.76}$$

$$y(k) = \boldsymbol{c}^T\boldsymbol{x}(k) + du(k) \tag{8.77}$$

されているとします。このシステムは可制御・可観測な n 次システムであるとし，説明を簡単にするために1入力1出力システムを仮定します。ここで，$\boldsymbol{A}$ は $(n \times n)$ 行列，$\boldsymbol{b}$ と $\boldsymbol{c}$ は $(n \times 1)$ の列ベクトル，d はスカラーです。

式 (8.76) は，雑音を考慮していない確定的な表現であり，このシステムのインパルス応答データから，状態空間モデルの係数パラメータ $(\boldsymbol{A}, \boldsymbol{b}, \boldsymbol{c}, d)$ を求める，すなわち，状態空間表現を実現する問題[9]を考えます。この問題の解法は 1960 年代半ばにホー（Bin-Lun Ho）とカルマン（Rudolf E. Kalman）により提案されたインパルス応答からの**最小実現**として知られており，この方法を紹介しましょう。

式 (8.76), (8.77) のシステムのインパルス応答 $g(k)$ は，

$$g(k) = \begin{cases} 0, & k < 0 \text{（因果システムのため）} \\ d, & k = 0 \text{（直達項）} \\ \boldsymbol{c}^T \boldsymbol{A}^{k-1} \boldsymbol{b}, & k > 0 \text{（マルコフパラメータと呼ばれる）} \end{cases} \tag{8.78}$$

で与えられます。これより，

$$d = g(0) \tag{8.79}$$

であることがわかります。

次に，インパルス応答を要素にもつ行列

$$\boldsymbol{H} = \begin{bmatrix} g(1) & g(2) & \cdots & g(n+1) \\ g(2) & g(3) & \cdots & g(n+2) \\ \vdots & \vdots & \ddots & \vdots \\ g(n+1) & g(n+2) & \cdots & g(2n+1) \end{bmatrix} \tag{8.80}$$

を構成します。このような規則性をもつ行列は**ハンケル行列**と呼ばれます。式 (8.78) を用いて式 (8.80) を書き直すと，

$$\boldsymbol{H} = \begin{bmatrix} \boldsymbol{c}^T\boldsymbol{b} & \boldsymbol{c}^T\boldsymbol{A}\boldsymbol{b} & \cdots & \boldsymbol{c}^T\boldsymbol{A}^n\boldsymbol{b} \\ \boldsymbol{c}^T\boldsymbol{A}\boldsymbol{b} & \boldsymbol{c}^T\boldsymbol{A}^2\boldsymbol{b} & \cdots & \boldsymbol{c}^T\boldsymbol{A}^{n+1}\boldsymbol{b} \\ \vdots & \vdots & \ddots & \vdots \\ \boldsymbol{c}^T\boldsymbol{A}^n\boldsymbol{b} & \boldsymbol{c}^T\boldsymbol{A}^{n+1}\boldsymbol{b} & \cdots & \boldsymbol{c}^T\boldsymbol{A}^{2n}\boldsymbol{b} \end{bmatrix} \tag{8.81}$$

---

[9]『続 制御工学のこころ—モデルベースト制御編—』で述べたように，システムの状態空間表現を求めることを実現すると言います。

が得られます。この行列は次のように分解することができます。

$$\boldsymbol{H} = \boldsymbol{\Gamma}_{1:n+1}\boldsymbol{\Omega}_{1:n+1} \tag{8.82}$$

ここで，$\boldsymbol{\Omega}_{1:n+1}$ と $\boldsymbol{\Gamma}_{1:n+1}$ はそれぞれ，

$$\boldsymbol{\Omega}_{1:n+1} = \begin{bmatrix} \boldsymbol{b} & \boldsymbol{A}\boldsymbol{b} & \cdots & \boldsymbol{A}^n\boldsymbol{b} \end{bmatrix} \tag{8.83}$$

$$\boldsymbol{\Gamma}_{1:n+1} = \begin{bmatrix} \boldsymbol{c}^T \\ \boldsymbol{c}^T\boldsymbol{A} \\ \vdots \\ \boldsymbol{c}^T\boldsymbol{A}^n \end{bmatrix} \tag{8.84}$$

で定義される**可制御行列**と**可観測行列**です。式 (8.82) より，インパルス応答から構成されるハンケル行列は，可制御行列と可観測行列の積に分解できます。そのように分解できれば，可制御行列と可観測行列のそれぞれの第一要素から $\boldsymbol{b}$ と $\boldsymbol{c}$ を求めることができます。さらに，雑音が存在しない確定的な場合には，ハンケル行列のランクを計算することにより，システム次数 n を決定することもできます。

最後に残ったのは $\boldsymbol{A}$ の計算です。式 (8.84) の可観測行列 $\boldsymbol{\Gamma}_{1:n+1}$ には，

$$\boldsymbol{\Gamma}_{2:n+1} = \begin{bmatrix} \boldsymbol{c}^T\boldsymbol{A} \\ \boldsymbol{c}^T\boldsymbol{A}^2 \\ \vdots \\ \boldsymbol{c}^T\boldsymbol{A}^n \end{bmatrix} = \begin{bmatrix} \boldsymbol{c}^T \\ \boldsymbol{c}^T\boldsymbol{A} \\ \vdots \\ \boldsymbol{c}^T\boldsymbol{A}^{n-1} \end{bmatrix}\boldsymbol{A} = \boldsymbol{\Gamma}_{1:n}\boldsymbol{A} \tag{8.85}$$

という性質があり，これは**シフト不変構造**と呼ばれます。よって，

$$\boldsymbol{A} = \boldsymbol{\Gamma}_{1:n}^{\dagger}\boldsymbol{\Gamma}_{2:n+1} = \left(\boldsymbol{\Gamma}_{1:n}^T\boldsymbol{\Gamma}_{1:n}\right)^{-1}\boldsymbol{\Gamma}_{1:n}^T\boldsymbol{\Gamma}_{2:n+1} \tag{8.86}$$

より，行列 $\boldsymbol{A}$ を計算することができます。ここで，† は**疑似逆行列**を表します。

以上の手順により，状態空間モデルの係数パラメータ $(\boldsymbol{A}, \boldsymbol{b}, \boldsymbol{c}, d)$ を計算することができます。これが **Ho–Kalman の最小実現**の基本的な考え方です。

ここではインパルス応答を利用しましたが，プロセス制御の現場ではステップ応答を測定することが多いので，得られたステップ応答を差分してインパルス応答に変換して最小実現することもあります。しかし，インパルス応答やステップ

応答の測定値には通常何らかの雑音が含まれているため，ハンケル行列のランクからシステムの次数を決定することは通常困難です。なぜならば，白色雑音が存在する場合には，システム次数よりも高次のハンケル行列を構成しても，ほとんどの場合フルランクになってしまうからです。

この問題点に対して，1970 年代後半，クン（S.Y. Kung）が第 6 章の 6.2 節で解説した**特異値分解**（SVD）を使うことによって，信号による部分空間と雑音成分による部分空間を分離する方法を提案しました。これが部分空間同定法の始まりです。ここではこのクンの方法を**特異値分解法**と呼び，その手順を Point 8.9 でまとめます。

Point 8.9 特異値分解法によるシステム同定

Step 1 対象システムのインパルス応答 $g(k)$ を測定，あるいは推定します。

Step 2 式 (8.80) を用いて，インパルス応答列からハンケル行列 $\boldsymbol{H}$ を構成します。このとき，行列の大きさを想定される次数よりも大きく設定しておきます。

Step 3 ハンケル行列を次式のように特異値分解します。

$$\boldsymbol{H} = \boldsymbol{U}\boldsymbol{\Sigma}\boldsymbol{V}^T = \begin{bmatrix} \boldsymbol{U}_s & \boldsymbol{U}_w \end{bmatrix} \begin{bmatrix} \boldsymbol{\Sigma}_s & \boldsymbol{0} \\ \boldsymbol{0} & \boldsymbol{\Sigma}_w \end{bmatrix} \begin{bmatrix} \boldsymbol{V}_s^T \\ \boldsymbol{V}_w^T \end{bmatrix} \tag{8.87}$$

ここで，下添え字 s は信号部分空間，w は雑音部分空間を意味します。$\boldsymbol{\Sigma}_s$ は特異値 $\sigma_1, \sigma_2, \cdots, \sigma_n$ を大きい順に対角要素に並べた対角行列であり，$\boldsymbol{\Sigma}_w$ を構成する特異値 $\sigma_{n+1}, \sigma_{n+2}, \cdots$ は，十分に小さいものとします。このように，特異値の大きさを見ながらシステムの次数 n を選ぶことができます。

Step 4 可制御行列と可観測行列を次のように構成します。

$$\boldsymbol{\Omega}_{1:n} = \begin{bmatrix} \boldsymbol{b} & \boldsymbol{A}\boldsymbol{b} & \cdots & \boldsymbol{A}^{n-1}\boldsymbol{b} \end{bmatrix} = \boldsymbol{\Sigma}_s^{1/2}\boldsymbol{V}_s^T \tag{8.88}$$

$$\boldsymbol{\Gamma}_{1:n} = \begin{bmatrix} \boldsymbol{c}^T \\ \boldsymbol{c}^T\boldsymbol{A} \\ \vdots \\ \boldsymbol{c}^T\boldsymbol{A}^{n-1} \end{bmatrix} = \boldsymbol{U}_s\boldsymbol{\Sigma}_s^{1/2} \tag{8.89}$$

Step 5 次のように状態空間モデルのパラメータを計算します。

$$\boldsymbol{A} = \boldsymbol{\Gamma}_{1:n}^{\dagger}\boldsymbol{\Gamma}_{2:n+1} = \left(\boldsymbol{\Gamma}_{1:n}^{T}\boldsymbol{\Gamma}_{1:n}\right)^{-1}\boldsymbol{\Gamma}_{1:n}^{T}\boldsymbol{\Gamma}_{2:n+1} \tag{8.90}$$

$$\boldsymbol{b} = \boldsymbol{\Omega}_{1:n}(1{:}n, 1) \quad \text{行列の第 1 列} \tag{8.91}$$

$$\boldsymbol{c} = \boldsymbol{\Gamma}_{1:n}(1, 1{:}n) \quad \text{行列の第 1 行} \tag{8.92}$$

$$d = g(0) \tag{8.93}$$

Step 6　離散時間伝達関数が必要な場合には，次式より計算します。

$$G(z) = \boldsymbol{c}^{T}(z\boldsymbol{I} - \boldsymbol{A})^{-1}\boldsymbol{b} + d \tag{8.94}$$

Step 1 のインパルス応答を得る方法を以下にまとめます。

1. インパルス信号を対象に印加し，インパルス応答を直接測定する。
2. ステップ信号を対象に印加し，ステップ応答を測定し，それを差分することによりインパルス応答を得る。
3. たとえば，8.4.1 項で述べた相関解析法を用いて対象の入出力データからインパルス応答を推定する。
4. サーボアナライザなどによって測定された周波数応答データを逆フーリエ変換してインパルス応答を計算する。

8.6.2 部分空間同定法

前項で述べた特異値分解法はインパルス応答のような，特殊な応答データからシステム同定を行いました。それに対して，通常のシステムの入出力データから同定を行う部分空間同定法が 1980 年代後半に開始されました。ここでは，その考え方について簡単に紹介しましょう。

対象とする多入力多出力線形離散時間システムが，雑音を考慮した状態空間モデル

$$\boldsymbol{x}(k+1) = \boldsymbol{A}\boldsymbol{x}(k) + \boldsymbol{B}\boldsymbol{u}(k) + \boldsymbol{v}(k) \tag{8.95}$$

$$\boldsymbol{y}(k) = \boldsymbol{C}\boldsymbol{x}(k) + \boldsymbol{D}\boldsymbol{u}(k) + \boldsymbol{w}(k) \tag{8.96}$$

によって記述されるとしましょう。システムの入出力関係を記述する行列 $\boldsymbol{A}$, $\boldsymbol{B}$, $\boldsymbol{C}$, $\boldsymbol{D}$ を推定することが，ここで考えている同定問題です。

まず問題を簡単にするために，入出力信号 $\boldsymbol{u}(k)$, $\boldsymbol{y}(k)$ だけではなく，状態変数 $\boldsymbol{x}(k)$ も測定可能であると仮定します。すると，式 (8.95), (8.96) は，

$$\boldsymbol{Y}(k) = \boldsymbol{\Theta}\boldsymbol{\Phi}(k) + \boldsymbol{E}(k) \tag{8.97}$$

のように変形できます。ここで，

$$\boldsymbol{Y}(k) = \begin{bmatrix} \boldsymbol{x}(k+1) \\ \boldsymbol{y}(k) \end{bmatrix}, \quad \boldsymbol{\Theta} = \begin{bmatrix} \boldsymbol{A} & \boldsymbol{B} \\ \boldsymbol{C} & \boldsymbol{D} \end{bmatrix}$$

$$\boldsymbol{\Phi}(k) = \begin{bmatrix} \boldsymbol{x}(k) \\ \boldsymbol{u}(k) \end{bmatrix}, \quad \boldsymbol{E}(k) = \begin{bmatrix} \boldsymbol{v}(k) \\ \boldsymbol{w}(k) \end{bmatrix}$$

とおきました。

式 (8.97) は，未知パラメータベクトル $\boldsymbol{\Theta}$ に関して線形回帰式なので，最小二乗法によって $\boldsymbol{\Theta}$ を推定することができます。また，$\boldsymbol{E}(k)$ の共分散行列も，モデルの残差の総和として推定することができます。

以上では，状態変数ベクトル $\boldsymbol{x}$ が測定可能としましたが，現実にはこの仮定は満たされません。そこで，次章で述べるカルマンフィルタなどを用いて状態ベクトルを推定する必要があります。詳細には触れませんが，この問題に関しては，すべての状態ベクトル $\boldsymbol{x}(k)$ は，入出力信号に基づく m 段先出力予測器

$$\hat{\boldsymbol{y}}(k+m|k), \qquad m = 1, 2, \cdots, n$$

の成分の線形結合として構成できることが知られています。ここで，n はモデルの次数（状態変数の次元）です。

すると，これらの予測器を構成することができ，これらの成分の中から基底として，

$$\boldsymbol{x}(k) = \boldsymbol{L}\begin{bmatrix} \hat{\boldsymbol{y}}(k+1|k) \\ \vdots \\ \hat{\boldsymbol{y}}(k+n|k) \end{bmatrix} \tag{8.98}$$

を選びます。

行列 $\boldsymbol{L}$ の選び方によって状態空間実現の基底は決定されます。問題が良条件になるようにこの基底は選定されます。予測器 $\hat{\boldsymbol{y}}(k+m|k)$ は $\boldsymbol{u}(s)$, $\boldsymbol{y}(s)$,

$1 \leq s \leq k$ の線形関数であり，直接入出力信号を線形射影することによって効率良く決定できます。

以上のような考え方に基づく多入出力システムの同定法を**部分空間同定法**と総称します。フィルタ $\boldsymbol{L}$ としてどのようなものを選定するか，どのような数値計算アルゴリズムを用いるかによって，さまざまな部分空間同定法に分類できます。ここではその詳細については省略します。

部分空間同定法の特徴をまとめると，次のようになります。

1. SVD や QR 分解などの数値的に安定な行列計算のアルゴリズムを利用しているため，計算精度が高いです。
2. 多項式ブラックボックスモデルに対する予測誤差法のように，非線形最適化計算を行う必要がないので，局所解に陥る心配がありません。
3. 多入出力システムへの拡張が容易です。

8.7 モデルの選定と妥当性の検証

8.7.1 モデル構造の選定法

同定モデルの構造を決定するためには，ユーザーが同定対象の物理的な情報を事前に理解している必要があります。そして，その情報に基づいて同定モデルを選定していくことになります。しかし，事前情報が利用できない場合も多く，そのような場合のモデル構造の決定手順を次の Point 8.10 にまとめます。

Point 8.10 モデル構造の決定手順

Step 1 むだ時間の決定：次に示すいずれかの方法でむだ時間を推定します。

1. 相関解析法を用いてインパルス応答を推定し，むだ時間を読みとります。
2. 低次（たとえば 4 次）の ARX モデルに対して，たとえばクロスバリデーション法を適用し，むだ時間を推定します。

Step 2 システム次数の決定：Step 1 で推定したむだ時間を用いて，ARX モデルの次数をいろいろ変化させて次数を決定します。

Step 3 Step 2 で決定された次数は高次である可能性が高いので，推定されたモデルの極と零点を z 平面上にプロットし，極零相殺の有無を探します。もしも極零相殺があれば，それらを無視したモデルを再構成します。

Step 4 Step 3 で決定した次数を用い，さらに高度なモデルである ARMAX モデル，OE モデル，BJ モデルを利用してモデル構築を行います。

[1] クロスバリデーション

クロスバリデーションとは，同定実験によって収集された入出力データを，モデル構築用のデータセットとモデル検証用のデータセットに分けて，モデル構造を決定する方法です。通常，全データを半分に分けますが，場合によっては最初の 3/4 のデータをモデル構築用，残りの 1/4 のデータを検証用とすることもあります。クロスバリデーションは有効な方法ですが，パラメータ推定に利用するデータ数が減少するため推定精度が劣化するという問題点をもちます。そのため，利用できるデータ数が少ない場合に注意が必要です。

[2] モデル構築用と検証用データセットが同一の場合

モデル構築用データセットとモデル検証用データセットが同一の場合には，モデル構造を複雑にすればするほど評価関数の値は小さくなります。そのため，モデルの複雑さ（すなわち，モデルを構成するパラメータ数）に関するペナルティを導入する必要があり，以下に示すような規範が提案されています。ここで，推定されるパラメータの総数を m，データ数を N，式 (8.59) で計算される評価関数の値を V とします。

1. **AIC**：第 7 章で登場した **AIC** は，最尤推定法で得られるモデルの良さを測る尺度で，

$$\mathrm{AIC} = -2\ln(\text{最大尤度}) + 2\times(\text{パラメータ数}) \tag{8.99}$$

で与えられます。ここで，AIC の値が小さいものが良いモデルです。特に，予測誤差が正規性の場合には，次式のように簡単になります。

$$\mathrm{AIC} = \ln\left[\left(1+\frac{2m}{N}\right)V\right] \tag{8.100}$$

2. **MDL**：次式で定義される**最小記述長**（minimum description length：MDL）は情報理論の分野でリサネン（Jorma Rissanen）により提案されました。

$$\mathrm{MDL} = \left(1 + \frac{2m}{N}\log N\right) V \tag{8.101}$$

以上で示した規範の値が最小になるモデルを選択します。

8.7.2 モデルの妥当性の検証

モデルが妥当であるかどうかを検証するためのいくつかの項目を以下にまとめます。

1. 極零相殺のチェック
2. 残差の解析
3. 雑音なしのシミュレーション
4. モデルの不確かさの表示
5. 異なるモデルの比較

8.8 システム同定の実践的な手順

最後に，システム同定の実践的な手順をまとめましょう。

まず，システム同定の手順の Step 1～3 は図 8.1 に示したものと同じです。

Step 1 同定実験の設計

Step 2 同定実験

Step 3 入出力データの前処理

次に，図 8.1 の Step 4～6 をまとめて，新しい Step 4 とします。

Step 4 システム同定法（構造同定，パラメータ推定，妥当性検証）

システム同定の難しさは，その真値を知らないことです。そこで，次の四つのシステム同定法を適用してモデルを求めます。

- スペクトル解析法による周波数伝達関数モデル（spa）

- 相関解析法によるインパルス応答モデル（impulse）
- 4 次 ARX モデルによる伝達関数モデル（arx：相関解析法によって推定されたむだ時間を使用）
- 部分空間同定法による状態空間モデル（n4sid：デフォルトのモデル次数を使用）

ここで，カッコ内は MATLAB システム同定ツールボックスのコマンド名です。

この四つのシステム同定法を選んだ理由は，次に示すように，それぞれ異なる立場に立つシステム同定法だからです。

- ノンパラメトリック同定法（spa, impulse）vs パラメトリック同定法（arx, n4sid）
- 無相関化法（spa, impulse, n4sid ）vs 白色化法（arx）
- 式誤差法（arx）vs 出力誤差法（n4sid）

さまざまな側面においてそれらの同定結果を比較します。

- 周波数領域（ボード線図）：spa, arx4, n4sid
- 過渡応答（ステップ応答）：impulse, arx4, n4sid
- 時間応答：測定出力，arx4, n4sid

これら三つの図において，それぞれの同定結果がほぼ一致していれば，システム同定問題はそれほど難しいものではありません。得られた同定結果から着目する領域におけるシステムのモデルを求めればよいでしょう。

もし，そうでなければ，直面するシステム同定問題は難しい問題です。その難しさの原因を探りましょう。

システム同定を難しくする最大の要因は，システム同定に用いる入出力データの問題です。すなわち，

1. 入力信号の PE 性が不十分
2. 出力信号の SN 比が非常に悪い
3. 欠損データや異常値を含む
4. 非定常データである，システムが時変特性をもつ

5. サンプリング周期が不適切

などがあげられます。

1. と 2. が原因の場合には，システム同定実験をやり直すべきでしょう。特に，入力信号の PE 性が不十分，すなわち，システムのすべてのモードを励起できる入力が使われていない場合に，システムを同定することは困難です。また，出力信号の SN 比が悪い場合には，何らかの別の雑音対策を施したうえで，システム同定実験を再度行うべきでしょう。

3. のように，ある時刻でのデータが測定されていないという欠損データの問題や，突発的に値の大きなデータが存在する異常値の問題がある場合には，データを分割し，合併する方法が有用です。4. のデータの非定常性，システムの時変特性の問題に対処するには，次章で述べる逐次同定法を利用すべきでしょう。最後に，5. のサンプリング周期の問題にはデシメーションを利用するとよいでしょう。

次の問題は，**フィードバックループの存在**です。白色化に基づく 4 次の `arx` と，ほかの三つの無相関化に基づく方法の同定結果が大きく異なる場合に，フィードバックループの存在が考えられます。その場合には，本書では説明していませんが，閉ループシステム同定法を適用することになります。

さらに，**雑音モデル**に着目しましょう。時間応答の図において `n4sid` の方が `arx` よりも明らかに測定出力に近い場合には，雑音の影響が大きいことを示しています。その場合には，ARMAX モデルや BJ モデルを用いて，予測誤差法によりシステム同定をすべきです。

モデル次数について考えましょう。4 次の `arx` で時間応答の適合率が悪い場合には，8 次の `arx` を用いて再同定してみてください。ARX モデルを用いる場合，一般にモデル次数を高くすればするほど，時間領域における適合率（FIT 率）や周波数領域における同定精度が向上します。もしも，高次モデル同定で適合率が向上しない場合は，非線形性が含まれている可能性が大きいです。

さあ，実際に実験データを用いてシステム同定を行い，それを通して，いろいろ学んでいきましょう。

第9章

カルマンフィルタ

9.1　はじめに

第5章と第6章では，雑音に汚された観測値から信号（時系列）を推定する問題を考えました。これは，前章で分類した推定問題の中のフィルタリング問題に対応します。本章では，離散時間信号，すなわち時系列のダイナミクス（動特性）を活用した最適フィルタリングであるカルマンフィルタの基礎について解説します。より詳しく学習したい方は，たとえば，拙著[1)]をご覧ください。

9.2　アナログフィルタとディジタルフィルタ

カルマンフィルタは**フィルタ**（filter）の一種なので，まず，本節では電気的なフィルタの代表であるアナログフィルタと，信号処理で利用されるディジタルフィルタについて，簡単な例を用いて説明します。

9.2.1　アナログフィルタ

著者が電気工学科の学部生だったとき，フィルタと聞いて最初に思いつくのは，たとえば，図 9.1(a) に示したような電気回路による**アナログフィルタ**（analog

1) 足立修一：『カルマンフィルタの基礎』東京電機大学出版局，2012.

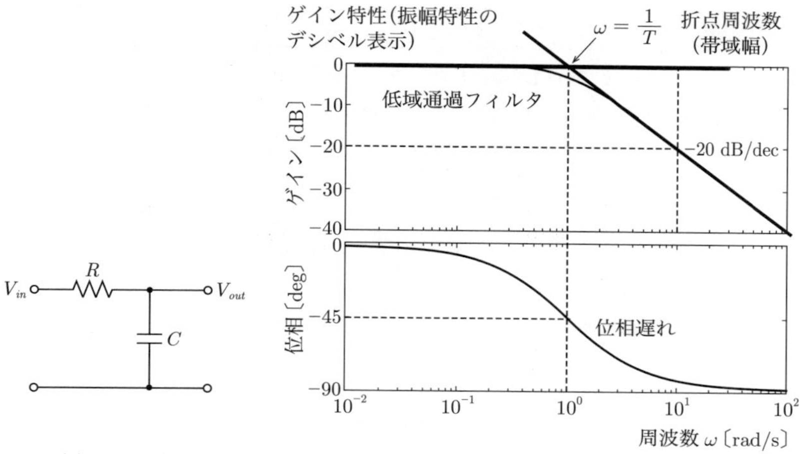

(a) RC 回路　(b) RC 回路の周波数特性

図 9.1 アナログフィルタの例：RC 回路とその周波数特性

filter）でした。図において，この回路の左側（1 次側）を入力電圧，右側（2 次側）を出力電圧とすると，その入出力関係は，伝達関数

$$G(s) = \frac{1}{Ts+1} \tag{9.1}$$

で記述されます（導出は省略します）。ここで，$T = CR$ は回路の時定数です。そして，この電気回路の周波数特性を表すボード線図を図 9.1(b) に示しました。『制御工学のこころ—古典制御編—』で学んだように，ゲイン線図より，この電気回路は周波数[2] $\omega = 1/T = 1/(CR)$ までを通過帯域とする**低域通過フィルタ**（low-pass filter：**LPF**）です。位相線図から，周波数が高くなるにつれて位相が遅れることも重要な事実です。このように，電気回路を組むことによって，所望の周波数までを通過させる周波数選択装置であるフィルタを構成できます。しかも，抵抗やコンデンサの値を変えることによって，その通過帯域を変更することもできます。

アナログフィルタは 20 世紀において，テレビやラジオなどといったさまざま

[2] 正確には ω は「角周波数」ですが，本章では誤解を生じない範囲で単に「周波数」と呼びます。

コラム 9.1　フィルタの語源はフェルト

フィルタ（filter）という用語は，むかしフェルト（felt）という布を使ってワインの不純物を濾過（ろか）したことに由来すると言われています。フィルタは，理工学のさまざまな分野で用いられており，化学では「濾過」，光学では「濾光（ろこう）」，電気通信では「濾波（ろは）」と訳されてきましたが，いまではほとんどカタカナのフィルタ，あるいはフィルターが使われることが多いでしょう。いずれの分野においても，フィルタとは，「不要なものを取り除き，ほしいものだけを通すもの」を意味しています。偏見をもつことを「フィルタを通して見る」とか，電子メールで「スパムフィルタ」など，一般生活でもフィルタという用語は使われています。

な電化製品を構成する主要な回路でした。しかし，温度によって抵抗値が変化したり，経年劣化によって回路素子の値が変化したりする問題点もありました。それらの問題を解決する方法として，20 世紀後半からディジタルフィルタによる実装へ移行しました。

9.2.2　ディジタルフィルタ

ここでは，**移動平均フィルタ**（moving average filter）を用いて**ディジタルフィルタ**（digital filter）の仕組みを理解しましょう。

図 9.2 において，ディジタルフィルタへの入力を $u(k)$，出力を $y(k)$ とします。ここで，k は離散時間であり，$k = 1, 2, \cdots$ とします。ディジタルフィルタは，『続 制御工学のこころ—モデルベースト制御編—』で学んだ離散時間システムの一例です。

図 9.2 ディジタルフィルタの入出力関係

いま，この入出力信号が，差分方程式

$$y(k) = \frac{u(k) + u(k-1)}{2} = 0.5u(k) + 0.5u(k-1) \tag{9.2}$$

で関係づけられているとします。これは項数 2 の**移動平均**を表し，第 7 章の 7.2.3 項で解説した MA モデルと同じ形式をしています。式 (9.2) は，信号処理では**有限インパルス応答フィルタ**（finite impulse response filter：**FIR フィルタ**）と呼ばれます。

この移動平均フィルタの周波数特性を調べるために，正弦波入力

$$u(k) = \sin \omega k \tag{9.3}$$

に対するフィルタの応答を計算してみましょう。ここで，ω は正弦波の周波数であり，簡単のため，サンプリング周期を $T = 1$ とおきました。

式 (9.3) を式 (9.2) に代入して計算すると，

$$\begin{aligned} y(k) &= 0.5 \sin \omega k + 0.5 \sin \omega (k-1) \\ &= \cos \frac{\omega}{2} \sin \left(\omega k - \frac{\omega}{2} \right) \end{aligned} \tag{9.4}$$

が得られます。ここで，三角関数の公式

$$\sin a \pm \sin b = 2 \sin \frac{1}{2}(a \pm b) \cos \frac{1}{2}(a \mp b) \tag{9.5}$$

を利用しました[3)]。式 (9.4) で，k は時間を表す変数であり，周波数 ω は定数なので，**時間領域**で議論していることに注意しましょう。

式 (9.4) は重要な結果です。というのは，周波数 ω の正弦波を移動平均フィルタに入力すると，対応する出力 $y(k)$ も同じ周波数 ω をもつ正弦波になることが確認できたからです。これは**周波数応答の原理**[4)] と呼ばれる線形システムを特徴

[3)] 実は，第 7 章の 7.2.3 項でも同じような計算をしました。

[4)]『制御工学のこころ—古典制御編—』を復習しましょう。

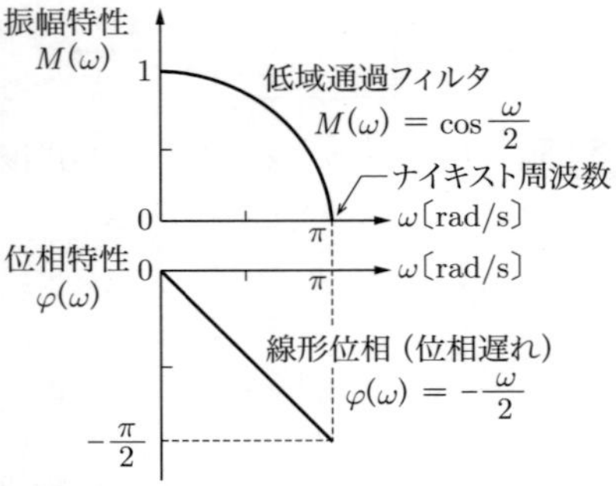

図 9.3 移動平均フィルタの周波数特性

づける重要な性質です。ここで考えている移動平均フィルタは線形システムなので，周波数応答の原理を満たしていました。

さて，正弦波出力の振幅と位相は次のように変化しました。

$$振幅 \quad \cos\frac{\omega}{2} 倍 \tag{9.6}$$

$$位相 \quad \frac{\omega}{2} 遅れる \tag{9.7}$$

ここで重要なことは，振幅の倍率と位相は，周波数 ω の関数であることです。そこで，ここからは周波数 ω を変数として，**周波数領域**での議論を進めましょう。式 (9.6) と (9.7) を ω の関数として図 9.3 に示しました。図では，$0 \leq \omega \leq \pi$ の範囲を示しました。この場合，**ナイキスト周波数**は π です。

図 9.3 より，移動平均フィルタは低域通過フィルタであることがわかります。また，位相特性が直線的に遅れているので，**線形位相**と呼ばれます。式 (9.2) のような単純な差分方程式で，図 9.1(b) に示した RC 電気回路によるアナログフィルタと同じような低域通過フィルタの周波数特性を得ることができました。

この例では項数が 2 の移動平均の例を用いました。頑張って計算を続けていけば，移動平均の項数を 3 以上に増やせば増やすほど，通過帯域が狭まっていくことがわかります。その極限としてすべてのデータを足してデータ数で割る**標本平均**のとき，その周波数特性は，$\omega = 0$ のみを通過させる究極の低域通過フィルタになります。

この後説明するカルマンフィルタも，いま説明したディジタルフィルタとまっ

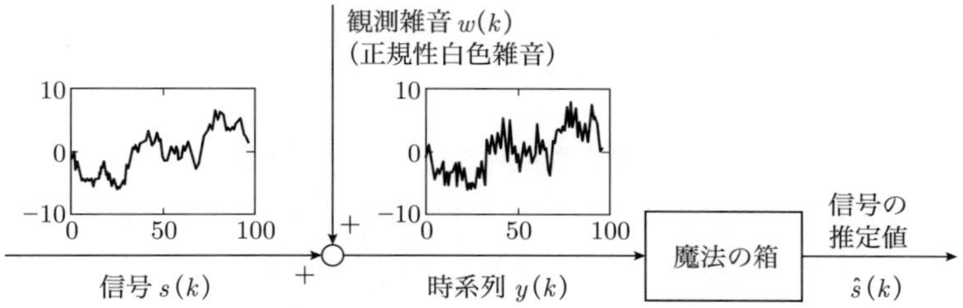

図 9.4 時系列のフィルタリング問題

たく原理は同じです。カルマンフィルタは状態空間表現に基づき，最適フィルタ理論に基づいた系統的な方法で，所望の周波数特性をもつディジタルフィルタを実現します。

9.3 時系列のフィルタリング問題

本章で考える問題を図 9.4 に示しました。時系列を対象として，第 5 章と第 6 章で取り扱ってきた推定問題と同じ問題を本章でも考えます。ここでは，信号を $s(k)$，観測雑音を $w(k)$ とし，観測値である時系列を，

$$y(k) = s(k) + w(k) \tag{9.8}$$

としました。ここで，観測雑音は正規性白色雑音と仮定します。ここで考えているフィルタリング問題は，時系列の観測値 $y(k)$ から信号 $s(k)$ の推定値 $\hat{s}(k)$ を求めることです。すなわち，図 9.4 に示した「魔法の箱」を見つけることです。

少し経験のあるエンジニアであれば，この問題が与えられたら，魔法の箱として，**低域通過フィルタ**（LPF）の利用を検討するでしょう。さらに熟練したエンジニアであれば，良い低域通過フィルタを設計できるかもしれません。しかし，一般に次のような問題点が存在します。

- フィルタの選定には試行錯誤が伴います。たとえば，フィルタのタイプを決め，そしてバンド幅，フィルタの次数などを選定しなければなりません。
- RC アナログフィルタや移動平均のディジタルフィルタの例で見てきたように，低域通過フィルタには位相の遅れが存在します。特に，『制御工学のこころ—古典制御編—』で学んだように，フィードバック制御系では，

位相遅れは不安定化の原因になるため，フィルタを利用することによる位相遅れは最小限に抑えたいです。

これらの問題点を解決する有力な候補がカルマンフィルタです。特に，本章で説明する線形カルマンフィルタのアルゴリズムを用いると，ある仮定のもとで最適フィルタを系統的に設計してくれます。また，カルマンフィルタにはモデルを用いた予測の機能が入っているため，位相遅れが少ないフィルタを設計することもできます。

9.4 逐次処理

1940 年代にノーバート・ウィナーが，**ウィナーフィルタ**（Wiener filter）と呼ばれる定常時系列に対するフィルタリング理論を提案しました。ウィナーフィルタの基礎は，第 7 章で述べたように時系列を構成する信号と雑音を確率過程として取り扱うことでした。そして，周波数領域で周波数伝達関数を用いて時系列モデルを構成しました。ウィナーフィルタは画期的な方法でしたが，その理論は難解であり，当時，理解できた人は非常に少なかったそうです。また，すべてのデータをまとめて取り扱う**一括処理**の形式でした。

それに対して，1960 年代初頭，カルマンは時系列モデルを時間領域で状態空間表現で与えることにより新しいフィルタを提案しました。**カルマンフィルタ**と名付けられたこのフィルタは，ウィナーフィルタにない特徴をもっています。その一つは，新しいデータが入るたびに処理を行う**逐次処理**です。この逐次処理について簡単な例を用いて説明しましょう。

いま，k 個の観測値 $z(1), z(2), \cdots, z(k)$ の平均値 $m(k)$ の推定値を，

$$\hat{m}(k) = \frac{z(1) + z(2) + \cdots + z(k)}{k} \tag{9.9}$$

として，計算することを考えます。次に，もう一つ新しいデータ $z(k+1)$ が入ってきたときには，

$$\hat{m}(k+1) = \frac{z(1) + z(2) + \cdots + z(k) + z(k+1)}{k+1} \tag{9.10}$$

を計算すれば，新しい推定値を計算することができます。このように，すべてのデータを使って推定値を計算することを**一括処理**（batch processing）と言いま

す。計算機のメモリーが潤沢にあり，処理速度も高速な現在であれば，この計算法で何の問題もありません。しかし，1960 年代にアポロ 11 号に搭載された誘導コンピュータのメモリーは，16 ビットワード長，2048 ワード RAM，36864 ワード ROM だったので，アポロ 11 号の軌道推定にカルマンフィルタを実装するためにはできるだけ計算負荷を削減する必要がありました。

そこで，次のような計算法を考えました。

$$
\begin{aligned}
k = 1 \text{ のとき} \quad & \hat{m}(1) = z(1) \\
k = 2 \text{ のとき} \quad & \hat{m}(2) = \frac{z(1) + z(2)}{2} = \frac{1}{2}\hat{m}(1) + \frac{1}{2}z(2) \\
k = 3 \text{ のとき} \quad & \hat{m}(3) = \frac{z(1) + z(2) + z(3)}{3} = \frac{2}{3}\hat{m}(2) + \frac{1}{3}z(3) \\
& \vdots
\end{aligned}
$$

これより，一般項として次式を得ることができます。

$$
\hat{m}(k) = \frac{k-1}{k}\hat{m}(k-1) + \frac{1}{k}z(k) \tag{9.11}
$$

この式の右辺は，1 時刻前の推定値 $\hat{m}(k-1)$ と最新の観測値 $z(k)$ の重み付き和であり，その重みの和は $(k-1)/k + 1/k = 1$ です。これは高校数学で学んだ**内分**と同じ考えです[5)]。すなわち，$\hat{m}(k-1)$ と $z(k)$ の内分点により，平均値の推定値 $\hat{m}(k)$ を計算していることがわかります。

式 (9.11) を変形すると，

$$
\hat{m}(k) = \hat{m}(k-1) + \frac{1}{k}\left(z(k) - \hat{m}(k-1)\right) \tag{9.12}
$$

が得られます。この式は $\hat{m}(k)$ についての 1 階差分方程式です。この式のように，ある時刻 k での推定値 $\hat{m}(k)$ が 1 時刻前の推定値 $\hat{m}(k-1)$ と最新の観測値 $z(k)$ で計算されることを**逐次処理** (recursive processing)[6)] と言います。一括処理とは異なり，逐次処理では過去の観測値 $z(1), \cdots, z(k-1)$ を記憶しておく必要がありません。

---

5) ベクトル $\vec{a}$ とベクトル $\vec{b}$ の内分点の位置ベクトル $\vec{c}$ は $\vec{c} = \mu\vec{a} + (1-\mu)\vec{b}$ で与えられたことを思い出しましょう。ただし，$0 \leq \mu \leq 1$ です。

6) これは**再帰処理**と呼ばれることが一般的ですが，制御の分野では逐次処理と呼ばれます。これも専門用語の方言の一つです。

コラム 9.2 ノーバート・ウィナー（1894〜1964）

ノーバート・ウィナー（Norbert Wiener）は神童として知られ，11 歳でタフツカレッジに入学，14 歳のときに数学で学位取得しました。そして，ハーバード大学大学院に入学し，18 歳のときに数理論理学に関する論文で Ph.D. を取得しました。その後，ケンブリッジ大学（英国）に留学し，バートランド・ラッセルのもとで学びました。ロバスト制御の $\mathcal{H}_\infty$ 制御に登場するハーディ空間の提案者であるゴッドフレイ・ハーディー（1877〜1947）の講義をケンブリッジで聞いて，ウィナーは感動したと言われています。その後，ゲッティンゲン大学（ドイツ）ではヒルベルトのもとで学びました。そして，24 歳のときマサチューセッツ工科大学（MIT）数学科の講師の職を得ました。

本書で解説しているように，ウィナーは信号と雑音という時系列データを確率過程として認識し，信号の統計的処理の重要性を指摘しました。フィルタ理論の創始者であり，ウィナーフィルタを提案しました。電気信号だけでなく，脳波・心電図といった生体信号の時系列解析を提案し，**サイバネティックス**（cybernetics：動物と機械における通信と制御）を提唱しました。サイバネティックスとはギリシャ語で「舵をとる人」という意味です。現在では，**サイバー**（cyber）という言葉は日常でも，サイバー空間とかサイバーテロなど，よく聞くようになりました。このサイバーを最初に流行らせた人はウィナーだったのです。

ウィナーがいなければ，カルマンフィルタをはじめとするフィルタ理論の誕生はおそらく何十年も遅れていたでしょう。

M.I.T. archives/CC0

(a) ノーバート・ウィナー

(b) サイバネティックス

カルマンフィルタの用語を用いると，式 (9.12) の左辺の $\hat{m}(k)$ が事後推定値，右辺の $\hat{m}(k-1)$ が事前推定値，$1/k$ がゲイン，$z(k) - \hat{m}(k-1)$ が予測誤差に対応します。

9.5　線形カルマンフィルタのアルゴリズム

本節では時系列のフィルタリング問題に対する線形カルマンフィルタについて解説します。線形カルマンフィルタの設計は，時系列モデリングとカルマンフィルタの設計の二つのステップから構成されています。それぞれについて，以下で簡単に説明しましょう。

9.5.1　時系列モデリング

第 7 章の 7.4 節で導入した時系列 $y(k)$ の線形状態空間モデル

$$\boldsymbol{x}(k+1) = \boldsymbol{A}\boldsymbol{x}(k) + \boldsymbol{b}v(k) \tag{9.13}$$

$$y(k) = \boldsymbol{c}^T\boldsymbol{x}(k) + w(k) \tag{9.14}$$

を用います。ここで，$\boldsymbol{x}(k)$ は時刻 k における状態変数で，その初期値 $\boldsymbol{x}(0) = \boldsymbol{x}_0$ は正規分布に従うと仮定します。$v(k)$ はシステム雑音で，$N(0,\, \sigma_v^2)$ に従う正規性白色雑音とします。$w(k)$ は観測雑音で，$N(0,\, \sigma_w^2)$ に従う，システム雑音と独立な正規性白色雑音とします。$\boldsymbol{A}, \boldsymbol{b}, \boldsymbol{c}$ はそれぞれ適切な次元をもつ行列，ベクトルです。この時系列モデルのブロック線図を再び図 9.5 に示しました。

図 9.5 より明らかなように，外部からこのシステムに入力されるものは，ともに正規分布に従うシステム雑音と観測雑音であり，それらは互いに独立です。これらの確率変数が式 (9.13), (9.14) を駆動します。この状態空間表現は線形なので，第 3 章で学んだように，これに従って時間発展している状態変数や出力もす

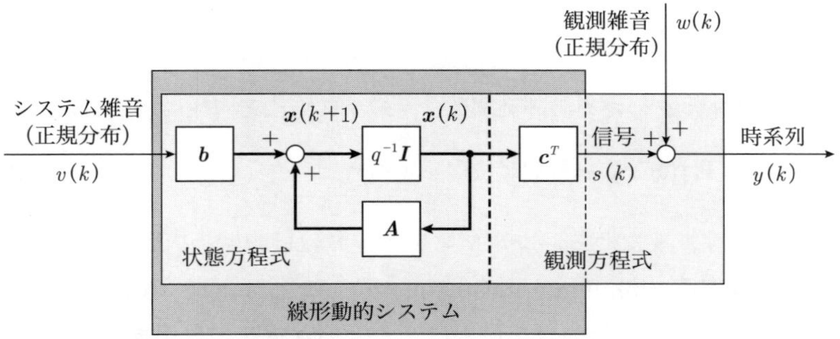

図 9.5　時系列モデルの状態空間表現

べて正規分布に従います。

Point 9.1 線形性と正規性

雑音などの正規分布の仮定と時系列の状態空間モデルの線形性の仮定のもとでは，状態変数はつねに正規分布に従います。

Point 9.1 は線形カルマンフィルタにおいて最も重要な性質です。

9.5.2 カルマンフィルタによる状態推定

雑音を含む時系列が式 (9.13), (9.14) によって記述されたとします。すなわち，物理モデリングのような何らかの方法で**時系列モデリング**が終わり，状態空間モデルの係数である $(\boldsymbol{A}, \boldsymbol{b}, \boldsymbol{c})$ が得られているとします。

前章までは，図 9.5 において，観測された時系列 $y(k)$ を直接，信号処理して，信号 $s(k)$ を推定する問題を考えてきました。それに対して，カルマンフィルタでは，その信号を生成する時系列モデルの状態 $\boldsymbol{x}(k)$ を推定する問題を考えます。そのため，カルマンフィルタは**状態推定**（state estimation）とも呼ばれることに注意しましょう。

図 9.6 に示したように，時系列 $y(k)$ をカルマンフィルタに入力して状態推定値 $\hat{\boldsymbol{x}}(k)$ を得ることになります。これまでは，推定値を得る**魔法の箱**として低域通過フィルタを考えてきましたが，その代わりにカルマンフィルタを利用することを考えます。そして，信号の推定値は，状態推定値 $\hat{\boldsymbol{x}}(k)$ を用いると，

$$\hat{s}(k) = \boldsymbol{c}^T \hat{\boldsymbol{x}}(k) \tag{9.15}$$

より計算できます。

カルマンフィルタのための評価関数は，最小二乗法と同様に，

$$J(k) = \mathrm{E}\left[(\boldsymbol{x}(k) - \hat{\boldsymbol{x}}(k))^2\right] \tag{9.16}$$

で与えられます。すなわち，カルマンフィルタの目的は，状態 $\boldsymbol{x}(k)$ の**最小平均二乗誤差推定値**（minimum mean square error estimate：**MMSE**）を見つけることです。この評価関数を最小にするという意味の**最適推定値**（optimal estimate）を求める問題を考えます。

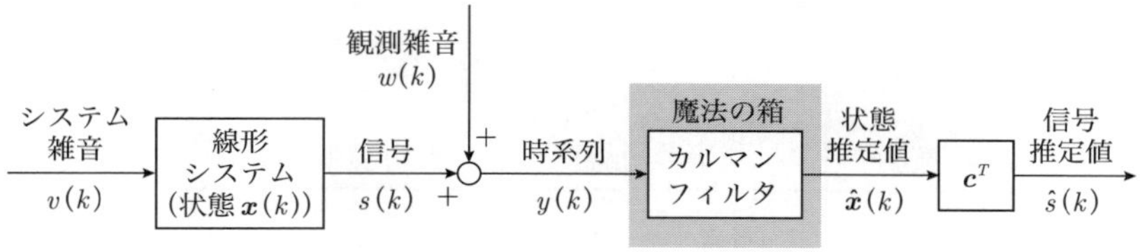

図 9.6 カルマンフィルタによる状態推定

二乗誤差の評価関数を選んだとき，最適推定値は**平均値**（mean）で与えられます。本章での問題設定では，すべての確率変数の正規性を仮定しているので，線形推定則を用いれば，状態推定値も正規分布に従います。そのため，状態推定値として，正規分布の真ん中である平均値を選び，そして，その分散（共分散行列）を計算しておけば，近似を一切含まない推定値を得ることができます。この様子を図 9.7 に示しました。何かを推定するとき，その点を推定することを**点推定**と言います。たとえば，第 5 章で示した平均値を最尤推定することは点推定の一例です。それに対して，カルマンフィルタでは推定値が従う分布を推定し，その平均値を推定値とします。これを**分布推定**と言います。

一般に，確率密度関数という形状（あるいはノンパラメトリック情報）を時々刻々，逐次的に推定することは困難な作業です。しかし，正規分布に従う場合には，平均値と分散という二つの確率モーメントを推定できれば，その確率密度関数を規定できる点が大きな利点です。図 9.7 に状態がスカラーの場合を示しました。

本章では，カルマンフィルタの詳細な導出は行わずに，要点だけをまとめま

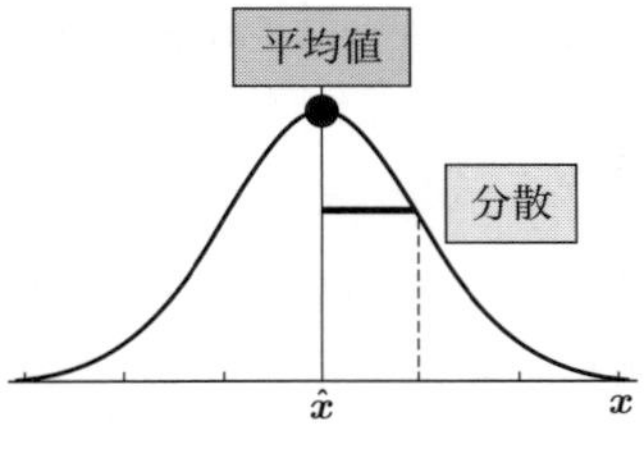

図 9.7 カルマンフィルタによる状態推定値と分散

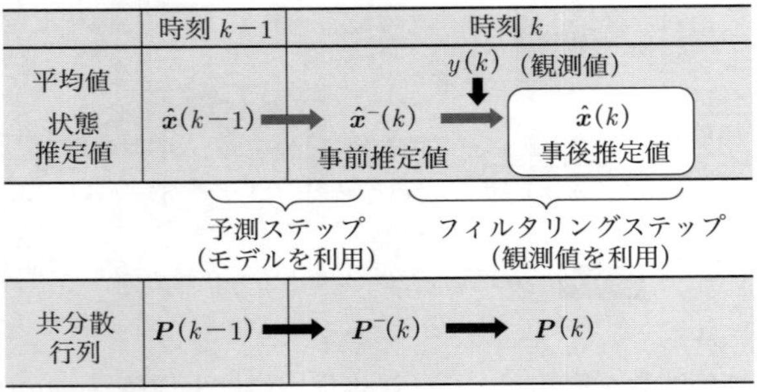

図 9.8 平均値 $\hat{\boldsymbol{x}}$ と共分散行列 $\boldsymbol{P}$ の時間更新

す[7)]。

まず，図 9.8 を用いて，状態推定値と共分散行列の時間更新について説明します。カルマンフィルタの特徴は，状態推定値が二つあることです。一つが**事前推定値**（*a priori* estimate）で，もう一つが**事後推定値**（*a posteriori* estimate）です。本書では，時刻 k における事前推定値を $\hat{\boldsymbol{x}}^{-}(k)$，事後推定値を $\hat{\boldsymbol{x}}(k)$ と表記します。この表記のほかにも，事前推定値を $\hat{\boldsymbol{x}}(k|k-1)$，事後推定値を $\hat{\boldsymbol{x}}(k|k)$ と書くこともあります。

逐次処理なので，1 時刻前の $(k-1)$ における事後推定値 $\hat{\boldsymbol{x}}(k-1)$ はすでに計算されているという仮定のもとで，現時刻 k での状態の事後推定値 $\hat{\boldsymbol{x}}(k)$ を求めることを考えます。

カルマンフィルタの逐次処理の手順も二つに分かれています。最初の段階は**予測ステップ**と呼ばれます。このステップでは，1 時刻前の $(k-1)$ における事後推定値 $\hat{\boldsymbol{x}}(k-1)$ から時刻 k における事前推定値を $\hat{\boldsymbol{x}}^{-}(k)$ を求めます。このステップは 1 時刻先の予測に対応し，Point 7.6 を用いて，

$$\hat{\boldsymbol{x}}^{-}(k) = \boldsymbol{A}\hat{\boldsymbol{x}}(k-1) \tag{9.17}$$

より計算します。予測ステップでは，時系列のモデルである $\boldsymbol{A}$ 行列を用いて，推定値の平均的な値を予測します。

7) カルマンフィルタの詳細については，たとえば拙著『カルマンフィルタの基礎』をご覧ください。

次のステップは**フィルタリングステップ**と呼ばれます。このステップでは，最新の時系列の観測値 $y(k)$ とモデルを用いて，事前推定値を $\hat{\boldsymbol{x}}^-(k)$ から事後推定値 $\hat{\boldsymbol{x}}(k)$ を計算します。最初の予測ステップで状態推定値のおおまかな値を求め，引き続くフィルタリングステップで最新の観測値を用いて状態推定値を絞り込んでいくのです。

共分散行列 $\boldsymbol{P}$ に関しても同様にして，予測ステップでは $\boldsymbol{P}(k-1)$ から $\boldsymbol{P}^-(k)$ を計算し，フィルタリングステップでは $\boldsymbol{P}^-(k)$ から $\boldsymbol{P}(k)$ を計算します。

時系列に対する線形カルマンフィルタのアルゴリズムを次の Point 9.2 でまとめます。

Point 9.2 時系列に対する線形カルマンフィルタのアルゴリズム

【初期値】 次のように初期値を与えます。

$$\hat{\boldsymbol{x}}(0) = \boldsymbol{x}_0, \quad \boldsymbol{P}(0) = \gamma \boldsymbol{I} \ (\gamma \geq 0) \tag{9.18}$$

【時間更新】 $k = 1, 2, \cdots$ に対して以下の計算を行います。

- **予測ステップ**（モデルを利用）

事前状態推定値 $$\hat{\boldsymbol{x}}^-(k) = \boldsymbol{A}\hat{\boldsymbol{x}}(k-1) \tag{9.19}$$

事前共分散行列 $$\boldsymbol{P}^-(k) = \boldsymbol{A}\boldsymbol{P}(k-1)\boldsymbol{A}^T + \sigma_v^2 \boldsymbol{b}\boldsymbol{b}^T \tag{9.20}$$

- **フィルタリングステップ**（観測値とモデルを利用）

カルマンゲイン $$\boldsymbol{g}(k) = \frac{\boldsymbol{P}^-(k)\boldsymbol{c}}{\boldsymbol{c}^T\boldsymbol{P}^-(k)\boldsymbol{c} + \sigma_w^2} \tag{9.21}$$

事後状態推定値 $$\hat{\boldsymbol{x}}(k) = \hat{\boldsymbol{x}}^-(k) + \boldsymbol{g}(k)(y(k) - \boldsymbol{c}^T\hat{\boldsymbol{x}}^-(k)) \tag{9.22}$$

事後共分散行列 $$\boldsymbol{P}(k) = (\boldsymbol{I} - \boldsymbol{g}(k)\boldsymbol{c}^T)\boldsymbol{P}^-(k) \tag{9.23}$$

このアルゴリズムについて補足します。

[1] 状態の初期値 $\hat{\boldsymbol{x}}(0)$

状態の初期値に関する何らかの事前情報があれば，それを利用すべきですが，それが利用できない場合は $\hat{\boldsymbol{x}}(0) = \boldsymbol{0}$ とおきます。

[2] 共分散行列の初期値 $\boldsymbol{P}(0)$

共分散行列はその定義より半正定値です。その条件を満たす最も簡便なものとして，$\boldsymbol{P}(0) = \gamma \boldsymbol{I}$ とします。ここで，$\gamma \geq 0$ です。この γ はユーザーが決定する調整パラメータです。一般に，観測雑音が大きな場合には γ を小さくし（たとえば，0.01, 0.1, 1 など），観測雑音が小さな場合には γ を大きく（たとえば，100, 1000 など）設定します。

[3] システム雑音の分散 $\boldsymbol{\sigma_v^2}$

予測ステップでは，状態と共分散行列の 1 時刻先の値を計算します。このステップでは，システム雑音の分散 σ_v^2 を指定する必要があります。σ_v^2 の設定はちょっと難しいので，以下で詳しく説明しましょう。

時系列 $y(k)$ の線形状態空間モデル

$$\boldsymbol{x}(k+1) = \boldsymbol{A}\boldsymbol{x}(k) + \boldsymbol{b}v(k) \tag{9.24}$$

$$y(k) = \boldsymbol{c}^T\boldsymbol{x}(k) + w(k) \tag{9.25}$$

に立ち戻ります。議論を簡単にするために，$w(k) = 0$ とします。まず，式 (9.24) をシフトオペレータ q を用いて変形すると，

$$\boldsymbol{x}(k) = (q\boldsymbol{I} - \boldsymbol{A})^{-1}\boldsymbol{b}v(k) \tag{9.26}$$

が得られます。これを式 (9.25) に代入すると，

$$y(k) = \boldsymbol{c}^T(q\boldsymbol{I} - \boldsymbol{A})^{-1}\boldsymbol{b}v(k) = G(q)v(k) \tag{9.27}$$

が得られます。ただし，

$$G(q) = \boldsymbol{c}^T(q\boldsymbol{I} - \boldsymbol{A})^{-1}\boldsymbol{b} \tag{9.28}$$

とおきました。式 (9.27) より，システム雑音は，

$$v(k) = \frac{1}{G(q)}y(k) \tag{9.29}$$

と記述できます。時系列モデリングにより状態空間表現のシステム行列 $\boldsymbol{A}$, $\boldsymbol{b}$, $\boldsymbol{c}$ が既知であれば，時系列データ $y(k)$ を式 (9.29) に代入することにより，システム雑音 $v(k)$ を逆算することができます。その値を使って，

$$\hat{\sigma}_v^2 = \frac{1}{N}\sum_{k=1}^{N} v^2(k) \tag{9.30}$$

より，システム雑音の分散を推定することができます。

たとえば，$G(q)$ が AR(2) モデルで記述される，すなわち，

$$y(k) + a_1 y(k-1) + a_2 y(k-2) = v(k) \tag{9.31}$$

の場合には，時系列データ $y(k)$ を式 (9.31) に代入することによりシステム雑音 $v(k)$ を計算することができ，それを式 (9.30) に代入すれば，システム雑音の分散を推定できます。

[4] 観測雑音の分散 $\boldsymbol{\sigma_w^2}$

フィルタリングステップでは，まず**カルマンゲイン** $\boldsymbol{g}(k)$ を計算します。ここでは，観測雑音の分散 σ_w^2 を指定する必要があります。利用するセンサーの仕様から大まかな値が利用できる場合にはそれを用いて設定します。

[5] 状態推定値の更新

カルマンゲインを用いて式 (9.22) により事後推定値を計算します。この式がカルマンフィルタの重要な更新式です。いままで，第 5 章の式 (5.28) で与えた最小二乗法や，式 (9.12) の平均値の計算などで登場したものと同じ形式です。式 (9.22) で，

$$\varepsilon^-(k) = y(k) - \boldsymbol{c}^T\hat{\boldsymbol{x}}^-(k) \tag{9.32}$$

と定義すると，これは**事前出力予測誤差**，あるいは**イノベーション** (innovation) と呼ばれます。このように，事後推定値 $\hat{\boldsymbol{x}}(k)$ は，事前推定値 $\hat{\boldsymbol{x}}^-(k)$ を修正することによって得られ，その修正はイノベーションをカルマンゲイン倍したもので計算されます。

カルマンフィルタの全体像を図 9.9 に示しました。Point 9.2 でまとめたカルマンフィルタのアルゴリズムは，この図の Step 2 の設計に対応します。従来は，

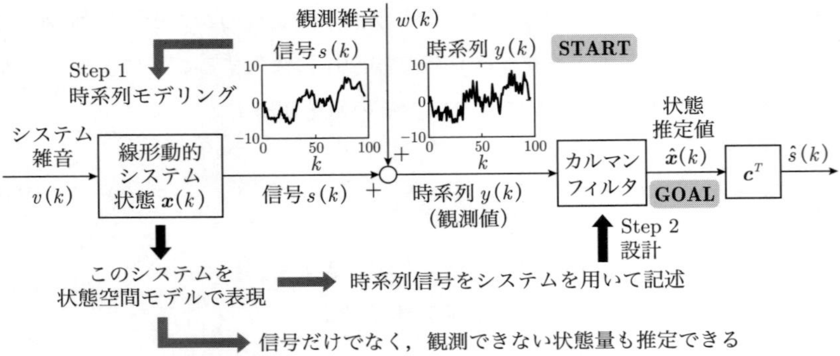

図 9.9 カルマンフィルタの全体像

時系列を低域通過フィルタで信号処理して雑音の影響を低減化していた単純な解法を，カルマンフィルタではちょっと遠回りをしてフィルタリング処理します。

9.5.3 まとめ

線形カルマンフィルタの特徴についてまとめておきましょう。

- **モデルベーストアプローチ**：これまで本書で扱ってきた推定問題では，観測値に含まれる雑音の影響を低域通過フィルタによって信号処理することに集中してきました。それに対して，カルマンフィルタでは，対象とする時系列のダイナミクスを，線形状態空間表現でモデリングします。カルマンフィルタは，推定したい信号のダイナミクスのモデルを用いたモデルベーストな推定法です。そのため，カルマンフィルタがその実力を発揮するためには，**時系列モデリング**が重要になります。
- **最適性**：加わる雑音が正規白色性で，対象とする時系列が線形状態空間表現でモデリングできれば，状態の推定誤差の二乗和を最小にするという意味で最適なフィルタはカルマンフィルタによって与えられることが理論的に保証されます。これ以上，性能の良いフィルタは存在しないのです。
- **逐次処理**：ウィナーフィルタは一括処理であったため，時系列の定常性の仮定が必要でしたが，カルマンフィルタは逐次処理であるため，非定常時系列に対しても適用できます。逐次処理形式であるカルマンフィルタは，

1960 年代のディジタル計算機の普及とぴったりとタイミングがあったのです。

- **時間領域**：ウィナーフィルタは周波数領域における方法でした。これは制御工学では古典制御に対応します。それに対して，カルマンは時系列を時間領域における状態空間表現でモデリングしました。当然ですが，これは現代制御に対応します。そのため，多次元時系列，非定常時系列，非線形時系列などへ容易に拡張できます。

9.6 数値例で学ぶカルマンフィルタ

本節では，二つの数値例を通して，カルマンフィルタのアルゴリズムの理解を深めましょう。

9.6.1 定常カルマンフィルタの例題：ランダムウォーク

連続時間白色雑音を積分して得られる確率過程を**ウィナー過程**（Wiener process）と言います[8)]。ウィナー過程はブラウン運動の数理的なモデルとして知られています。しかし，連続時間確率過程は数学的に難解で，本書のレベルを超えてしまうので，ここでは，ウィナー過程を離散化した**ランダムウォーク**（random walk）について考えます。

まず，システム雑音 $v(k)$ を時刻 k まで和分したものを状態 $x(k+1)$ とすると，

$$x(k+1) = \sum_{i=1}^{k} v(i) = \sum_{i=1}^{k-1} v(i) + v(k) \tag{9.33}$$

となり，これより，スカラーの状態方程式

$$x(k+1) = x(k) + v(k) \tag{9.34}$$

が得られます。そして，観測方程式を，

$$y(k) = x(k) + w(k) \tag{9.35}$$

---

8) 第 4 章の 4.3.3 項の有色雑音のところでもウィナー過程は登場しました。

とします。ここで，$v(k) \sim N(0, \sigma_v^2)$，$w(k) \sim N(0, \sigma_w^2)$ で，互いに独立であると仮定します。式 (9.34), (9.35) がここで考えている離散時間ランダムウォークの状態空間表現です。これらの式を式 (9.13), (9.14) と比較すると，$A = 1$, $b = 1$, $c = 1$ であることがわかります。この例題では，観測値 $y(k)$ からスカラーの状態 $x(k)$ を推定する問題を考えます。

いま，$\sigma_v^2 = 1, \sigma_w^2 = 2$ とし，カルマンフィルタの初期値を $\hat{x}(0) = 0, p(0) = 0$ としたとき，Point 9.2 にまとめたカルマンフィルタのアルゴリズムを手計算して確認しましょう。

この場合は，すべてスカラー量になるので，たとえば $p(k)$ のように小文字で表記します。また，$A = 1$ なので，$\hat{x}^-(k) = \hat{x}(k-1)$ が成り立ち，事前推定値が不要になります。さらに，$b = 1, c = 1$ を考慮すると，ランダムウォークのためのカルマンフィルタのアルゴリズムは，

$$p^-(k) = p(k-1) + \sigma_v^2 \tag{9.36}$$

$$g(k) = \frac{p^-(k)}{p^-(k) + \sigma_w^2} \tag{9.37}$$

$$\hat{x}(k) = \hat{x}(k-1) + g(k)\left(y(k) - \hat{x}(k-1)\right) \tag{9.38}$$

$$p(k) = (1 - g(k))\, p^-(k) \tag{9.39}$$

になります。これらの数式を使って，カルマンフィルタを手計算してみましょう。

まず，$k = 1$ のときは，

$$p^-(1) = p(0) + \sigma_v^2 = 1$$

$$g(1) = \frac{p^-(1)}{p^-(1) + \sigma_w^2} = \frac{1}{3} \simeq 0.333$$

$$\hat{x}(1) = \hat{x}(0) + g(1)(y(1) - \hat{x}(0)) = \frac{1}{3}y(1)$$

$$p(1) = (1 - g(1))p^-(1) = \frac{2}{3} \simeq 0.667$$

となります。次に，$k = 2$ のときは，

$$p^-(2) = p(1) + \sigma_v^2 = \frac{5}{3} \simeq 1.67$$

$$g(2) = \frac{p^-(2)}{p^-(2) + \sigma_w^2} = \frac{5}{11} \simeq 0.455$$

$$\hat{x}(2) = \hat{x}(1) + g(2)(y(2) - \hat{x}(1)) = \frac{1}{11}\,(2y(1) + 5y(2))$$
$$p(2) = (1 - g(2))p^-(2) = \frac{10}{11} \simeq 0.909$$

となります。さらに，$k = 3$ のときを計算すると，次のようになります。

$$p^-(3) = p(2) + \sigma_v^2 = \frac{21}{11} \simeq 1.91$$
$$g(3) = \frac{p^-(3)}{p^-(3) + \sigma_w^2} = \frac{21}{43} \simeq 0.488$$
$$\hat{x}(3) = \hat{x}(2) + g(3)(y(3) - \hat{x}(2)) = \frac{1}{43}\,(4y(1) + 10y(2) + 21y(3))$$
$$p(3) = (1 - g(3))p^-(3) = \frac{42}{43} \simeq 0.977$$

これらの計算結果から，次のことが考察できます。

考察 1　この例題では，具体的な時系列データ $y(k), k = 1, 2, 3, \cdots$ の値を与えていません。それにもかかわらず，（共）分散 $p(k)$ とカルマンゲイン $g(k)$ の値が計算できました。これらの値は，それらの初期値とシステム雑音と観測雑音の分散から決定され，時系列データの観測値には依存しません。

考察 2　カルマンゲイン $g(k)$ の大きさに着目すると，$g(1) = 0.333$, $g(2) = 0.455$, $g(3) = 0.488$ と変化しており，k の増加とともに一定値に収束しそうです。この例では 0.5 に向かうことを後述します。そうであれば，カルマンゲインを事前に計算できそうです。

考察 3　$k = 3$ のときの事後推定値の計算式

$$\hat{x}(3) = \frac{1}{43}\,(4y(1) + 10y(2) + 21y(3)) \tag{9.40}$$

では，利用できる三つの観測値の重み付き平均を計算しています。そして，そのときの重みは直近のデータほど大きくなっています。これは時系列解析の分野で**指数平滑**と呼ばれる計算です。指数平滑は経済分野で時系列解析法の一つとしてよく利用されています。これは工学の分野では低域通過フィルタを作用させることに対応し，これについても後述します。

これらの考察についての理論的な解析をする前に，この例題を数値シミュレーションした結果を示します。図 9.10 の (b) に，この例題の実験条件で作成した

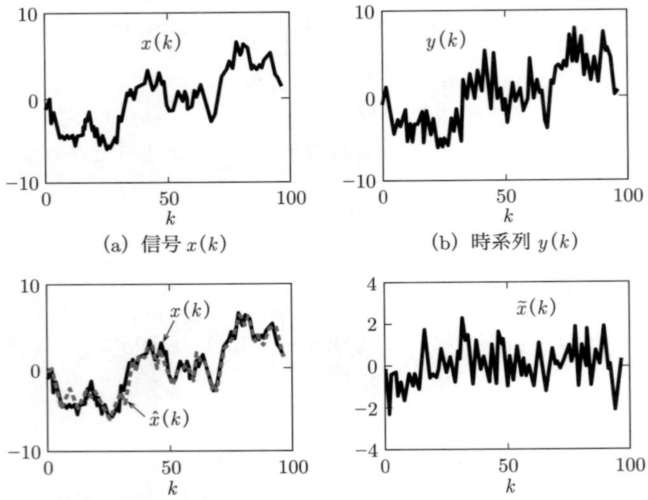

(a) 信号 $x(k)$　(b) 時系列 $y(k)$

(c) 信号 $x(k)$（実線）とその推定値 $\hat{x}(k)$（破線）　(d) 推定誤差 $\tilde{x}(k)=x(k)-\hat{x}(k)$

図 9.10 カルマンフィルタによるランダムウォークの推定

ランダムウォークの時系列 $y(k)$ の一例を示しました。そして信号 $x(k)$ を図 (a) に示しました。ここでは，図 (b) の $y(k)$ から図 (a) の $x(k)$ を推定する問題を考えています。カルマンフィルタを用いて推定した結果を図 (c) に $\hat{x}(k)$ として示しました。図より，信号 $x(k)$ をよく推定できていることがわかります。また，図 (d) に推定誤差 $\tilde{x}(k)$ を示しました。このように，カルマンフィルタを利用することにより，雑音に汚されたランダムウォークを推定することができます。

それでは，考察 2 について一般的に解析しましょう。式 (9.21) より，カルマンゲイン $\boldsymbol{g}(k)$ は事前共分散行列 $\boldsymbol{P}^-(k)$ を用いて計算されます。共分散行列 $\boldsymbol{P}$ は，事前共分散行列 $\boldsymbol{P}^-(k)$ と事後共分散行列 $\boldsymbol{P}(k)$ の更新に分かれているので，それらを事前共分散行列の更新式だけにまとめます。

式 (9.23) の時刻を $(k-1)$ として，式 (9.20) に代入すると，

$$\boldsymbol{P}^-(k)=\boldsymbol{A}\left[\boldsymbol{P}^-(k-1)-\frac{\boldsymbol{P}^-(k-1)\boldsymbol{c}\boldsymbol{c}^T\boldsymbol{P}^-(k-1)}{\boldsymbol{c}^T\boldsymbol{P}^-(k-1)\boldsymbol{c}+\sigma_w^2}\right]\boldsymbol{A}^T+\sigma_v^2\boldsymbol{b}\boldsymbol{b}^T \tag{9.41}$$

が得られます。これは**リッカチ方程式**（Riccati equation）と呼ばれる差分方程

式です[9)]。

カルマンゲインが一定値になるためには，事前共分散行列も一定値にならなければなりません。そこで，

$$\boldsymbol{P} = \boldsymbol{P}^{-}(k-1) = \boldsymbol{P}^{-}(k) \tag{9.42}$$

として，これらを式 (9.41) に代入すると，

$$\boldsymbol{P} = \boldsymbol{A}\left[\boldsymbol{P} - \frac{\boldsymbol{P}\boldsymbol{c}\boldsymbol{c}^T\boldsymbol{P}}{\boldsymbol{c}^T\boldsymbol{P}\boldsymbol{c} + \sigma_w^2}\right]\boldsymbol{A}^T + \sigma_v^2\boldsymbol{b}\boldsymbol{b}^T \tag{9.43}$$

が得られます。これは**代数リッカチ方程式** (algebraic Riccati equation：**ARE**) と呼ばれる代数連立方程式です。この方程式には複数個の解が存在します。その中から正定値解を選び，$\boldsymbol{P}^*$ とおきます。最後に，これを式 (9.21) に代入すると，

$$\boldsymbol{g}^* = \frac{\boldsymbol{P}^*\boldsymbol{c}}{\boldsymbol{c}^T\boldsymbol{P}^*\boldsymbol{c} + \sigma_w^2} \tag{9.44}$$

となります。これが**定常カルマンゲイン**です。このとき，**定常カルマンフィルタ**であると言われます。

例題の考察 1 より，カルマンゲインは時系列データには依存しないので，時系列データを観測する前に，カルマンゲインを計算することができます。理論的には，$(\boldsymbol{A}, \boldsymbol{b})$ が可制御，$(\boldsymbol{c}^T, \boldsymbol{A})$ が可観測であるとき[10)]，代数リッカチ方程式は正定値解をもち，そのとき，定常カルマンフィルタが漸近安定になることが知られています。この理論の導出については省略します。

それでは，ランダムウォークの例題の定常カルマンゲインを計算してみましょう。$A = b = c = 1$, $\sigma_v^2 = 1$, $\sigma_w^2 = 2$ を式 (9.43) に代入すると，

$$p = p - \frac{p^2}{p+2} + 1$$

となります。これを変形すると，2 次方程式

---

9) 『続 制御工学のこころ—モデルベースト制御編—』の最適制御の章で，連続時間システムに対するリッカチ方程式が登場しました。

10) 可制御・可観測については，『続 制御工学のこころ—モデルベースト制御編—』などを参照してください。

$$p^2 - p - 2 = 0 \tag{9.45}$$

が得られます。これを解くと，$p = 2, -1$ の二つの解が得られますが，正であるものを選び，$p^* = 2$ とします。さらに，これを式 (9.44) に代入すると，定常カルマンゲインは，

$$g^* = \frac{p^*}{p^* + 2} = \frac{2}{4} = 0.5 \tag{9.46}$$

となります。考察 2 ではこの値を予想しました。

次は，考察 3 について，ランダムウォークの例題を用いて解析しましょう。式 (9.38) の状態推定値の更新式に，式 (9.46) の定常カルマンゲインを代入すると，

$$\begin{aligned}\hat{x}(k) &= \hat{x}(k-1) + 0.5\,(y(k) - \hat{x}(k-1)) \\ &= 0.5y(k) + 0.5\hat{x}(k-1)\end{aligned} \tag{9.47}$$

が得られます。この式をさらに変形すると，

$$\begin{aligned}\hat{x}(k) &= 0.5y(k) + 0.5(0.5y(k-1) + 0.5\hat{x}(k-2)) = \cdots \\ &= 0.5y(k) + 0.5^2y(k-1) + 0.5^3y(k-2) + \cdots + 0.5^ky(1) + \hat{x}(0) \\ &= \sum_{i=0}^{k-1} 0.5^{i+1}y(k-i)\end{aligned} \tag{9.48}$$

が得られます。ここで，$\hat{x}(0) = 0$ としました。この式より，ここで設計されたカルマンフィルタは，直近のデータには大きな重みをかけ，過去のデータになるに従って指数的に減衰する重みをかける**指数平滑**であることが示されました。時系列解析を専門とされている読者であれば，この説明で十分なのですが，制御屋である著者はいま一つピンときませんでした。そこで，『続 制御工学のこころ―モデルベースト制御編―』で学んだ **z 変換**を用いて，別の角度から解析しましょう。

すべての初期値を 0 として，式 (9.47) を z 変換すると，

$$\hat{X}(z) - 0.5z^{-1}\hat{X}(z) = 0.5Y(z) \tag{9.49}$$

となります。ここで，$\hat{X}(z)$ は $\hat{x}(k)$ の z 変換，$Y(z)$ は $y(k)$ の z 変換です。これより，時系列 y から状態推定値 $\hat{x}$ への伝達関数は，

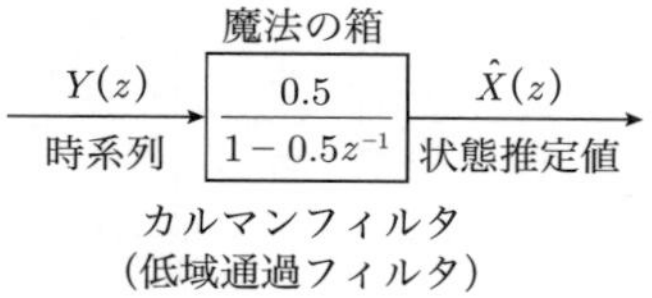

図 9.11 カルマンフィルタは魔法の箱

$$G(z) = \frac{\hat{X}(z)}{Y(z)} = \frac{0.5}{1-0.5z^{-1}} \tag{9.50}$$

となります。これを図 9.11 に示しました。時系列 $y(k)$ に何らかの処理をして状態推定値 $\hat{x}(k)$ を生成するものがカルマンフィルタであり，式 (9.50) がランダムウォークに対するカルマンフィルタの伝達関数 $G(z)$ です。これが図 9.4 で**魔法の箱**としたものの中味です。

次は，式 (9.50) の伝達関数の性質を調べましょう。ディジタルフィルタの知識があれば，これは 1 次の **IIR フィルタ**（infinite impulse response filter）であり，低域通過フィルタであることがわかります。このことを調べるために，式 (9.50) の周波数特性を図 9.12(a) に示しました。横軸は正規化周波数で，0 が周波数 0 に，1 がナイキスト周波数（z 平面の単位円上の $z = -1$ ）に対応します。図の振幅特性より，低域通過特性をもつことがわかります。雑音を含む観測値から信号を復元する常套手段は，これまで見てきたように低域通過フィルタの利用でした。この例題に対して設計されたカルマンフィルタも同様に低域通過フィルタになりました。さらに，このランダムウォークの例題では，1 次の IIR フィルタが最適であり，–0.5 などのフィルタ係数を系統的に計算してくれました。

もう一つの特徴は，得られたカルマンフィルタの位相特性です。図 9.12(a) より，低域では位相が遅れますが，高域では位相が回復しています。これまで，低域通過フィルタの位相特性は高域になるにつれてどんどん遅れていたのに，変ですね。

比較のために，通常の 1 次ディジタル IIR フィルタの伝達関数を，

$$H(z) = \frac{0.5z^{-1}}{1-0.5z^{-1}} \tag{9.51}$$

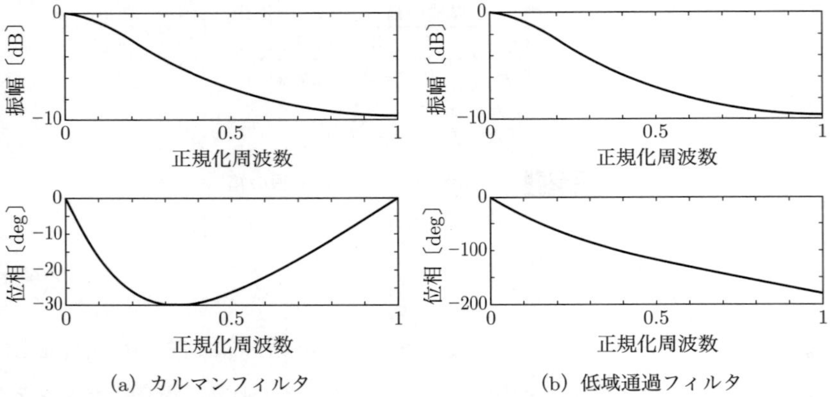

図 9.12 ランダムウォークに対して設計されたフィルタの周波数特性

で与え，この周波数特性を図 9.12(b) に示しました。式 (9.51) では分子に z^{-1} が入っています。このフィルタの振幅特性は図 9.12(a) とまったく同じですが，高域になるに従って，位相は単調に遅れていきます。

式 (9.51) と式 (9.50) の違いは，分子に z^{-1} という遅れが存在するかしないかです。カルマンフィルタには予測ステップという位相を進ませる働きが入っているため，分子に遅延 z^{-1} を含まない，位相遅れが少ない低域通過フィルタを設計することができたのです。

ランダムウォークの例題では，$A = 1$ なので，状態の事前推定値を使うことなく，式 (9.47) の事後推定値の時間更新式を導出でき，それを解析することができました。通常のカルマンフィルタでは，このようなことを行えないので，その中身を明快に理解することは難しいでしょう。しかし，カルマンフィルタはなにも突飛なフィルタではなく，われわれが普通に利用している低域通過フィルタなどを設計してくれる常識的なフィルタであることを理解してください。

さて，カルマンフィルタは，時系列のモデルという**物理**と，観測値という**情報**（データ）を融合した状態推定法です。カルマンは物理と情報の融合の重要性を 1960 年に予見していたのです。そして，この両者のバランスをとる役割を果たしているのがカルマンゲイン g です。その様子を図 9.13 に示しました。

いま，定常カルマンゲインを g とすると，ランダムウォークの例題に対する状

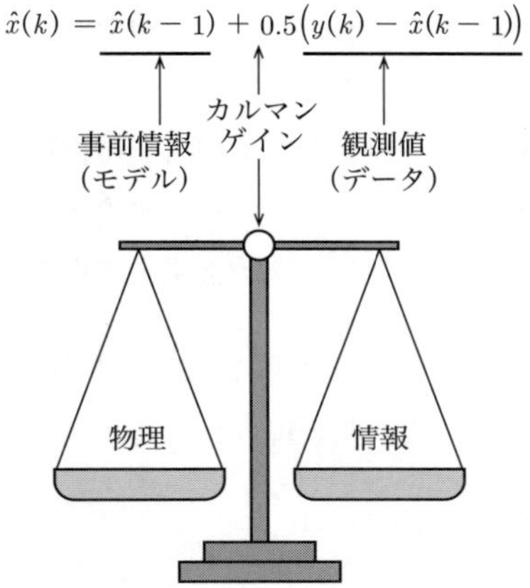

図 9.13 カルマンゲインの役割

態推定値の逐次式は，

$$\hat{x}(k) = \hat{x}(k-1) + g\,(y(k) - \hat{x}(k-1)) \tag{9.52}$$

となります。これを変形すると次式が得られます。

$$\hat{x}(k) = (1-g)\hat{x}(k-1) + gy(k), \qquad 0 < g \leq 1 \tag{9.53}$$

この式は，1 時刻前の推定値 $\hat{x}(k-1)$ と観測値 $y(k)$ の**内分**を表しています。これまで，観測雑音の分散を $\sigma_w^2 = 2$ としたときは $g = 0.5$ でした。たとえば，$\sigma_w^2 = 0.1$ と観測雑音を小さくすると $g = 0.916$ になります。すなわち，観測雑音が小さいので観測値の信頼性が向上し，その重みが増加します。さらに観測雑音がまったくないときには $g = 1$ になるので，$\hat{x}(k) = y(k)$ となります。逆に，観測雑音の分散が無限大に向かうとき $g \to 0$ になるので，$\hat{x}(k) = \hat{x}(k-1)$ となります。これは**持続予測**[11)] と呼ばれ，観測値を一切利用しない推定です。

ビックデータを用いた機械学習では，一般にデータが存在しない部分で予測を行うことができません。すなわち，機械学習の基本はデータの**内挿**（interpolation）です。それに対して，カルマンフィルタでは，データとモデル（物理）を

11) 何も情報がない観測値を使うくらいであれば，1 時刻前の推定値をそのまま使いましょう，というのが持続予測の考えです。安直な考えに思えますが，場面によっては実用的な推定法になります。

融合することにより，外挿（extrapolation）能力をもちます。工学分野で機械学習のような AI を活用するときには，このデータとモデルの融合が重要なポイントになります。すなわち，ダイナミクスを利用した物理的な洞察のもとで，データを活用することが肝要です。そのためには，対象となる時系列やシステムに関する動力学的なセンスや制御工学の知識がますます重要になっていくでしょう。

9.6.2 非定常カルマンフィルタの例題：平均値の推定

本項でも，スカラー量で状態空間表現される時系列

$$x(k+1) = x(k), \qquad x(0) = 1 \tag{9.54}$$

$$y(k) = x(k) + w(k) \tag{9.55}$$

を対象とします。ここで，$w(k) \sim N(0, \sigma_w^2)$ とします。

この状態空間表現は，ランダムウォークの例題とほとんど同じ形をしています。違う点は駆動源雑音である $v(k)$ の項がないことだけです。そして，式 (9.54) より，$A = 1$ なので，ダイナミクスがなく，状態 $x(k)$ は一定値 1 をとり続けます。すなわち，ここで考えている問題は，一定値をとる状態 $x(k)$ に平均値 0 の観測雑音が加わって観測される時系列 $y(k)$ から $x(k)$ を推定することです。

これまで本書を学んできた読者にとって，この問題の解は容易に想像できるでしょう。そうです，$y(k)$ の標本平均を計算すれば，状態が推定できるはずです。果たしてカルマンフィルタは，そのようなフィルタを設計してくれるでしょうか？

この例では，$A = 1$ なので，$\hat{x}^-(k) = \hat{x}(k-1)$ となり，さらに，$b = 0$ なので，$p^-(k) = p(k-1)$ となります。そのため，カルマンフィルタの予測ステップの二つの式は不要になり，フィルタリングステップの三つの式だけになります。

$$g(k) = \frac{p(k-1)}{p(k-1) + \sigma_w^2} \tag{9.56}$$

$$\hat{x}(k) = \hat{x}(k-1) + g(k)\left(y(k) - \hat{x}(k-1)\right) \tag{9.57}$$

$$p(k) = (1 - g(k))\, p(k-1) \tag{9.58}$$

以下では，$\hat{x}(0) = 0,\ p(0) = 1$ として，手計算してみましょう。

まず，$k = 1$ のときは，

$$g(1) = \frac{p(0)}{p(0)+\sigma_w^2} = \frac{1}{1+\sigma_w^2}$$

$$\hat{x}(1) = \hat{x}(0) + g(1)(y(1) - \hat{x}(0)) = \frac{1}{1+\sigma_w^2} y(1)$$

$$p(1) = (1 - g(1))p(0) = \frac{\sigma_w^2}{1+\sigma_w^2}$$

となります。次に，$k=2$ のときは，

$$g(2) = \frac{p(1)}{p(1)+\sigma_w^2} = \frac{1}{2+\sigma_w^2}$$

$$\hat{x}(2) = \hat{x}(1) + g(2)(y(2) - \hat{x}(1)) = \frac{1}{2+\sigma_w^2}(y(1)+y(2))$$

$$p(2) = (1 - g(2))p(1) = \frac{\sigma_w^2}{2+\sigma_w^2}$$

となります。さらに，$k=3$ のときを計算すると，次のようになります。

$$g(3) = \frac{p(2)}{p(2)+\sigma_w^2} = \frac{1}{3+\sigma_w^2}$$

$$\hat{x}(3) = \hat{x}(2) + g(3)(y(3) - \hat{x}(2)) = \frac{1}{3+\sigma_w^2}(y(1)+y(2)+y(3))$$

$$p(3) = (1 - g(3))p(2) = \frac{\sigma_w^2}{3+\sigma_w^2}$$

以上より，状態推定値の一般項は，次のようになります。

$$\hat{x}(k) = \frac{1}{k+\sigma_w^2}\sum_{i=1}^{k} y(i) \tag{9.59}$$

予想していた標本平均とはわずかに違う形式になりましたが，データ数 k が増加するに従って，この状態推定値は標本平均に向かいます。式 (9.59) では，平均をとるときに，k ではなく，$(k+\sigma_w^2)$ で割っています。この分母の σ_w^2 は，**最大事後確率**（maximum *a posteriori*：**MAP**）推定の事前確率分布に関連しています。さらに，事前分布を利用することは **$\mathcal{L}_2$ ノルム正則化**と同じ意味をもちますが，ここではその詳細についての議論は省略します。

この場合のカルマンゲイン $g(k)$ の一般項は，

$$g(k) = \frac{1}{k+\sigma_w^2} \tag{9.60}$$

となります。この場合には，カルマンゲインは時間 k の関数となり，時間の経過とともに 0 ではない，一定値になりません。その代わりに，0 に向かって減少します。これは**漸減ゲイン**と呼ばれます。したがって，この例では，時変カルマンゲインとなり，非定常カルマンフィルタになります。この例題では，一定値を推定する問題を考えているので，最終的にはゲインが 0 になって推定が停止しないと一定値が求まらないことから明らかでしょう。

9.7 逐次パラメータ推定とカルマンフィルタの関係

第 8 章の 8.5 節では，**ARX モデル**のような線形回帰モデルに対して**一括処理最小二乗法**によるパラメータ推定法を与えました。これはそれまでの時刻に得られたすべての入出力データを用いて，一度に最小二乗推定値を求める方法でした。それに対して新しい入出力データが加わるたびに，パラメータ推定を更新する方法は，**逐次パラメータ推定**（recursive parameter estimation）と呼ばれます。これは，オンライン推定，あるいは適応推定とも呼ばれ，これまで本章で解説してきたカルマンフィルタと密接に関係しています。

いま，推定するパラメータ $\boldsymbol{\theta}$ は一定値をとると仮定します。すなわち，

$$\boldsymbol{\theta}(k+1) = \boldsymbol{\theta}(k) \tag{9.61}$$

とします。そして，ARX モデルのような線形回帰モデルでは，

$$y(k) = \boldsymbol{\varphi}^T(k)\boldsymbol{\theta}(k) + w(k) \tag{9.62}$$

が成り立ちます。

いま，パラメータ $\boldsymbol{\theta}(k)$ を状態 $\boldsymbol{x}(k)$ とすると，パラメータ推定問題は，

$$\boldsymbol{x}(k+1) = \boldsymbol{x}(k) \tag{9.63}$$

$$y(k) = \boldsymbol{c}^T(k)\boldsymbol{x}(k) + w(k) \tag{9.64}$$

という，時変状態空間モデルに対応することがわかります。式 (9.63) は，平均値を求める数値例のときの式 (9.54) と同じ形をとります。ここで，状態空間表現におけるパラメータは，$\boldsymbol{A} = \boldsymbol{I}$，$\boldsymbol{b} = \boldsymbol{0}$，$\boldsymbol{c}(k) = \boldsymbol{\varphi}(k)$ となります。ここでは，システム雑音が加わっていないので，$v(k) = 0$ です。このように，前章で扱っ

たシステム同定におけるパラメータ推定問題が状態空間表現を用いて定式化できるところが重要です。

このとき，Point 9.2 にまとめたカルマンフィルタのアルゴリズムを適用すると，

$$\hat{\boldsymbol{\theta}}^{-}(k) = \hat{\boldsymbol{\theta}}(k-1)$$
$$\boldsymbol{P}^{-}(k) = \boldsymbol{P}(k-1)$$

となります。すなわち，事前推定値は 1 時刻前の事後推定値に，事前共分散行列は 1 時刻前の事後共分散行列に一致します。すると，次の三つの逐次式が得られます。

$$\boldsymbol{g}(k) = \frac{\boldsymbol{P}(k-1)\boldsymbol{\varphi}(k)}{\boldsymbol{\varphi}^T(k)\boldsymbol{P}(k-1)\boldsymbol{\varphi}(k) + \sigma_w^2} \tag{9.65}$$
$$\hat{\boldsymbol{\theta}}(k) = \hat{\boldsymbol{\theta}}(k-1) + \boldsymbol{g}(k)\left\{y(k) - \boldsymbol{\varphi}^T(k)\hat{\boldsymbol{\theta}}(k-1)\right\} \tag{9.66}$$
$$\boldsymbol{P}(k) = \boldsymbol{P}(k-1) - \boldsymbol{g}(k)\boldsymbol{\varphi}^T(k)\boldsymbol{P}(k-1) \tag{9.67}$$

ここで，σ_w^2 は観測雑音の分散です。この値は事前には利用できない場合もあるので，ここでは $\sigma_w^2 = 1$ とします。このとき，式 (9.65) ～ (9.67) は**逐次最小二乗法**（recursive least-squares method：**RLS 法**と呼ばれます）のアルゴリズムになります。このように，RLS 法はカルマンフィルタの特殊な場合として位置づけることができます。

カルマンフィルタで一定値の状態を推定する場合，時刻 k が増加するに従って，カルマンゲイン $\boldsymbol{g}(k)$ が $\boldsymbol{0}$ に向かう**漸減ゲイン**であることを前節で説明しました。ここで示した RLS 法でも，パラメータ $\boldsymbol{\theta}$ が一定値であることを仮定したので，その推定ゲイン $\boldsymbol{g}(k)$ は $\boldsymbol{0}$ に向かいます。そのため，時刻が増加するにつれて，パラメータの変化に適応する能力が低下します。

さて，推定すべきパラメータが時変である場合に対処する方法がいくつかあります。一つは，パラメータがランダムウォークする，すなわち，

$$\boldsymbol{\theta}(k+1) = \boldsymbol{\theta}(k) + \boldsymbol{\xi}(k) \tag{9.68}$$

と仮定して，カルマンフィルタを構成する方法です。ここで，$\boldsymbol{\xi}(k)$ は多次元正規分布に従う白色雑音です。もう一つの方法に，**忘却要素**（forgetting factor：λ

とします）の利用があり，忘却要素を用いた逐次最小二乗法のアルゴリズムを次のPoint 9.3でまとめます。

Point 9.3 忘却要素を用いた逐次最小二乗法（RLS法）

1. 初期値：パラメータ推定値 $\hat{\boldsymbol{\theta}}$ と共分散行列 $\boldsymbol{P}$ の初期値をそれぞれ次のように設定します。

$$\hat{\boldsymbol{\theta}}(0) = \hat{\boldsymbol{\theta}}_0$$
$$\boldsymbol{P}(0) = \gamma \boldsymbol{I}, \qquad \text{ただし，}\gamma\text{は正定数}$$

2. 時間更新式：それぞれの時刻において次式を計算します。

$$\hat{\boldsymbol{\theta}}(k) = \hat{\boldsymbol{\theta}}(k-1) + \frac{\boldsymbol{P}(k-1)\boldsymbol{\varphi}(k)}{\lambda + \boldsymbol{\varphi}^T(k)\boldsymbol{P}(k-1)\boldsymbol{\varphi}(k)}\varepsilon(k)$$
$$\varepsilon(k) = y(k) - \boldsymbol{\varphi}^T(k)\hat{\boldsymbol{\theta}}(k-1)$$
$$\boldsymbol{P}(k) = \frac{1}{\lambda}\left\{\boldsymbol{P}(k-1) - \frac{\boldsymbol{P}(k-1)\boldsymbol{\varphi}(k)\boldsymbol{\varphi}^T(k)\boldsymbol{P}(k-1)}{\lambda + \boldsymbol{\varphi}^T(k)\boldsymbol{P}(k-1)\boldsymbol{\varphi}(k)}\right\}$$

ここで，忘却要素 λ は1以下の正数であり，0.97 〜 0.995 くらいにとられることが多いです。なお，$\lambda = 1$ のときは通常のRLS法に一致します。

参考文献

【第 2 章】

本章では，全体にわたって主に以下の 2 冊の本を参考にしました。

[1] 東京大学教養学部統計学教室 編：『統計学入門』東京大学出版会，1991.

[2] C.M. ビショップ 著，元田 浩ら 監訳：『パターン認識と機械学習（上）』丸善出版，2012.

【第 3 章】

多次元確率分布については文献 [1], [2] を，線形代数については文献 [3]～[5] を参考にしました。

[1] 東京大学教養学部統計学教室 編：『統計学入門』東京大学出版会，1991.

[2] C.M. ビショップ 著，元田 浩ほか 監訳：『パターン認識と機械学習（上）』丸善出版，2012.

[3] G. ストラング 著，松崎公紀・新妻 弘 訳：『ストラング：線形代数イントロダクション（原著第 4 版）』近代科学社，2015.

[4] G. ストラング 著，山口昌哉 監訳，井上 昭 翻訳：『線形代数とその応用』産業図書，1978.

[5] 片山 徹：『新版　システム同定—部分空間法からのアプローチ—』朝倉書店，2018.

【第 4 章】

本章では，全体にわたって以下の本を参考にしました。

[1] 片山 徹：『新版　システム同定—部分空間法からのアプローチ—』朝倉書店，2018.

[2] 片山 徹：『新版　応用カルマンフィルタ』朝倉書店，2000.
[3] 足立修一：『システム同定の基礎』東京電機大学出版局，2009.
[4] 得丸英勝ほか：『計数・測定―ランダムデータ処理の理論と応用―』培風館，1982.
[5] A. パポリス 著，平岡寛二ほか 監訳：『工学のための応用確率論―確率過程編―』東海大学出版局，1972.
[6] 足立修一：『信号・システム理論の基礎』コロナ社，2014.
[7] 持橋大地・大羽成征：『ガウス過程と機械学習』講談社，2019.
[8] 日野幹雄：『スペクトル解析』朝倉書店，2010.
[9] 電子情報通信学会「知識ベース」(1 群 5 編 4 章)，スペクトル解析，電子情報通信学会 (web 版)，2011.
[10] 足立修一：『続　制御工学のこころ―モデルベースト制御編―』，第 7 章，東京電機大学出版局，2023.

【第 5 章】

本章では，全体にわたって以下の本を参考にしました。

[1] 有本 卓：『カルマン・フィルター』産業図書，1977.
[2] C.R. ラオ 著，奥野忠一ほか 訳：『統計的推測とその応用』東京図書，1977.
[3] 関原謙介：『統計的信号処理』共立出版，2011.
[4] 関原謙介：『ベイズ信号処理』共立出版，2015.
[5] 中川 徹・小柳義夫：『最小二乗法による実験データ解析―プログラム SALS―(新装版)』東京大学出版会，2018.
[6] 柳井晴夫・竹内 啓：『射影行列・一般逆行列・特異値分解 (新装版)』東京大学出版会，2018.
[7] 足立修一：『カルマンフィルタの基礎』東京電機大学出版局，2012.
[8] 金谷健一：『これなら分かる最適化数学』共立出版，2005.

【第 6 章】

本章では，全体にわたって以下の本を参考にしました。

[1] 柳井晴夫・竹内 啓：『射影行列・一般逆行列・特異値分解 (新装版)』東京大

学出版会，2018.
[2] G. ストラング 著，松崎公紀・新妻 弘 訳：『ストラング：線形代数イントロダクション（原著第 4 版）』近代科学社，2015.
[3] 関原謙介：『信号処理のための線形代数入門』共立出版，2019.
[4] 金谷健一：『これなら分かる応用数学教室』共立出版，2003.
[5] 金谷健一：『これなら分かる最適化数学』共立出版，2005.
[6] 足立修一：『カルマンフィルタの基礎』東京電機大学出版局，2012.
[7] C.M. ビショップ 著，元田 浩ほか 監訳：『パターン認識と機械学習（上）』丸善出版，2012.

【第 7 章】

本章では，全体にわたって主に以下の本を参考にしました。

[1] G.E.P. Box, G.M. Jenkins, and G.C. Reinsel: Time Series Analysis: Forecasting and Control (3rd Edition), Prentice Hall, 1994.
[2] K.J. Åström: Introduction to Stochastic Control Theory, Dover Publications, 1970.
[3] 中溝高好：『信号解析とシステム同定』コロナ社，1988.
[4] 宮野尚哉・後藤田 浩：『時系列解析入門—線形システムから非線形システムへ—(第 2 版)』，SGC ライブラリ 160，サイエンス社，2020.
[5] 田中勝人：『計量経済学』岩波書店，1998.

【第 8 章】

本章では，全体にわたって以下の本を参考にしました。

[1] 足立修一：『ユーザのためのシステム同定理論』計測自動制御学会，1993.
[2] 足立修一：『MATLAB による制御のためのシステム同定』東京電機大学出版局，1996.
[3] 足立修一：『システム同定の基礎』東京電機大学出版局，2009.
[4] 計測自動制御学会 編，相良節夫ほか 著：『システム同定』計測自動制御学会，1981.
[5] 片山 徹：『システム同定入門』朝倉書店，1994.

[6] 片山 徹：『新版　システム同定—部分空間法からのアプローチ—』朝倉書店，2018.
[7] L. Ljung: System Identification—Theory for the User (2nd Edition), PTR Prentice Hall, 1999.
[8] 足立修一：『信号・システム理論の基礎』コロナ社，2014.

【第 9 章】

本章では，全体にわたって主に以下の本を参考にしました。

[1] 足立修一：『カルマンフィルタの基礎』東京電機大学出版局，2012.
[2] 片山 徹：『新版　応用カルマンフィルタ』朝倉書店，2000.
[3] 有本 卓：『カルマン・フィルター』産業図書，1977.
[4] M.S. Grewal and A.P. Andrews: Kalman Filtering—Theory and Practice using MATLAB (3rd Edition), Wiley-IEEE Press, 2008.

索引

強化学習	182	最適性	232
強定常	65	サイバー	224
共分散	35, 91	サイバネティックス	224
共分散関数	70	最頻値	26
共分散行列	42, 43	最尤推定値	113, 118
行列式	47, 49	最尤推定法	60, 109, 200
極	157	最尤推定量	118
		最良線形不偏推定量	86
偶関数	68	雑音	85
グラム行列	122	雑音モデル	185, 215
クラーメル＝ラオ不等式の下界	119	差分オペレータ	164
クロススペクトル密度関数	75	残差	95, 102
クロネッカーのデルタ関数	123		
訓練データ	133	時間更新	229
		時間シフトオペレータ	143
計画行列	121	時間平均	67
経験的推定値	111	時間領域	143, 219, 233
系統誤差	132	時系列	71, 150
結合確率分布	34	時系列解析	71, 150
現代制御	177	時系列モデリング	150, 226, 232
		事後	115
公称モデル	176	試行	8
勾配ベクトル	99, 204	自己回帰移動平均モデル	155
古典制御	177	自己回帰積分移動平均モデル	164
コヒーレンス関数	76	自己回帰モデル	156
固有値	46	事後確率密度関数	115
固有値分解	53, 124	事後推定値	92, 228
固有ベクトル	46	自己相関関数	66, 68, 144, 145
固有方程式	47	事象	9
コンボリューション	106	指数平滑	235, 238
		システム雑音	170
■さ■		システム同定	1, 107, 175, 202
		事前	115
再帰処理	223	事前確率密度関数	115
最小位相	151, 153	事前出力予測誤差	231
最小記述長	213	事前推定値	92, 228
最小二乗推定値	92, 100, 122, 203	自然対数	61
最小二乗法	3, 62, 85, 98, 99, 166, 200	事前予測誤差	192
最小実現	206	持続的な信号	179
最小ノルム解	136	持続的励振	182
最小分散推定値	88	持続予測	241
最小平均二乗誤差推定値	226	下に凸	91, 100
再生性	38, 173	実現値	10
最大エントロピー法	157	シフトオペレータ	154, 184
最大事後確率	243	シフト不変構造	207
最適推定値	226	四分位数	27
最適推定量	119		

■た■

■な■

■は■

■ま■

■や■

【著者紹介】

足立修一（あだち・しゅういち）

学歴　慶應義塾大学大学院工学研究科博士課程修了，工学博士（1986 年）
職歴　（株）東芝総合研究所（1986〜1990 年）
宇都宮大学工学部電気電子工学科 助教授（1990 年），教授（2002 年）
航空宇宙技術研究所 客員研究官（1993〜1996 年）
ケンブリッジ大学工学部 客員研究員（2003〜2004 年）
慶應義塾大学理工学部物理情報工学科 教授（2006〜2023 年）
現在　慶應義塾大学 名誉教授

続々　制御工学のこころ　確率システム編

2025 年 3 月 25 日　第 1 版 1 刷発行　　ISBN 978-4-501-11930-0 C3054

著　者　足立修一

発行所　学校法人 東京電機大学　〒120-8551　東京都足立区千住旭町 5 番
東京電機大学出版局　Tel. 03-5284-5386（営業）03-5284-5385（編集）
Fax. 03-5284-5387 振替口座 00160-5-71715
https://www.tdupress.jp/

編集協力：（株）ベガプレス　　印刷・製本：三美印刷（株）　　装丁：齋藤由美子
落丁・乱丁本はお取り替えいたします。　　Printed in Japan